DE

L'EXPLOITATION DES BOIS.

SECONDE PARTIE.

DE L'EXPLOITATION DES BOIS,

OU

MOYENS DE TIRER UN PARTI AVANTAGEUX *DES TAILLIS, DEMI-FUTAIES ET HAUTES-FUTAIES,*

ET D'EN FAIRE UNE JUSTE ESTIMATION:

Avec la Description des Arts qui se pratiquent dans les Forêts :

Faisant partie du Traité complet des BOIS & des FORESTS.

Par M. DUHAMEL DU MONCEAU, de l'Académie Royale des Sciences ; de la Société R. de Londres ; de l'Acad. Imp. de Péterſbourg ; des Académies de Palerme & de Beſançon ; Honoraire de la Société d'Edimbourg, & de l'Académie de Marine ; de pluſieurs Sociétés d'Agriculture ; Inſpecteur Général de la Marine.

OUVRAGE ENRICHI DE FIGURES EN TAILLE-DOUCE.

SECONDE PARTIE.

A PARIS,

Chez H. L. GUERIN & L. F. DELATOUR, rue S. Jacques, à S. Thomas d'Aquin.

M. DCC. LXIV.

Avec Approbation & Privilege du Roi.

TABLE

DES CHAPITRES ET ARTICLES du Traité de l'Exploitation des Bois.

SECONDE PARTIE : Livres IV & V.

LIVRE QUATRIEME.

LIVRE CINQUIEME.

Fin de la Table de la seconde Partie.

TRAITÉ
DE L'EXPLOITATION
DES BOIS.

LIVRE QUATRIEME.

De l'Exploitation des Futaies.

En ſuppoſant une forêt abattue, il s'agit d'en exploiter les arbres & d'en tirer tout le parti poſſible; mais avant de donner le détail de tous les objets d'uſage auxquels ils peuvent être employés, je crois devoir diſcuter deux queſtions importantes. La premiere conſiſte à ſavoir ſi, après que les arbres ont été abattus, il eſt à propos de les laiſſer quelque temps avec leurs branches & dans leur écorce; ou s'il convient mieux de les équarrir ſur le champ. Cette premiere queſtion nous conduit à en diſcuter une ſeconde non moins importante: ſavoir, quelle eſt la cauſe des fentes & des éclats qui ſe trouvent dans le bois, & qui endommagent ſi conſidérablement ceux de la meilleure qualité. Après avoir traité à fond ces queſtions, nous parlerons de l'exploitation des hauts taillis, ou des demi-futaies; & nous terminerons ce Livre par les bois qui se vendent en grume, c'est-à-dire, en rondins simplement écorcés.

CHAPITRE PREMIER,

Où l'on examine si, lorsque les Arbres ont été abattus, il convient de retrancher leurs branches, de les écorcer, de les équarrir sur le champ, même de les débiter en quartelage ou en planches; ou s'il y a un avantage réel, ou un dommage évident, à les laisser quelque temps avec leurs branches soit dans leur écorce, soit du moins dans leur aubier, & sans être équarris.

DANS le Chapitre qui traitoit de la saison convenable d'abattre les arbres, il a été question d'une proposition qui sembloit devoir être adoptée sans aucune discussion, non-seulement parce qu'elle est généralement reçue par ceux qui sont le plus au fait de l'exploitation des forêts (par les maîtres de l'art), mais encore parce qu'elle paroissoit être fondée sur des raisonnements Physiques très-séduisants: j'avoue que je ne me suis livré à l'examen de cette question, que parce que je m'étois fait une loi de n'embrasser aucun sentiment qui ne fût appuyé sur des preuves expérimentales que je me proposois d'établir avec toute l'exactitude dont je peux être capable. Mes recherches ont combattu si solidement en différents points les pratiques reçues & mes propres préjugés, que j'ai été obligé de réformer mes anciennes idées, & de conclure plusieurs fois contre le sentiment le plus généralement établi.

Il

Il n'en eſt pas de même de la queſtion que je me propoſe d'examiner dans ce Chapitre, ſur laquelle les ſentiments ſont fort partagés. Chacun croit cependant avoir en ſa faveur des raiſons Phyſiques & des expériences ; mais comme il s'agit de parvenir à une ſolution, il eſt néceſſaire, avant tout, de peſer les raiſons des uns & des autres, pour diſcerner celles qui ſont d'accord avec la bonne Phyſique, & en même-temps (ce qui eſt bien plus important) examiner la valeur des expériences que l'on objecte, ſoit en les répétant pour en conſtater l'exactitude, ſoit en les comparant avec d'autres, qui, ayant été exécutées dans la ſeule vue d'éclaircir un fait particulier, ſe trouvent ordinairement plus exactes & plus concluantes que ne le peuvent être des obſervations vagues que peut fournir une pratique journaliere, dans laquelle il eſt rare que l'on faſſe attention à des circonſtances qui peuvent varier les effets, & rendre les obſervations défectueuſes. Pour entrer en matiere, je vas commencer par expoſer d'une maniere générale les différents ſentiments qui partagent les Auteurs, & les perſonnes expérimentées que j'ai conſultées ſur le point dont il s'agit ici.

1°, Tout le monde convient qu'on ne peut trop tôt retrancher les branches à un arbre qui vient d'être abattu.

2°, Mais il y en a qui voudroient qu'on l'équarrît auſſi ſur le champ.

3°, Quelques-uns prétendent qu'il eſt plus avantageux de le laiſſer pendant huit ou dix jours dans ſon écorce.

4°, D'autres eſtiment qu'il y a de l'avantage à ne l'équarrir qu'au bout d'un mois, de ſix ſemaines & même de deux mois.

5°, D'autres ſoutiennent qu'on devroit le laiſſer beaucoup plus long-temps dans ſon écorce.

6°, Enfin d'autres décident qu'il faut écorcer les arbres immédiatement après qu'ils ont été abattus, mais ne les équarrir que quelque temps avant qu'on veuille les employer.

Voilà les différentes opinions qui partagent ceux qui ſont dans l'uſage de faire exploiter les bois : les vues générales qui ont donné naiſſance à tant de ſentiments divers ſe réduiſent, ſoit à conſerver au bois ſa bonne qualité, abſtraction faite de toute autre choſe, ſoit à prévenir que les arbres ne deviennent inutiles à cauſe des fentes & des éclats qui ne manquent gueres d'arriver quand ils ſe deſſechent; & ceux-là ne font gueres attention à la qualité intrinſeque du bois. Nous avons cru qu'il étoit important, de prêter également attention à ces deux objets; cependant pour obſerver un ordre dans cette matiere, nous diviſerons notre travail en deux parties, pour conſidérer ſéparément ce qui regarde la qualité du bois & ce qui appartient aux fentes. Mais il faut reprendre chaque ſentiment en particulier, rapporter les raiſons que leurs auteurs alleguent, & les expériences qu'ils propoſent pour s'autoriſer dans leur avis; il faut que le détail de nos obſervations & de nos expériences ſuive de près celles des autres, pour ſe trouver en état d'en tirer des conſéquences qui puiſſent conduire à l'éclairciſſement de notre queſtion : c'eſt ce que nous allons eſſayer de faire. Nous terminerons enfin ce Chapitre par donner des regles de pratiques fondées ſur ce que nous aurons établi auparavant.

ARTICLE I. *Quel peut être l'effet que l'écorcement & l'équarriſſage des arbres abattus peuvent produire ſur leur bois, relativement à leur qualité.*

CEUX qui ſoutiennent qu'il faut ébrancher & équarrir ſur le champ les arbres qu'on abat, poſent pour principe :

1°, Que le bois des arbres qui meurent ſur pied eſt de mauvaiſe qualité, & que ces arbres ſont preſque toujours remplis de défauts : généralement parlant il en faut convenir.

2°, Qu'un arbre qu'on abat & auquel on conſerve les branches & l'écorce, ne meurt que peu à peu : il faut encore accorder cette propoſition qui a été ſuffiſamment prouvée dans le Livre précédent, ainſi que dans la *Phyſique des Arbres.*

De ces principes, ils concluent qu'il faut (auſſi-tôt qu'un arbre a été abattu) lui retrancher ſes branches & ſon écorce, afin, diſent-ils, de le tuer, & pour empêcher que ſon bois ne tombe dans un état d'appauvriſſement ſemblable à celui des arbres qui meurent ſur pied.

On voit bien que ceux qui adoptent ce ſentiment, comparent les végétaux aux animaux ; & qu'ils regardent tout arbre qu'on élague & qu'on équarrit auſſi-tôt qu'il a été abattu, comme un animal que l'on auroit tué ; & qu'ils comparent les arbres qu'on laiſſe avec leurs branches & leur écorce, à tout animal qu'on laiſſeroit mourir d'inanition. Il eſt aſſez généralement vrai que la chair d'un animal qu'on auroit ainſi laiſſé périr de langueur, ne ſe conſerveroit pas auſſi long-temps que celle d'un autre que l'on auroit tué, & qu'on auroit ſur le champ dépecée par morceaux.

Pour mettre ce ſentiment dans tout ſon jour, & lui donner même toute la force qu'il peut avoir, nous ajouterons, en ſuivant la même comparaiſon qui vient d'être employée, que le ſang & les autres liqueurs étant dans les animaux les parties qui ſe corrompent le plus aiſément, les Anatomiſtes qui ſe ſont propoſés de conſerver la chair des animaux pour avoir des miologies ſeches, ont imaginé différents moyens pour extraire, le plus qu'il leur a été poſſible, ces liqueurs des parties muſculeuſes & charnues qu'ils vouloient préſerver de la corruption. Maintenant ſi l'on regarde la ſeve des végétaux comme une liqueur aſſez ſemblable au ſang des animaux, c'eſt-à-dire, comme la partie des arbres qui a le plus de diſpoſition à fermenter & à ſe corrompre, (ce qui a été déja prouvé & qui le ſera encore par des expériences que nous rapporterons dans la ſuite) on ſera déterminé à conclure que tout ce qui précipite l'évaporation de la ſeve, eſt avantageux à la conſervation du bois. Il reſte donc à s'aſſurer préciſément ſi l'on parvient à accélérer conſidérablement l'évaporation de la ſeve, lorſqu'on élague & qu'on équarrit les arbres auſſi-tôt qu'ils ont été abattus ; c'eſt ce que nous avons tâché d'éclaircir par pluſieurs expériences, dont nous ne rapporterons cependant que quelques-unes à la fin de cet article, réſervant les autres pour le Chapitre où il doit être queſtion du deſſéchement des bois. Mais avant que d'entreprendre le détail de nos expériences, il est bon de revenir pour un instant à la comparaison que l'on fait des arbres qu'on laisse abattus avec leurs branches & leur écorce, avec ceux qui périssent d'eux-mêmes sur leur souche : nous ne la trouvons pas fort exacte; & pour mieux faire comprendre quel est sur cela notre sentiment, nous partagerons en deux classes les causes qui font périr les arbres sur pied : dans la premiere, nous comprendrons les arbres qui meurent de vieillesse ou de maladie; & dans la seconde, les arbres qui meurent de quelques accidents particuliers, tels que les gelées excessives, la trop grande transpiration, qui, dans les années très-chaudes & très-seches, font mourir subitement les arbres; les vers qui rongent l'écorce des racines; les coups de vent qui rompent, qui déracinent, qui renversent les arbres, &c. Dans tous ces cas, j'ai trouvé des arbres morts sur pied, dont le bois étoit fort bon; j'ai même fait débiter quelques-uns de ces arbres qui étant restés long-temps sur leur souche, quoique morts, avoient perdu presque toute leur écorce, & dont cependant le bois étoit extrêmement dur & bon. Au reste, si l'on considere ce qui a fait périr ces arbres, on reconnoîtra que ce n'est ni une altération des liqueurs, ni un vice des parties solides, mais le défaut de nourriture qui a fait que ces arbres se sont desséchés sur pied & même plus promptement qu'ils n'auroient fait sur le chantier; & cela ne doit leur porter aucun préjudice.

Ceci sera bien prouvé si l'on cherche à connoître ce qui est arrivé aux arbres que nous avions écorcés sur pied.

Quant aux arbres qui meurent par la rigueur de la gelée, je prévois qu'on aura peine à m'accorder que leur bois soit de bonne qualité. Nous avouons que nous n'avons pas eu occasion d'examiner des Chênes morts par la gelée, pour pouvoir être certains de la qualité de leur bois; mais l'Hiver de l'année 1709 ayant fait périr tous nos Noyers, nous en avons fait débiter deux ou trois cens pieds en planches, en membrures & en quartelages; cette opération nous a fourni une ample matiere à observations : il est vrai que parmi ce bois il s'en est trouvé de vermoulu; mais la plus grande partie du reste qui a été employée à différents ouvrages, est demeurée jusqu'à présent très-saine & très-bonne : le bois des Cyprès gelés s'est aussi trouvé très-bon. Au surplus, si l'on peut comparer les arbres qu'on laisse dans leur écorce avec les arbres morts sur pied, ce doit être certainement avec ceux qui se trouvent les moins défectueux ; car les arbres qui restent en grume, ne peuvent l'être à ceux qui meurent de vieillesse.

En effet, pour peu qu'on y prête attention, on doit sentir que ceux qui meurent de vieillesse, étant déja altérés dans le cœur, & long-temps avant leur mort, ainsi que je l'ai prouvé dans le premier Livre, ils portent intérieurement un vice essentiel, qui ne se trouve pas dans les arbres sains qu'on laisse dans leur écorce après qu'ils ont été abattus ; il en est de même des arbres qui meurent à la suite d'un long dépérissement causé par quelque maladie ; car, soit que le vice réside seulement dans les liqueurs, soit qu'il ait endommagé les parties solides, c'est toujours un commencement d'altération & un acheminement à la corruption, mais qui n'existe point dans les arbres sains qu'on laisse dans leur écorce après les avoir abattus.

Mais, dira-t-on, cette altération (quoique d'une maniere moins sensible) se forme peut-être dans les arbres après qu'ils ont été abattus, à cause de l'obstacle que l'écorce oppose à l'évaporation de la seve : c'est ce qui reste à examiner, parce qu'en cela consiste principalement l'éclaircissement qu'on doit attendre de nos expériences.

Avant que d'en donner le détail, il est nécessaire de rapporter encore un autre sentiment sur ce qui occasionne la précipitation de l'évaporation de la seve. Ceux qui l'ont adopté, prétendent qu'il faut écorcer les arbres aussi-tôt qu'ils sont abattus, mais ne les point équarrir que quand on veut les employer : en suivant cette pratique (disent-ils), 1°, les bois se dessechent promptement; 2°, ils sont moins exposés à être attaqués des vers & de la pourriture; 3°, ils doivent moins se tourmenter, & être moins exposés à s'échauffer.

Ce qui concerne les gerces & les éclats sera traité à part; nous renvoyons ce qui regarde l'attaque des vers à un endroit de cet ouvrage où nous aurons occasion d'en parler; ainsi nous ne rapporterons ici que les expériences que nous avons faites, pour constater si l'écorcement ou l'équarrissage aident beaucoup au desséchement des bois.

D'après ce que nous avons dit plus haut, une des choses qui se présentent à éclaircir d'abord, c'est de savoir si la seve s'échappe plus promptement d'une piece de bois écorcée que d'une autre qui conserve son écorce; ou ce qui est la même chose, si les pieces de bois écorcées se dessechent plutôt que celles qu'on réserve avec l'écorce.

On trouve dans la *Physique des Arbres* quantité d'expériences qui prouvent qu'il s'échappe beaucoup plus de transpiration des arbres auxquels on a fait des plaies, ou qu'on a écorçés, que de ceux dont l'écorce est restée entiere. L'écorce, en faisant un obstacle à la dissipation de la transpiration, ne l'empêche donc pas entiérement. Nous avons remarqué dans toutes nos expériences, qu'il s'échappe plus de seve dans certaines saisons que dans d'autres; beaucoup plus dans la grande force de la végétation, que dans le temps où les arbres ne sont point en seve; quand l'air est chaud & sec, que quand il est frais & humide.

Il s'échappe sur-tout beaucoup de transpiration dans les temps chauds, où, comme l'on dit, l'air est pesant; c'est-à-dire, que l'air ayant perdu de son élasticité, le mercure du barometre descend.

Ainsi quand on observe avec attention & pendant long-temps l'évaporation de la seve, on apperçoit bien que la cause qui la détermine à s'échapper, est compliquée, & qu'elle dépend de plusieurs circonstances qui sont les mêmes que celles qui occasionnent le jeu des Thermometres, des Barometres & des Hygrometres; d'où il résulte cependant une combinaison si bizarre par la prédomination d'une de ces causes, qu'on ne peut pas dire que la formation des vapeurs suive exactement la marche d'aucun de ces instruments; & un instrument qui réuniroit les effets du Thermometre, du Barometre & de l'Hygrometre, auroit certainement une marche bien irréguliere, mais qui cependant pourroit suivre assez celles de l'évaporation de la seve; encore faudroit-il que les différentes causes qui occasionnent chacun de ces effets, fussent, relativement les uns aux autres, également proportionnés dans un pareil instrument, & dans les arbres dont on voudroit observer le desséchement; car il est clair que si cet instrument tenoit plus du Barometre que du Thermometre ou de l'Hygrometre, pendant que l'arbre qu'on observeroit, seroit plus Thermometre ou plus Hygrometre que Barometre, alors la marche de l'un & de l'autre seroit bien différente. Comme j'ai cru appercevoir que la seve s'échappoit en grande quantité dans les temps les plus favorables à la végétation, j'aurois desiré pouvoir imaginer un instrument qui pût être à la fois sensible au poids de l'atmosphere, à la chaleur & à l'humidité de l'air; mais comme il ne m'a pas été possible de saisir ce point de conformité, avec les végétaux, j'ai échoué dans toutes les tentatives que j'ai faites pour avoir un pareil instrument capable d'indiquer avec précision, les temps & les circonstances les plus favorables à la végétation; quand même je serois parvenu par hazard à en construire un dans un rapport assez exact avec tel arbre que ce soit, il est probable que ce rapport ne seroit pas indistinctement le même avec tous autres arbres, & dès-là il n'auroit été d'aucune utilité.

On a vu dans les expériences que nous avons détaillées dans la *Physique des Arbres*, que dans les arbres qui végetent, la transpiration traverse l'écorce, mais qu'elle sort avec bien plus d'abondance des endroits où elle a été enlevée que des autres; & qu'outre cette liqueur ténue, il s'échappe encore des endroits écorcés une substance gélatineuse; ce qui prouve sensiblement que l'écorce peut bien ralentir l'évaporation de la seve, mais non pas l'arrêter entiérement.

Nous prévoyons qu'on pourroit nous reprocher d'avoir fait nos expériences sur de jeunes arbres dont l'écorce étoit lisse, unie, & bien différente de celle des gros arbres, qui est raboteuse, pleine de gerces, & d'une texture irréguliere. Nous convenons sans difficulté qu'il s'échappe plus de transpiration des bourgeons herbacés, que des jeunes branches, & qu'il s'en échappe fort peu par les grosses écorces; & c'est pour prévenir cette objection, que je n'ai pas oublié de constater, par quelques expériences, qu'il s'échappe de l'humidité des plus grosses écorces: voici en peu de mots quelles sont ces expériences.

§. 1. *Expérience qui prouve que la seve peut s'échapper à travers la grosse écorce.*

DANS le mois de Septembre, j'ai choisi plusieurs rondins de Chêne, tout récemment abattus & en grume, de trois pieds de longueur & de huit à neuf pouces de diametre; j'en ai fait poisser quelques-uns par les bouts; d'autres n'ont point été poissés; j'ai dépouillé quelques-uns de leur écorce; j'ai fait peser ensuite ces différents morceaux de bois, & j'ai continué de les faire peser tous les huit jours à différents mois de l'année. J'ai connu très-évidemment que la seve s'échappoit de ces morceaux de bois, mais sensiblement moins de ceux dont les bouts étoient poissés, que de ceux en grume, & moins promptement de ceux-ci que des écorcés.

§. 2. *Observations relatives au même objet.*

LE détail exact de nombre d'expériences qui prouvent toutes ce que je viens d'avancer, fatigueroit le Lecteur, ainsi je me contenterai de rapporter seulement & fort en abrégé, quelques faits où la différence s'est trouvée plus considérable qu'elle ne l'est ordinairement.

Un rondin de Chêne en grume qui, tout frais abattu, pesoit 45 liv. une once un gros, un mois après s'est trouvé peser 44 liv. quatre gros: ainsi il n'avoit diminué en un mois que d'une liv. cinq gros.

Un pareil rondin aussi en grume, mais dont on avoit poissé les

les bouts, & qui pesoit 31 liv. 3 onces 2 gros; au bout d'un mois pesoit 31 liv. 2 onces 2 gros & demi; ainsi dans le même espace de temps, il n'étoit diminué que de 7 gros & demi.

Un pareil rondin écorcé, qui pesoit, lors de son abattage, 29 liv. 3 onces 4 gros, un mois après ne pesoit plus que 24 liv. cinq onces 2 gros; ainsi il étoit diminué de 4 liv. 14 onces 2 gros Il est bon de remarquer que dans cette expérience, tous ces rondins avoient été déposés dans un grenier fort sec; mais les deux suivants ont été déposés dans un sellier frais & humide.

Un rondin semblable aux précédents, pesoit, lors de son abattage, 29 liv. 12 onces 6 gros; ayant resté un mois dans son écorce, 29 liv. 7 onces 3 gros; ainsi il n'a diminué dans ce temps que de 5 onces 3 gros.

Mais un pareil rondin qui, sans écorce, pesoit 25 liv. 4 onces, un mois après ne pesoit plus que 24 liv. 1 once 5 gros; ainsi il étoit diminué dans ce lieu humide de 1 liv. 2 onces 3 gros.

D'où l'on peut conclure, que quoique l'écorce dure & raboteuse du Chêne fasse un obstacle à la dissipation de la seve, ce fluide parvient cependant à se frayer des passages au travers de ses pores: c'étoit le but de l'expérience que nous venons de rapporter.

§. 3. *Expérience faite sur des tronçons d'arbres semblables, les uns équarris, les autres restés en grume.*

PEUT-ETRE traitera-t-on cela de pure curiosité; mais nous avons cru qu'il ne suffisoit pas de savoir que la seve s'échappoit plus promptement d'une piece de bois écorcée, que de celle qu'on auroit laissée avec son écorce; qu'il étoit encore avantageux de connoître le plus exactement qu'il nous seroit possible, en quelle proportion la seve s'échappe d'un morceau de bois écorcé, relativement à celui qui seroit resté en grume. Comment effectivement pouvoir, sans une pareille connoissance, se décider sur les avantages ou sur les risques qu'il peut y avoir à conserver les bois en grume, ou à les dépouiller de leur écorce, aussi-tôt qu'ils ont été abattus.

Le 15 du mois de Février, nous choisîmes dans un même terrein deux Chênes du même âge, & comparables, autant qu'il étoit possible ; ils avoient 15 à 20 pieds de tige, & environ 14 à 15 pouces de diametre par le pied : nous les fîmes abattre dans le même temps ; & sur le champ l'un d'eux fut marqué d'un *A*, & l'autre d'un *B*, (Voyez *Pl. XVII. fig. I*); nous fîmes couper leur tronc par billes de trois pieds de longueur; chaque arbre nous en fournit 4 que nous numérotâmes 1, 2, 3, 4. Ces huit billes furent voiturées sur le champ au Château de Denainvilliers, lieu où se devoit suivre l'expérience (*) : la bille, numéro 1, de l'arbre *A*, resta en grume; la bille, numéro 2, du même arbre fut équarrie ; la bille, numéro 3, resta en grume ; & la bille, numéro 4, fut équarrie. En même temps on équarrit la bille, numéro 1, de l'arbre *B*; on écorça la bille, numéro 2 ; on équarrit la bille, numéro 3, & on écorça la bille numéro 4 : tout cela fut exécuté dans la journée ; le soir, on les pesa toutes, & on les déposa sous un hangar fort ouvert, mais exposé au Nord.

On continua à les peser tous les jours depuis le 21 Février jusqu'au premier Mars, puis on les pesa tous les deux jours jusqu'au 28 Mars, ensuite on les pesa tous les huit jours, ce qui fut continué jusqu'au 20 Juin; enfin on ne les pesa plus que tous les mois, ce qu'on continua jusqu'au 24 Janvier 1738.

Voici le Journal de ces pesées, tel qu'il se trouve sur le registre de nos expériences : nous dirons, dans le paragraphe suivant, quelles sont les conséquences qu'on en peut tirer.

(*) Voyez *Pl. XVII, fig.* 1. tant pour la piece *A* que pour la piece *B*.

B.

Mois & Dates.		1		2		3		4		Temps.	Vent.	Thermom.
		EQUARRI.		ECORCE'.		EQUARRI.		ECORCE'.				
		Liv.	Onc.	Liv.	Onc.	Liv.	Onc.	Liv.	Onc.			
Février.	21	98	6	159	0	89	0	167	12	B.	N.	6
	22	97	4	158	0	87	8	166	1			7
	23	96	0	157	0	86	4	166	0	C.	S.	5
	24	95	4	157	0	86	0	165	8	B.	S.	5
	25	95	4	157	0	86	0	165	0	C.	S.	5
	26	95	4	156	8	86	0	165	0	P.	S.	5
	27	95	4	156	0	85	12	164	8	B.	S.	6
	28	95	4	155	8	85	12	164	4	P.	S.	6
	29	95	4	155	0	85	12	164	4	C.	S.	7
Diminué.		3	2	4	0	3	4	3	8			
Mars.	1	95	4	155	0	85	12	164	4	C.	S.	7
	2	95	4	155	0	85	12	164	0	B.	S.	7
Nota. *Le*	6	94	4	154	0	84	12	163	0	B.	S.	8
résultat des	8	93	14	152	12	84	8	161	14	P.	O.	7
observations	10	93	8	151	4	83	8	159	12	B.	N.	7
du 4 a été	12	93	0	150	4	83	8	158	12	B.	N.	7
perdu.	14	92	8	149	4	83	0	158	0	C.	O.	7
	16	92	4	149	0	83	0	157	8	P.	S.	6
	18	92	0	148	8	83	0	157	8	B.	N.	7
	20	91	14	147	8	82	12	156	0	C.	S.	7
	22	91	8	147	0	82	4	155	8	C.	S.	8
	24	91	0	147	0	82	0	155	4	B.	S.	8
	26	91	0	147	0	81	12	154	4	C.	S.	8
	28	91	0	146	4	81	8	153	8	P.	S.	7
Diminué.		4	4	8	12	4	4	10	12			
Avril.	8	90	0	145	12	81	12	153	4	B.	S.	9
	16	88	8	141	4	80	0	148	12	B.	S.	10
	24	87	0	139	4	78	4	146	4	C.	S.	10
	30	86	0	137	4	77	4	144	4	C.	S.	11
Diminué.		4	0	8	8	4	8	9	0			
Mai.	8	85	0	135	0	76	8	143	4	B.	N.	11
	16	84	0	134	0	75	12	141	12	C.	S.	10
	24	83	2	133	0	75	0	140	8	P.	O.	10
Diminué.		1	14	2	0	1	8	2	12			
Juin.	4	82	8	131	12	74	4	139	0	C.	N.	
	12	81	11	131	11	73	8	138	8	P.	O.	13
	20	80	4	130	0	71	2	137	1	P.	S.	13
Diminué.		2	4	1	12	3	2	1	15			
Juillet.	20	79	8	128	2	70	12	135	8			
Diminué.		0	12	1	14	0	6	1	9			
Août.	20	77	14	126	4	70	8	132	4			
Diminué.		1	10	1	14	0	4	3	4			
Septembre.	22	76	4	125	4	69	4	131	8			
Diminué.		1	10	1	0	1	4	0	12			
Dimin. totale.		22	2	33	12	19	12	36	4			
Novembre.	20	76	12	124	8	69	8	130	12	C.	S.	8
		Augm.	8	Dim.	12	Augm.	4	Dim.	12			
Décembre.	20	77	0	125	0	69	8	131	0	B.	N.	4
		Augm.	4	Augm.	8	0	0	Augm.	4			
Janvier. 1738.	24	77	4	125	4	70	0	131	4			
		Augm.	4	Augm.	4	Augm.	8	Augm.	4	B.	O.	2

A.

Mois & Dates.		1 GRUME. Liv.	Onc.	2 EQUARRI. Liv.	Onc.	3 GRUME. Liv.	Onc.	4 EQUARRI. Liv.	Onc.	Temps.	Vent.	Thermom.
Février.	21	216	4	102	0	155	8	100	0	B.	N.	6
	22	215	12	101	8	155	8	100	0	B.	N.	7
	23	215	8	101	0	155	0	99	8	C.	S.	5
	24	215	8	101	0	155	0	98	12			
	25	215	8	101	0	155	0	98	8	C.	S.	5
	26	215	8	101	12	155	0	98	8	P.	S.	
	27	215	8	100	8	155	0	98	0	B.	S.	6
	28	215	8	100	0	155	0	97	12	P.	S.	6
	29	215	8	100	0	154	12	97	8	C.	S.	7
Diminué.		0	12	2	0	0	12	2	8			
Mars.	1	215	8	100	0	154	8	97	4	P.	S.	7
	2	215	8	99	12	154	8	96	14	B.	S.	7
Nota. Le	6	214	4	97	8	154	0	96	4	B.	S.	8
résultat des	8	214	0	97	0	154	0	95	12	C.		7
observations	10	213	8	97	0	153	4	95	0	B.	N.	7
des 4 & 16	12	213	0	97	0	152	12	94	4	B.	N.	7
a été perdu.	14	213	0	97	0	152	4	94	0	C.	O.	7
	18	212	8	97	0	152	4	94	0	B.	N.	7
	20	212	0	96	12	152	0	93	0	C.	S.	7
	22	212	0	96	12	152	0	93	0	C.	S.	8
	24	211	12	96	8	151	12	92	12	B.	S.	8
	26	211	8	96	4	151	8	92	8	C.	S.	8
	28	211	4	95	12	150	12	92	8	P.	S.	7
Diminué.		4	4	4	4	3	12	4	12			
Avril.	8	209	4	95	0	149	12	91	12	B.	S.	9
	16	207	4	93	6	148	4	89	8	B.	S.	10
	24	205	4	92	4	146	4	89	4	C.	S.	10
	30	203	0	91	4	144	3	88	4	C.	S.	11
Diminué.		6	4	3	12	5	9	3	8			
Mai.	8	201	0	90	0	147	12	88	8	B.	N.	11
	16	199	0	89	8	147	8	86	12	C.	S.	10
	24	198	0	89	0	147	8	86	0	C.	N.	10
Diminué.		3	0	1	0	0	4	2	8			
Juin.	4	196	0	88	4	141	0	85	0	C.	N.	
	12	195	0	87	8	140	0	84	8	C.	O.	13
	20	194	4	86	4	139	0	83	4	C.	S.	13
Diminué.		1	12	2	0	2	0	1	12			
Juillet	20	190	8	85	0	137	0	82	8			
Diminué.		3	12	1	4	2	0	0	12			
Août.	20	187	0	84	4	135	0	81	0			
Diminué.		3	8	0	12	2	0	1	8			
Septembre.	22	186	0	84	0	135	0	80	8			
Diminué.		1	0	0	4	0	0	0	8			
Diminué en tout		30	4	18	0	20	8	19	8			
Novembre.	20	184	4	83	4	132	12	82	0	C.	S.	8
Diminué.		1	12	0	12	2	4	Au. 1	8			
Décembre.	20	185	0	83	6	132	8	80	0			
		Augm.	12	Augm.	2	Dim.	4	D. 2				
Janvier.	24	184	0	80	8	132	8	80	4			
Diminué.		1	0	Di. 2	14	0	0	Aug.	4			

§. 4. *Conséquences des Expériences précédentes.*

POUR peu qu'on y prête d'attention, on voit par le journal d'expériences que nous venons de rapporter, que l'évaporation est bien plus prompte dans les morceaux de bois équarris, que dans ceux qui sont restés en grume, quoiqu'elle soit moindre dans les premiers : l'un & l'autre doit arriver. Premiérement, elle doit être moindre dans les morceaux équarris, non-seulement parce qu'il y a moins de bois, puisqu'on en a retranché par l'équarrissage; mais encore parce que le bois qui reste, est du bois du cœur qui ne contient pas tant d'humidité que l'aubier & que le bois de la circonférence, comme nous croyons l'avoir prouvé par les expériences que nous avons rapportées ci-devant; secondement, le morceau de bois équarri doit plutôt perdre sa seve que l'autre; non-seulement parce que l'écorce ralentit son évaporation, mais encore parce que, par l'équarrissage, on augmente la surface proportionnellement aux masses, & nous prouverons dans un autre Chapitre, que l'évaporation de la seve se fait en raison des surfaces.

En attendant le détail de nos expériences, on voit encore, comme nous venons de le dire, que l'écorce fait un obstacle considérable à l'évaporation de la seve, puisque cette liqueur, la masse & la surface étant pareilles, s'est échappée beaucoup plus vîte des morceaux dépouillés de leur écorce, que des autres.

Mais une chose fort singuliere que nos expériences apprennent encore, c'est que l'écorce se charge plus de l'humidité de l'air que ne fait l'aubier, & que l'aubier s'en charge plus que le bois.

Enfin on voit que les bois équarris ou écorcés, diminuent d'abord plus que les bois qui ont leur écorce; mais ensuite, & quand ils sont parvenus à un certain degré de sécheresse, ce sont les bois en grume qui diminuent à leur tour plus que les bois écorcés ou équarris.

Tout cela se peut reconnoître par le journal de nos expériences, si l'on veut y prêter un peu d'attention ; cependant, pour rendre la chose plus facile, nous donnerons ici la comparaison de la piece *A*, n° 3, avec la piece *B*, n° 2 ; celle de la piece *A*, n° 1, avec la piece *B*, n° 4 ; & celle de la piece *A*, n° 2 ; avec la piece *B*, n° 2.

Le diametre du rondin en grume *A*, n° 3, est de 11 pouces 2 lignes ; celui du rondin *B*, n° 2, dépouillé de son écorce, est de 11 pouces 9 lignes ; la hauteur des deux rondins est de 36 pouces, & la surface entiere du rondin en grume est à celle du rondin écorcé, comme 943 : 1000. Le solide ou volume du rondin en grume, est au volume du rondin pelé, comme 903 : 1000. Ainsi le rapport de leurs poids ayant été trouvé par l'expérience de 155, 5 à 159, il s'ensuit, qu'à volume égal, le poids du rondin en grume, est au poids du rondin dépouillé, comme 155, 5 ou $\frac{1}{10}$: 143, 5, ou $\frac{1}{10}$ à peu de chose près.

Pendant les deux premiers jours où il fit beau temps, l'évaporation du rondin en grume, fut de 8 onces, celle du rondin pelé fut de 32 onces ; donc, à surfaces égales, les évaporations étoient comme 8, 4 : 32 ; &, à volume égal, comme 8, 9 : 32 ; par conséquent l'évaporation du rondin pelé étoit presque quadruple de celle du rondin en grume.

Du 23 Février au 8 Mars, l'évaporation du rondin en grume fut de 16 onces, & celle du rondin pelé de 68 onces ; donc les évaporations, à surfaces égales, étoient comme 16, 9 : 68 ; &, à volume égal, comme 17, 7 : 68 ; l'évaporation du rondin pelé étoit donc, encore à très-peu-près, quadruple de celle du rondin en grume.

Du 8 Mars au 24 inclusivement, le rondin en grume perdit 36 onces, & le rondin pelé 92 onces : donc, à surfaces égales, les évaporations furent comme 38, 1 : 92, & à volume égal, comme 40 : 92 : l'évaporation du rondin écorcé étoit donc beaucoup plus que double.

Pendant les quinze jours suivants, c'est-à-dire, du 24 Mars au 8 Avril, l'évaporation fut de 32 onces pour le bois en grume, & de 20 onces pour le bois écorcé ; donc, à surfaces égales, les évaporations étoient comme 33, 9 : 20, &, à volume égal, comme 35, 4 : 20.

Depuis le 8 Avril jusqu'au 24 du même mois, le bois en grume perdit 56 onces, pendant que le bois écorcé en perdit 104; par conséquent, à surfaces égales, les évaporations étoient comme 59, 3 : 104, &, à volume égal, comme 62 : 104.

Dans les quinze jours suivants, c'est-à-dire, du 24 Avril au 8 Mai, l'évaporation du rondin en grume étoit nulle; au contraire il se chargea de 24 onces d'humidité, pendant que le rondin, dépouillé de son écorce, en perdit 68 onces; ce qui confirme bien ce que l'on a avancé dans la comparaison précédente, que le bois n'attire pas l'humidité à beaucoup près comme l'écorce: pour continuer ce parallele des évaporations, il faut donc prendre un intervalle de temps plus considérable.

Du 24 Avril au 4 de Juin, le bois en grume perdit 84 onc. & le bois écorcé en perdit 120: donc, à surfaces égales, les évaporations étoient comme 89, 0 : 120; &, à volume égal, comme 93 : 120.

Pendant les seize jours suivants, depuis le 4 Juin jusqu'au 20 du même mois, l'évaporation du rondin en grume fut de 32 onces, & celle du rondin pelé de 28 onces; ainsi le rapport des évaporations étoit, à surfaces égales, de 33, 9 : 28, &, à volume égal, de 35, 4 : 28.

Dans le mois suivant du 20 Juin au 20 Juillet, l'évaporation du rondin en grume de 32 onces, & celle du rondin pelé de 30 onces; donc, à surfaces égales, les évaporations étoient comme 33, 9 : 30; &, à volume égal, comme 35, 4 : 30, ce qui approche de l'égalité.

Depuis le 20 Juillet jusqu'au 20 Août, l'évaporation du bois en grume fut de 32 onces, & celle du bois écorcé de 30 onces: les évaporations furent donc dans les mêmes rapports que celles du mois précédent.

Pendant le mois suivant, depuis le 20 Août jusqu'au 22 Septembre, le bois en grume n'eut aucune évaporation; mais le bois écorcé perdit 16 onces; il faudra donc prendre depuis le 20 Août jusqu'au 20 Novembre; alors on trouve que le bois en grume a perdu 36 onces, & que le bois écorcé en a perdu 28 ; donc, à surfaces égales, les évaporations ont été comme 38, 1 : 28 ; &, à volume égal, comme 40 : 28, ce qui s'éloigne de l'égalité.

Dans le mois suivant, du 20 Novembre au 20 Décembre, le bois en grume perdit 4 onces, le rondin pelé se chargea de 8 onces d'humidité ; du 20 Novembre au 24 Janvier, le rondin en grume perdit 4 onces, & le rondin pelé se chargea de 12 onces d'humidité, ce qui n'est plus susceptible de comparaison.

Le diametre du rondin en grume *A*, n° 1, est de 13 pouces 6 lignes ; celui du rondin pelé *B*, n°, 4, est de 12 pouces 4 lignes ; leur hauteur commune est de 36 pouces ; ainsi la surface du rondin en grume est à la surface du rondin écorcé, comme 1000 : 901, & le solide ou volume du rondin en grume, est au solide ou volume du rondin pelé, comme 1000 : 834 ; mais par l'expérience, le poids du rondin en grume est au poids du rondin écorcé, comme 216, 2 : 167, 7 ; donc, à volume égal, les poids de ces deux rondins seroient entr'eux, comme 216, 2 est à 201 ; rapport qui ne peut pas être fixé bien précisément, parce que les épaisseurs des écorces & leurs pesanteurs spécifiques ne sont pas données.

L'évaporation, pendant les deux premiers jours où il fit beau temps, fut de 12 onces pour le rondin en grume, & de 28 onc. pour le rondin pelé ; donc, à surfaces égales, leur évaporation fut comme 10, 8 : 28, &, à volume égal, comme 10 : 28, ce qui fait une évaporation presque triple dans le bois écorcé.

Pendant les huit jours suivants il plut beaucoup, & le bois en grume ne se desſécha en aucune maniere ; au lieu que celui qui étoit écorcé perdit encore 28 onces ; ce qui prouve que le bois n'attire pas l'humidité, & ne s'en charge point à beaucoup près comme l'écorce : ne pouvant donc comparer les évaporations pendant ces huit jours, puisque l'une est zéro par rapport à l'autre, je prends un intervalle de quinze jours du 23 Février au 8 Mars : l'évaporation du rondin en grume fut de 24 onces, & celle du rondin pelé de 66 onces ; donc, à surfaces égales, leur

leur évaporation fut comme 21, 6 : 66, à volume égal, comme 20 : 66, & celle du rondin pelé un peu plus que triple.

Dans les seize jours suivants, du 9 Mars au 24 inclusivement, l'évaporation du rondin en grume fut de 36 onces, & celle du rondin pelé de 106; donc, à surfaces égales, les évaporations étoient comme 32, 4 : 106, à volume égal, comme 30 : 106 : l'évaporation du rondin écorcé étoit donc beaucoup plus que triple.

Dans les quinze jours suivants, c'est-à-dire, du 24 Mars au 8 Avril, l'évaporation du rondin en grume fut de 40 onces, & celle du rondin écorcé fut de 32 onces; par conséquent, à surfaces égales, les évaporations sont comme 36 : 32, &, à volume égal, comme 33, 3 : 32; ce qui s'approche de l'égalité.

Dans les seize jours suivants, depuis le 8 Avril jusqu'au 24 de ce mois, l'évaporation du rondin en grume fut de 64 onc. & celle du rondin pelé de 112; donc, à surfaces égales, l'évaporation fut comme 57, 6 : 112; &, à volume égal, comme 53, 3 : 112; celle du rondin écorcé fut donc à peu-près double.

Dans les quinze jours suivants, depuis le 24 Avril jusqu'au 8 Mai, l'évaporation du rondin en grume fut de 68 onces, & celle du rondin pelé de 48 onces; donc, à surfaces égales, l'évaporation est comme 61; 2 : 48; &, à volume égal, comme 56, 7 : 48; ainsi voilà un rondin en grume qui perd plus de son poids que le rondin écorcé.

Pendant les seize jours suivants, du 8 Mai au 24 du même mois, l'évaporation du rondin en grume fut de 48 onces, & celle du rondin pelé de 44 onces; donc, à surfaces égales, les évaporations sont comme 43, 2 : 44, &, à volume égal, comme 40 : 44; ce qui commence à s'éloigner de l'égalité.

Dans les onze jours suivants, depuis le 24 Mai jusqu'au 4 Juin, l'évaporation du rondin en grume fut de 32 onces, & celle du rondin pelé de 24 onces; donc, à surfaces égales, l'évaporation étoit comme 28, 8 : 24; &, à volume égal, comme 26, 6 : 24; ce qui tend encore à l'égalité.

Dans les seize jours suivants, depuis le 4 Juin jusqu'au 20 du même mois, l'évaporation du rondin en grume fut de 28 onces, & celle du rondin pelé de 31 onces; donc, à surfaces égales, l'évaporation est comme 25, 2: 31; &, à volume égal, comme 23, 3: 31; ce qui commence de nouveau à s'éloigner de l'égalité.

Dans le mois suivant du 20 Juin au 20 Juillet, l'évaporation du rondin en grume fut de 60 onces, & celle du rondin pelé de 25 onc. donc l'évaporation, à surfaces égales, étoit comme 54: 25; &, à volume égal, comme 50: 25; l'évaporation du rondin pelé n'étoit donc plus que la moitié de celle du rondin en grume.

Pendant le mois suivant, depuis le 20 Juillet jusqu'au 20 Août, l'évaporation du rondin en grume fut de 56 onces, & celle du rondiné corcé de 52 onces; donc, à surfaces égales, l'évaporation est, comme 50, 4: 52; &, à volume égal, comme 46, 7: 52; ce qui se rapproche de l'égalité.

Dans le mois suivant, depuis le 20 Août jusqu'au 22 Septembre, l'évaporation du rondin en grume fut de 16 onces; celle du rondin pelé étoit de 12 onces; donc, à surfaces égales, l'évaporation étoit comme 14, 4: 12; &, à volume égal, comme 13, 3, 12; elles étoient donc presque égales.

Dans les deux mois suivants, du 22 Septembre au 20 Novembre, l'évaporation du rondin en grume fut de 28 onces, & celle du rondin pelé de 12 onces; donc, à surfaces égales, l'évaporation est comme 25, 2: 12; &, à volume égal, comme 23, 3: 12; celle du rondin en grume se trouve donc presque double.

Du 20 Novembre au 20 Décembre, l'évaporation du rondin en grume a cessé, & il s'est au contraire chargé de 12 onc. d'humidité, pendant que le rondin pelé s'est chargé de 4 onc. d'humidité; d'où il suit que le rondin en grume qui avoit été jusques-là dans l'état d'une plus grande évaporation que le rondin écorcé, s'est plus chargé de l'humidité de l'atmosphere que le rondin écorcé; sans doute parce que l'écorce est un corps spongieux.

Le diametre du rondin écorcé *B*, n° 2, est de 11 pouces 9 lignes; le côté de la base de la piece équarrie *A*, n° 2, eſt de 8 pouces 2 lignes ; leur commune hauteur eſt de 36 pouces ; ainſi le volume du bois écorcé eſt au ſolide, ou volume du bois équarri, comme 1000 : 614 ; & la ſurface du premier eſt à la ſurface du ſecond comme 1000 : 846 ; or le poids de ces deux ſolides étant entr'eux comme 159 : 102, il s'enſuit, qu'à volume égal, le poids du bois écorcé ſeroit au poids du bois équarri dans le rapport de 97, 6 : 102, ce qui n'eſt pas éloigné de l'égalité.

Les deux premiers jours où il fit un beau temps, le bois écorcé évapora 32 onces, & le bois équarri en perdit 16 ; donc, à volume égal, les évaporations furent comme 19, 6 : 16 ; à ſurfaces égales, comme 27 : 16 ; & la tranſpiration fut plus grande dans le bois écorcé que dans le bois équarri.

Pendant les huit jours ſuivants, où le temps fut couvert & pluvieux, l'évaporation du rondin écorcé fut de 68 onces, & celle de la piece équarrie fut de 64 onces ; donc, à volume égal, le rapport d'évaporation fut comme 41, 7 : 64 ; &, à ſurfaces égales, comme 57, 5 : 64 ; elle devint donc plus grande dans le bois équarri.

Du 9 Mars au 24 de ce mois, le rondin pelé perdit 92 onc. & la piece équarrie perdit 8 onces ; donc, à volume égal, l'évaporation fut comme 5, 64 : 8 ; &, à ſurfaces égales comme 77, 8 : 8 ; l'évaporation étoit donc, à raiſon des ſurfaces, environ dix fois plus grande dans le bois écorcé que dans le bois équarri.

Du 24 Mars au 8 Avril, la tranſpiration fut de 20 onces pour le bois écorcé ; elle fut de 24 onces pour le bois équarri ; donc, à volume égal, le rapport de l'évaporation fut de 12, 2 : 24 ; &, à ſurfaces égales, de 16, 9 : 24 ; ainſi la tranſpiration redevint plus grande dans le bois équarri.

Depuis le 8 Avril juſqu'au 24 Avril, le bois écorcé perdit 104 onces, & le bois équarri en perdit 44 ; donc, à volume égal, l'évaporation étoit comme 63, 8 : 44 ; &, à ſurfaces égales dans le rapport de 87, 9 : 44, l'évaporation étoit donc, à ſurfaces égales, à peu près double dans le bois écorcé.

Pendant les quinze jours ſuivants, c'eſt-à-dire, dans l'intervalle du 24 Avril au 8 Mai, le rondin pelé avoit perdu 68 onces, & la piece équarrie en avoit perdu 36 ; donc, à volume égal, leur évaporation fut comme 41,7 : 36,&, à surfaces égales, comme 57, 5 : 36 ; l'évaporation est donc encore plus grande dans le bois écorcé que dans le bois équarri.

Du 8 Mai au 4 de Juin, la transpiration du bois pelé fut de 52 onces, celle du bois équarri de 28 ; donc, à volume égal, les évaporations étoient comme 31, 9 : 28; &, à surfaces égales, comme 43, 9 : 28.

Du 4 Juin au 20 du même mois, le poids du rondin écorcé diminua de 28 onces, & le poids du bois équarri diminua de 32 ; donc, à volume égal, les évaporations étoient dans le rapport de 17, 1 : 32; &, à surfaces égales, de 23, 6 : 32; ainsi la transpiration devint plus grande dans le bois équarri.

Du 20 Juin au 20 Juillet, le bois écorcé perdit 30 onces, le bois équarri en perdit 20 ; donc, à volume égal, les évaporations furent comme 18, 4: 20; &, à surfaces égales, comme 25, 3 : 20; ce qui s'approche de l'égalité.

Depuis le 20 Juillet jusqu'au 20 Août, le bois écorcé perdit 30 onces, le bois équarri en perdit 12 : ainsi les évaporations furent comme 18, 4: 12, à volume égal; &, à surfaces égales, comme 25, 3 : 12; donc la transpiration étoit double, à raison des surfaces, dans le bois écorcé.

Du 20 Août jusqu'au 22 Septembre, l'évaporation fut de 16 onces dans le bois écorcé, & de 4 onces dans la piece équarrie; donc, à volume égal, les évaporations étoient comme 9, 8 : 4; &, à surfaces égales, comme 15, 5 : 4; c'est-à-dire, plus que triple dans le bois écorcé.

Dans les deux mois suivants, du 22 Septembre au 20 Novembre, le bois écorcé perdit 12 onces, le bois équarri en perdit autant; donc, à volume égal, l'évaporation du bois écorcé étoit à celle du bois en grume, comme 7, 3 : 12; &, à surfaces égales, comme 10, 1 : 12; ce qui se rapproche de l'égalité.

Dans le mois suivant du 20 Novembre au 20 Décembre, le rondin pelé se chargea de 8 onces d'humidité, & le poids du bois équarri étoit augmenté de 2 onc.; supposant donc que dans cet état l'évaporation est la même dans le bois écorcé & dans le bois équarri, on trouve que leur attraction d'humidité, à surfaces égales, est à peu-près dans le rapport de 3 : 1.

Du 20 Décembre au 24 Janvier 1738, le poids du bois écorcé augmenta de 4 onces; celui du bois équarri diminua de 46 onces; ce qui n'est plus susceptible de comparaison.

§. 5. *Expérience sur de petits cylindres, dont les uns étoient écorcés, & les autres avoient leur écorce.*

QUOIQUE les expériences que nous venons de rapporter soient très-concluantes, je ne crois cependant pas devoir négliger d'en rapporter une que j'ai faite, fort en petit à la vérité, mais qui concourt à prouver les mêmes vérités.

Le 14 Mars 1738 j'abattis un jeune Chêneau; & dans la partie de sa tige qui étoit la plus cylindrique & la mieux arrondie, je coupai deux petits cylindres de deux pouces de longueur chacun: celui qui étoit le plus près de la cime de l'arbre, fut conservé avec son écorce; & l'autre pris plus près des racines pour l'avoir plus gros, fut dépouillé de son écorce, ce qui le rendit, à très-peu de chose près, de même grosseur que le premier; ainsi j'avois deux cylindres pareils en superficie que je pouvois comparer l'un avec l'autre.

Je les ajustai chacun à une petite balance qui trébuchoit à la sixieme partie d'un grain.

Celui qui avoit son écorce pesoit 1 once 4 gros 16 grains.

Celui qui étoit écorcé pesoit . 1 . . . 3 . . 14 . . .

Pour pouvoir connoître selon quelle proportion l'évaporation se faisoit dans l'un & dans l'autre cylindre, je les ai toujours tenus en équilibre, en ajoutant des grains dans le plateau de la balance où ils étoient: outre cela j'ai eu soin de marquer l'élévation de la liqueur du Thermometre de M. de Réaumur, toujours en comptant au-dessus du point de la congellation, parce qu'elle n'a jamais été au-dessous pendant tout le temps que l'expérience a duré.

J'ai auſſi examiné l'élévation du mercure dans le Barometre; mais pour éviter la confuſion, je me contentois de marquer du chiffre I, quand je le trouvois bas; quand il étoit dans un état moyen, je le marquois II; & quand il étoit haut, je le marquois III : enfin j'ai encore eu l'attention de marquer chaque jour quel temps il faiſoit : voici maintenant le journal de cette expérience.

Mois & Dates.		*Bois écorcé.* Grains.	*Bois en grume.* Grains.	*Différence de poids.* Grains.	*Thermometre.*	*Barometre.*	*Temps.*
Mai.	15	70	31	39	10	II	Sec.
	16	80	30	50	11	II	Sec.
	17	50	25	25	11	II	Sec.
	18	46	22	24	10	II	Sec.
	19	81	45	36	10	II	Sec.
	20	31	29	2	10	I	Humide.
	21	11	20	+ 9	8	I	Humide.
	22	10	14	+ 4	8	I	Humide.
	23	8	17	+ 9	8	II	Sec.
	24	6	15	+ 9	9	II	Sec.
	25	8	18	+ 10	10	II	Sec.
	26	8	17	+ 9	11	I	Humide.
	27	6	21	+ 15	10	I	Humide.
	28	14	36	+ 22	9	II	Sec.
	29	25	15	10	11	II	Sec.
	30	3	6	+ 3	11	I	Humide.
	31	1	7	+ 6	12	I	Humide.
Avril.	1	8	15	+ 7	12	III	Sec.
	2	10	12	+ 2	14	III	Sec.
	3	10	10	= 0	14	III	Sec.
	4	20	24	+ 4	15	III	Sec.
	5	18	20	+ 2	15	II	Sec.
	6	4	11	+ 7	15	II	Sec.
	7	4	10	+ 6	16	II	Sec.
	8	4	18	+ 14	16	III	Sec.
	9	2	10	+ 8	14	II	Humide.
	10	2	3	+ 1	13	III	Humide.
Mai.		*Nota.* Que comme je n'ai enſuite peſé ces bois que tous les huit jours, il m'a paru inutile de marquer les obſervations du Barometre, ni celles météorologiques.					
	1	3	12	+ 9	13		
	8	5	3	2	14		
	15	4	3	1	13		
	23	3	5	+ 2	15		
	31	6	12	+ 6	20		
Juin.	7	4	12	+ 8	15		
	14	9	14	+ 5	15		
	20	0	7	+ 7	15		
	28	7	7	= 0	15		*Nota.* Que le 5
Juillet.	5	7	4	− 3	20		Juillet le poids du
	13	1	13	+ 12	20		cylindre écorcé eſt
	21	10	15	+ 5	$22\frac{1}{2}$		augmenté de 7
	28	15	13	2	$21\frac{1}{2}$		grains; & celui en
Août.	5	6	6	= 0	51		grume de 4.

On voit par cette expérience que le cylindre écorcé a considérablement diminué le poids dans les premiers jours ; & que l'autre a été long-temps à perdre la même quantité de seve ; ce qui auroit encore été bien plus sensible, s'il ne s'étoit pas échappé de la seve par les extrémités de ces cylindres, qui étant coupées & pareilles dans l'un comme dans l'autre, laissoient une libre sortie à la seve : la somme des bases de ces cylindres est, dans cette expérience, très-considérable, par proportion à leurs côtés. Il est vrai que j'aurois pu vernir l'aire de ces bases ou coupes, pour empêcher que la seve ne s'échappât par-là ; mais cette précaution ne m'est pas venue à l'esprit, & je rapporte naturellement ce que j'ai fait ; heureusement que cette expérience offroit une différence assez considérable pour m'exempter de la recommencer.

Nous devons maintenant être bien certains par les expériences ci-dessus, que la seve s'échappe plus promptement des billes de bois équarries, ou simplement écorcées, que de celles qui restent en grume ; & en se rappellant ce que nous avons dit au commencement de ce Chapitre, que la seve est une liqueur capable de fermentation & prompte à se corrompre, il semble qu'on peut conclure sans craindre de se tromper, qu'il faut équarrir, ou du moins écorcer les bois aussi-tôt qu'ils ont été abattus, afin de les priver promptement de cette liqueur corruptible, qui peut, par son altération, porter un préjudice considérable aux fibres ligneuses. Tout cela sera encore plus exactement discuté dans le Chapitre où nous traiterons du desséchement des bois.

§. 6. *Expériences faites sur des bois blancs, pour reconnoître s'ils s'alterent sous leur écorce.*

NOUS ne pouvons nous dispenser de rapporter ici quelques expériences que nous avons faites simplement pour connoître si, en ralentissant l'évaporation de la seve par le moyen de l'écorce, on est fondé à craindre l'altération de cette liqueur qui endommage les fibres ligneuses. Dans cette vue, & comme les bois blancs sont plus susceptibles de cette altération que le bois de Chêne, j'ai fait abattre pendant l'Hiver de 1733, plusieurs gros Aunes : j'en ai laissé une partie dans leur écorce, & j'ai fait écorcer les autres ; ces arbres ont tous été mis sous un hangar où ils ont resté jusqu'au Printemps de 1735, que je les ai fait fendre pour examiner avec plus de commodité quelle pouvoit être la qualité de leur bois : je l'ai trouvée telle qu'on le voit ci-après.

	Aunes avec leur écorce.	*Sans leur écorce.*
N° 1.	Bois très-échauffé	Bon bois.
2.	De même	Bois très-peu échauffé par un bout.
3.	De même	Bon bois.
4.	Bois qui commençoit à s'échauffer.	Bon bois.
5.	Bois un peu échauffé	Très-bon bois.
6.	Bon bois	Bon bois.
7.	Bois qui commençoit à s'échauffer.	Bon bois.

Cette expérience prouve incontestablement que les bois écorcés se sont mieux conservés que ceux qui sont restés dans leur écorce. Reste maintenant à examiner si la même chose arrivera au Chêne.

§. 7. *Semblable Expérience faite sur le Chêne.*

LA bille marquée *A*, dont nous avons parlé, pourra encore nous fournir un exemple.

Ce Chêne avoit été abattu dans le mois de Février, & les pieces marquées 1 & 3 sont restées en grume, & celles marquées 2 & 4, ont été équarries sur le champ. On a examiné ces quatre pieces dans le mois de Décembre de l'année suivante ; l'aubier des billes 1 & 3 s'est trouvé beaucoup meilleur que celui des pieces 2 & 4 ; peut-être cela venoit-il de ce qu'il avoit encore retenu de l'humidité ; car on sait que l'aubier se réduit en poussiere, quand une fois il a perdu toute sa seve,

ſeve ; c'eſt par cette raiſon que les Marchands conſervent leurs bois équarris, plutôt à l'humidité qu'au ſec, afin que l'aubier reſte ſain. Mais une ſeule expérience ne ſuffit pas ; & pour faire voir que, généralement parlant, le bois s'altere plus promptement ſous l'écorce que quand on l'en a dépouillé, il nous ſuffira d'aſſurer que nous avons, dans cette vue, fait abattre plus de 90 jeunes Chênes pendant l'Hiver, & que nous avons conſtamment reconnu que l'aubier des arbres en grume s'altéroit plutôt que celui des arbres qui avoient été écorcés.

Deux ans après, quand nous les avons fait fendre pour les examiner, nous avons trouvé que le bois d'une partie de ceux qui avoient été écorcés étoit bon ; au lieu qu'il y en avoit quantité de mauvais dans les arbres reſtés en grume.

Conclura-t-on delà qu'il faille écorcer les arbres ſi-tôt qu'ils ſont abattus ? Je ſerois pour l'affirmative, s'il ne s'agiſſoit que de conſerver au bois toute la bonne qualité qu'il peut avoir; & cela avec d'autant plus de raiſon, que les bois que j'ai fait écorcer auſſi-tôt qu'ils ont été abattus, m'ont paru plus durs que ceux qui avoient été conſervés en grume. Mais que ſerviroit-il de ménager avec tant de ſoin la bonne qualité du bois, ſi, en l'expoſant à un deſſéchement ſi précipité, il ſe fend & s'éclate à un tel excès, qu'il n'eſt preſque plus propre à rien ? C'eſt ce que nous examinerons dans le Chapitre ſuivant ; car il eſt néceſſaire auparavant de terminer la matiere de celui-ci, & d'achever de diſcuter les autres ſentiments que nous nous ſommes propoſés d'examiner.

ARTICLE II. *En laiſſant les Arbres dans leur écorce pendant un court eſpace de temps, peut-on en attendre un effet ſenſible ?*

IL y a quelques perſonnes habiles dans l'exploitation des forêts, qui ſoutiennent qu'il faut laiſſer les arbres paſſer huit ou dix jours dans leur écorce après qu'ils ont été abattus ; ce délai, diſent-elles, eſt néceſſaire, parce que les arbres, dans les premiers jours qu'ils ont été coupés, donnent encore des ſignes de vie, & que pendant cet intervalle de temps, le mouvement de leur ſeve ſe ralentit, les fibres ligneuſes s'affaiſſent, ce qui empêche que les arbres ne ſe fendent, ne s'éclatent & ne ſe tourmentent à l'excès; mais il ne faut pas, ajoutent-elles, les laiſſer plus long-temps ſans les équarrir, ſi l'on veut découvrir promptement les vices intérieurs qui continueroient à faire du progrès juſqu'à ce qu'ils ſoient éventés. Nous examinerons dans le Chapitre ſuivant, ſi un délai de huit ou dix jours eſt capable d'empêcher les bois de s'éclater; mais il eſt certain qu'il eſt avantageux de mettre promptement en évidence les caries intérieures qui ſe trouvent dans les arbres, parce que ces parties de bois pourri ſe chargent de beaucoup d'humidité, qui ne pouvant ſe diſſiper auſſi aiſément que celle qui eſt répandue dans les parties ſaines, à cauſe de la déſorganiſation qui ſe rencontre dans ces endroits défectueux, cette humidité y occaſionne une corruption qui endommage les parties ſaines qui ſe trouvent dans leur voiſinage. C'eſt une raiſon de plus, de faire équarrir les arbres auſſi-tôt qu'ils ont été abattus; mais on ne peut adopter celles qu'on a rapportées, pour perſuader qu'il eſt à propos de laiſſer les arbres huit ou dix jours dans leur écorce; car il eſt certain que quand les Printemps ne ſont pas fort ſecs, les arbres qu'on laiſſe avec leur écorce, ſont encore en état de végéter pendant trois ou quatre mois après qu'ils ont été abattus, puiſqu'on les voit pouſſer des feuilles, des fleurs & des bourgeons.

Quant à ce qu'on dit que la ſeve s'échappe pendant cet intervalle de temps, il ne faut, pour prouver que cette allégation eſt purement imaginaire, que faire voir combien peu il s'évapore de ſeve du corps des arbres qui reſtent en grume pendant l'Hiver, temps où l'on a coutume de les abattre: c'eſt ce que nous allons démontrer par quelques expériences que nous avons faites à ce ſujet.

§. 1. *Expériences qui prouvent qu'il s'échappe peu de ſeve des Arbres qui reſtent en grume pendant l'Hiver.*

PENDANT les neuf derniers jours du mois de Février, un rondin de Chêne tout nouvellement abattu & en grume, qui avoit trois pieds de longueur, plus d'un pied de diametre, & qui peſoit avec ſon écorce 216 livres 4 onces, n'a diminué que de 12 onces : un autre rondin un peu moins gros, qui peſoit 155 livres 8 onces, n'a diminué non plus que de 12 onces pendant ce même eſpace de temps. Il faut ajouter à cela, qu'il ne ſe feroit certainement pas échappé 4 onces de ſeve de chacun de ces morceaux de bois, ſi les arbres dont on les avoit tirés, étoient reſtés avec toutes leurs branches, parce qu'il n'eſt pas douteux que c'eſt par les extrémités coupées qu'il s'échappe le plus de ſeve ; & l'on conviendra que plus les billes de bois ſont courtes, plus l'aire de leurs extrémités coupées ſe trouve être conſidérable, relativement au volume total du morceau de bois. Mais en ſuppoſant qu'on ne voulût pas avoir égard à cette raiſon, toute ſolide qu'elle eſt, cette quantité de 12 onces de ſeve eſt peu de choſe, en comparaiſon de 45 à 50 livres d'humidité, qui ont dû s'évaporer de ces billes, avant qu'elles euſſent pu être réputées ſeches.

§. 2. *Conſéquences qu'on peut tirer de cette Expérience : diverſité d'opinions ſur cette matiere.*

NOUS croyons qu'on peut conclure de l'expérience précédente, que les changements qui arrivent au bois pendant un eſpace de huit ou dix jours d'Hiver, qui eſt le temps où l'on exploite ordinairement les forêts, ne ſont pas capables de produire un grand effet.

C'eſt ſans doute pour ces raiſons qu'il y a beaucoup de perſonnes qui prétendent qu'il convient de laiſſer les arbres pendant un mois, ſix ſemaines ou deux mois dans leur écorce après qu'ils ont été abattus.

Il faut, disent quelques-uns, laisser le temps aux arbres de *ressuer*, de laisser échapper leur seve, & de raffermir leur bois.

D'autres veulent qu'on les laisse pendant le même espace de temps dans leur écorce, pour les garantir du grand air & du soleil; ou, suivant d'autres, pour les mettre à couvert des grandes gelées. Et si quelques-uns prétendent qu'en les conservant dans leur écorce, ils restent dans un état d'organisation qui favorise l'évaporation de la seve, il y en a d'autres aussi qui pensent que l'écorce ne doit être conservée que dans la vue de ralentir cette évaporation.

Enfin plusieurs envisagent l'écorce comme une ceinture qui s'oppose à la désunion des fibres ligneuses, & qui par conséquent empêche les bois de se fendre: nous ne croyons pas que cette idée mérite d'être approfondie.

Après avoir rapporté les raisons qui ont engagé à conserver les pieces de bois dans leur écorce, pendant l'espace de six semaines ou deux mois, examinons maintenant quelles sont les raisons qui déterminent à ne les y pas laisser plus long-temps.

C'est, dit-on, parce qu'il s'engendre des vers dans l'écorce, sur-tout quand elle commence à se détacher du bois; & que dans ce cas on trouve entre le bois & l'écorce, une humidité rousse & puante qui peut endommager le bois, & que, généralement parlant, l'écorce est une sorte d'éponge qui se charge de l'humidité, & qui la porte dans la substance du bois: outre cela, un arbre abattu auquel on laisseroit toutes ses branches & son écorce jusqu'au Printemps, pousseroit des fleurs, des feuilles & des jets, sur-tout lorsque le Printemps est humide. Or, ajoute-t-on, comme ces arbres ne peuvent rien tirer de la terre, c'est aux dépens de leur propre substance que se font ces productions qui lui causent une sorte d'épuisement.

Toutes ces raisons sont autant d'objections contre le sentiment de ceux qui prétendent qu'il est très-avantageux de conserver l'écorce aux arbres abattus, au moins pendant l'espace d'un an; je dis au moins, car quelques-uns pensent qu'on ne devroit les dépouiller que lorsqu'on veut les mettre en œuvre.

Après les expériences que nous avons rapportées, on sent bien que ceux qui veulent qu'on laisse les bois dans leur écorce pour les conserver dans un état d'organisation qui favorise leur dessèchement, se trompent grossiérement, & qu'ils font connoître qu'ils ne parlent pas d'après des expériences bien faites ; puisque l'on a vu dans les nôtres, qu'ayant équarri quelques tronces de bois, & en ayant conservé d'autres du même arbre dans leur écorce, nous avons reconnu que les bois équarris se sont desséchés bien plus promptement que ceux qu'on avoit laissés en grume. En effet, & nous le prouverons bientôt en parlant du dessèchement des bois, puisque de deux solides de bois pareils qui ne different que par leurs surfaces, c'est celui qui a le plus de surfaces, relativement à sa masse, qui se desseche le plus promptement, on doit en conclure que l'équarrissage diminuant la masse, & augmentant les surfaces, il doit s'en suivre un dessèchement bien plus prompt.

Ceux donc qui different l'équarrissage des bois dans la vue de ralentir l'évaporation de la seve, paroissent mieux fondés ; mais comme ils ne cherchent à diminuer l'évaporation que pour prévenir les gerces, nous remettons à discuter leur avis dans le second Chapitre.

On a enfin cru trouver un avantage à ne pas laisser bien longtemps les arbres abattus dans leur écorce ; cet avantage consiste, comme nous l'avons dit, à empêcher qu'ils ne poussent quelques jets au Printemps, ce qui arrive souvent aux arbres qu'on laisse avec leur écorce, sur-tout quand cette saison est humide, dans la crainte que ces pousses ne se fassent aux dépens d'une substance huileuse, raisineuse & gélatineuse, qu'on dit, & avec raison, être très-utile à la conservation du bois. Mais si l'on fait attention à la petite quantité de ces substances qui s'échappent par cette voie, on sentira, sans qu'il soit nécessaire d'avoir recours à l'expérience, que cette déperdition est peu de chose en comparaison du volume de l'arbre qui auroit pu produire ces foibles bourgeons.

§. 3. *Expérience pour connoître si les bourgeons que produisent les arbres après qu'ils ont été abattus, méritent quelque considération.*

J'AI tenté de reconnoître à quoi pouvoit à peu-près monter ce déchet : pour cet effet, j'ai fait abattre deux jeunes Chênes à la fin de l'Hiver ; j'en ai exactement mastiqué la coupe, & je les ai fait placer sous un hangard assez frais & à l'ombre : ces arbres ont poussé au Printemps quelques feuilles & quelques jets. Quand ces productions ont commencé à se faner, je les ai coupées, & je les ai fait sécher, pour voir quelle proportion il pouvoit y avoir entre leur poids, & celui des arbres mêmes que j'avois eu la précaution de peser ; mais les feuilles & les bourgeons, en séchant, se sont réduits à si peu de chose, que je n'ai pas daigné les peser.

§. 4. *Conséquences de l'Expérience précédente.*

CETTE expérience prouve sans réplique, que le déchet de la substance qui peut être utile au bois, & qui est celle qui reste après le desséchement, est si peu de chose, en comparaison du volume de l'arbre, qu'on peut la regarder comme zéro.

D'ailleurs, est-il bien certain que la substance qui a formé les bourgeons, se fût fixée dans les pores du bois de ces arbres s'ils eussent été écorcés ? N'est-il pas probable au contraire qu'elle se feroit échappée avec l'humidité qui, dans ce cas, s'évapore avec une extrême rapidité, comme le prouvent les expériences précédentes ? Ajoutons à cela que si ces bourgeons tirent principalement leur nourriture des écorces & de l'aubier, comme cela est probable, on ne doit plus y prêter aucune attention, puisqu'il est indifférent que l'un ou l'autre soient de bonne ou de mauvaise qualité, ces parties devant être rejettées comme inutiles.

Nous savons maintenant à quoi nous en tenir au sujet des

bourgeons que les arbres pouſſent après qu'il ont été abattus; examinons pareillement le dommage que les vers peuvent produire ſur les arbres qui ont leur écorce, & celui que peut produire l'eau rouſſe & puante, qui ſéjourne entre l'écorce & l'aubier des arbres qui ſont abattus depuis long-temps.

§. 5. *Expériences pour connoître ſi les bois en grume qu'on laiſſe expoſés aux injures de l'air, s'alterent beaucoup.*

POUR parvenir à cette connoiſſance, j'ai pris pluſieurs rondins de Chêne; j'en ai écorcé une partie, & j'ai laiſſé le reſte avec ſon écorce: quelques-uns de ceux qui avoient leur écorce, & d'autres qui en étoient dépouillés, ont été couchés par terre, expoſés à l'air le long d'une muraille au Nord; j'ai fait placer le reſte dans un lieu ſec & ſous un hangar. Après avoir viſité à pluſieurs fois ces morceaux de bois, voici le réſultat des obſervations que j'ai faites à ce ſujet.

1°, Les morceaux de bois qui avoient leur écorce & qui étoient expoſés à l'air, ont été attaqués de gros vers dès le Printemps, & bien plutôt que ceux qui étoient dans un lieu ſec: aucun de ceux qui étoient écorcés n'a été attaqué de ces gros vers.

2°, Les rondins en grume qui étoient à couvert, n'ont, pour la plupart, été attaqués de ces petits vers qui moulinent le bois, que dans la ſeconde année.

3°, L'écorce s'eſt bien plutôt détachée des bois conſervés à l'air, que de ceux qui étoient reſtés à couvert; à ceux-ci, l'écorce n'a quitté ſeulement qu'après que les vers ont eu réduit le deſſous en pouſſiere; aux autres, elle a commencé à ſe détacher par parties dès le premier Eté, & elle s'eſt détachée preſque partout après le ſecond Printemps; dans ce cas, on trouvoit ſous l'écorce de la moiſiſſure, des champignons & une eau rouſſe qui avoit même altéré la ſuperficie de l'aubier.

4°, Les vers étoient conſtamment plus gros & mieux nourris dans les rondins qui étoient expoſés à l'humidité, que dans les autres ; & au lieu que dans ceux-ci, les vers ne détruisent que l'écorce & la superficie de l'aubier ; dans les autres, ils avoient entiérement percé l'aubier, & fait même beaucoup de chemin dans le bois quand ils y avoient trouvé des veines tendres : j'ai vu des trous de gros vers où l'on auroit aisément mis le petit doigt.

§. 6. *Conséquences des Observations précédentes.*

On voit par ces observations que, généralement parlant, l'écorce est préjudiciable au bois ; mais beaucoup plus quand ils sont exposés à l'humidité que quand ils sont conservés à couvert & dans des lieux secs : l'humidité attendrit le bois, & le rend sans doute plus propre à être rongé par les vers ; outre cela, on peut regarder l'écorce comme une éponge qui se charge de l'humidité, qui la conserve, & qui porte en premier lieu la corruption dans l'aubier, ensuite & à la longue, dans le bois, pour peu sur-tout qu'il y ait quelques veines tendres qui lui en permettent l'entrée.

5°, Rarement les plus gros vers, ces chenilles de bois qui produisent le capricorne, se trouvent-ils dans les bois qu'on a tirés des forêts immédiatement après qu'ils ont été abattus ; au lieu que ces mêmes vers dévorent les bois qu'on laisse en grume dans les ventes : peut-être faut-il plus d'humidité à ces insectes ; & communément il y en a davantage dans les forêts que dans les chantiers ; il se peut faire aussi que les vers passent d'une piece dans une autre, & cela reviendroit à ce que rapportent plusieurs voyageurs des Isles de l'Amérique, qui assurent que si après avoir abattu un chou-palmiste, on fait plusieurs entames à son écorce, & qu'on le laisse dans la forêt, on trouve au bout de quelque temps cet arbre percé & rempli de gros vers qui sont fort bons à manger ; mais que si l'on transporte cet arbre dans les habitations, ces mêmes vers ne viennent point l'y attaquer.

Aussi les Marchands de bois sont-ils dans la pratique de faire exploiter promptement les bois qu'ils destinent à faire de la de la fente, parce qu'ils en conservent l'aubier, & qu'ils le vendent comme le bois du cœur; c'est sur-tout ce qu'ils pratiquent pour la latte & les échalas, les serches, &c; mais il faut dire aussi que le bois verd se fend mieux que le sec.

Toutes les expériences, toutes les observations que nous avons rapportées, & les réflexions que nous avons faites sur les différentes opinions qui sont venues à notre connoissance; en un mot, tout ce que nous avons dit jusqu'à présent, concourt à prouver qu'il y a un avantage considérable, lorsqu'on veut ménager la bonne qualité des bois, à écorcer, ou même à équarrir les arbres aussi-tôt qu'ils ont été abattus. Il me reste maintenant à examiner si, en suivant cette pratique, on ne les rend pas inutiles, à cause de la quantité de fentes & d'éclats qu'elle peut occasionner : c'est ce qui va faire le sujet du Chapitre suivant.

CHAPITRE II.

Quelle est la cause des gerces, des fentes & des éclats qui endommagent si souvent les bois de la meilleure qualité? Pourquoi ces mêmes bois sont-ils les plus sujets à se voiler & à se tourmenter? Dans quels cas ces accidents sont-ils principalement à craindre? Quels sont les moyens de prévenir leur progrès?

LES bois se gercent, se fendent & s'éclatent, ou ils se voilent, se courbent & se tourmentent, à proportion qu'ils perdent de leur seve, ou qu'ils se dessechent.

On sait aussi que les arbres abattus diminuent de volume, à mesure qu'ils perdent l'humidité qu'ils avoient lorsqu'ils étoient encore sur leur souche.

Nnn

Je me suis assuré par des expériences, que dans les bois de la même qualité, ce sont ceux qui contiennent le plus d'humidité, qui perdent le plus de leur volume.

Je m'explique: le bois du cœur des arbres qui sont en crûe, est plus dense que celui de la circonférence; il contient dans un même espace plus de fibres ligneuses & moins d'humidité: quoique ce point ait été déja prouvé ci-devant, je vais encore le prouver par de nouvelles expériences.

Or, je dis que dans ce cas, le bois de la circonférence qui perd le plus de son poids en se desséchant, diminue aussi plus de volume que le bois du centre.

Il n'en est pas tout-à-fait de même, lorsque ce sont des bois de différente qualité; car les bois très-vieux, très-usés, les bois qui sont venus dans des pays froids, ou dans des terreins humides; en un mot ces bois, que les Ouvriers appellent *Bois gras*, perdent beaucoup de leur poids en se séchant; mais cependant il m'a paru qu'ils ne diminuent pas beaucoup de volume.

Ce qu'il y a de certain, c'est que les bois extrêmement forts, ceux qui sont de la meilleure qualité, les Chênes de Provence, par exemple, se fendent & s'éclatent beaucoup; les bois d'une qualité médiocre, ceux de Bourgogne, & encore plus ceux du Nord, se fendent beaucoup moins: les bois très-gras ne se fendent presque pas; le bois pourri ne se fend point du tout.

Après qu'un arbre a été abattu, il se desseche à mesure qu'il perd de son humidité, il perd aussi de son volume, & les fentes se forment dans le bois à proportion qu'il diminue de volume.

Je ne m'arrêterai point à examiner comment se fait le desséchement du bois; il est le même que celui de tous les autres corps; la même cause Physique fait qu'un morceau de drap & un morceau de bois se dessechent; ainsi il me suffira de renvoyer à ce qui a été dit de plus probable sur l'évaporation des liqueurs, sur la formation des exhalaisons, des vapeurs, &c.

Mais pour savoir d'où peut dépendre la diminution du volume du bois lorsqu'il se desseche, il faut d'abord concevoir qu'un tronc d'arbre est composé de différentes couches *d, d, d*

(*Pl. XIV. fig. 1*), formées de fibres ligneuſes qui s'étendent dans toute la longueur du tronc *e e e e* ; ces fibres longitudinales ſont jointes les unes aux autres, non-ſeulement par des fibres qui les coupent à angle droit, & qu'on voit former des rayons *f, f, f,* ſur l'aire de la coupe d'un morceau de bois (ce ſont les *véſicules* de Malpighi, les *inſertions* de Grew, & ce que les Marchands de bois appellent *la Maille*), mais encore par quelques fibres longitudinales qui paſſent obliquement d'un faiſceau dans un autre, ou d'une couche à l'autre; cette méchanique s'apperçoit aiſément, & la communication latérale de la ſeve qui eſt prouvée par tant d'expériences, démontre la néceſſité de l'union intime des fibres longitudinales les unes avec les autres.

Il s'en faut cependant beaucoup que cette force qui unit les fibres longitudinales, & que j'appellerai leur *force de cohéſion*, ne ſoit auſſi puiſſante que la force même de ces fibres; car ces deux forces ſont entr'elles comme la force qu'il faut pour rompre un morceau de bois, eſt à la force qu'il faut pour le fendre; ou comme la force d'un barreau de bois de fil *c c* (*fig. 1*), eſt à la force d'un barreau *b b*, de pareille dimenſion, mais levé dans le diametre d'un gros arbre, tel que celui de la figure 1, ſur lequel ces deux barreaux ſont ponctués, l'un ſur la coupe, & l'autre dans la direction du tronc.

Maintenant que nous avons une idée de la diſpoſition des fibres ligneuſes dans un arbre, conſidérons quelle eſt la nature de ces fibres.

Elles ne ſont point rigides comme le feroit un faiſceau de fils de métal, ou comme des fils d'émail; elles ſont originairement formées d'une matiere mucilagineuſe, gommeuſe ou réſineuſe; & quoiqu'elles aient en quelque façon changé de nature, elles conſervent néanmoins le caractere de leur origine, puiſqu'elles s'attendriſſent à la chaleur & à l'humidité, & que le froid & la ſécheresſe les endurcit : ce ſont donc des fibres élaſtiques qui ſe reſſerreront, & qui ſe contracteront à meſure qu'elles perdront de leur humidité, & qui ſe gonfleront & s'étendront lorſqu'elles s'imbiberont d'humidité; cela doit ſuffire pour expliquer les phénomenes dont il eſt ici queſtion, & il n'eſt pas néceſſaire de recourir, comme ont fait de grands Phyſiciens, à certaines véſicules ovales qui deviennent ſphériques par le deſſéchement. On ſait que les matieres mucilagineuſes ſe gonflent par l'humidité, & qu'elles ſe reſſerrent quand elles ſe deſſechent : un morceau de gomme adragante, de colle forte, &c, ſe gonfle dans l'eau, & ces matieres reviennent à leur premier volume, quand on les dépoſe enſuite dans un lieu ſec. Je m'en tiens à ces faits, & je ne cherche point pour le préſent à expliquer comment les parties de la colle peuvent ſe contracter dans un cas, & ſe dilater dans un autre ; mais comme j'ai prouvé ailleurs que les fibres ligneuſes étoient originairement formées de matieres mucilagineuſes, & qu'elles retiennent encore (lorſqu'elles ſont converties en bois), quelque choſe de la nature de ces matieres, je me contente de ſoupçonner que ces fibres ſe dilatent ou ſe contractent par une méchanique ſemblable à celle des matieres mucilagineuſes.

On ſait qu'une corde humectée ſe gonfle, & qu'elle diminue de groſſeur quand elle ſe deſſeche : je crois que le gonflement de la corde dépend de la même cauſe qui fait monter l'eau dans les tuyaux capillaires ; & je penſerois auſſi que cette cauſe influe dans l'augmentation ou la diminution du volume des bois qu'on humecte & qu'on fait deſſécher ; mais il faut qu'il y ait quelque choſe de plus ; car la corde, lorſqu'elle ſe deſſeche, gagne en longueur ce qu'elle perd en groſſeur, au lieu qu'un morceau de bois diminue en tout ſens lorſqu'il perd ſon humidité, ce qui arrive pareillement aux matieres mucilagineuſes.

Je demande cependant qu'on obſerve, que je dis ſeulement que nos fibres ligneuſes retiennent encore quelques-unes des propriétés des matieres dont elles ont été formées ; car je ne prétends pas qu'elles ne ſont que gomme, que réſine, ou que mucilage ; il eſt certain que l'état de bois où elles ſont, eſt très-différent de celui de mucilage où elles ont été ; mais je crois que dans un morceau de bois il y a des parties qui ſont vraiment ligneuſes, d'autres qui ſont tout-à-fait mucilagineuſes, & d'autres enfin qui ſont dans des états intermédiaires, & que le tout enſemble eſt plus ou moins ſuſceptible de dilatation & de contraction, ſuivant qu'il y a plus ou moins de parties vraiment ligneuſes. Peut-être même pourroit-on encore ſoupçonner que les parties les plus ligneuſes ſont un peu ſuſceptibles du reſſort dont nous parlons ; mais cela eſt indifférent à notre ſujet.

Au reſte, qu'on admette telle explication qu'on voudra, il ſera toujours certain que les fibres ligneuſes ſe rapprochent dans un morceau de bois verd lorſqu'il ſe deſſeche; je me ſuis aſſuré différentes fois de ce fait ſur un cylindre de bois verd pris hors le centre d'un arbre, comme vers *aa* (*Fig. 1*), qui rempliſſoit exactement un anneau de fer : quand ce cylindre étoit ſec, il s'en falloit aſſez conſidérablement qu'il ne remplît l'anneau. D'autres fois j'ai fait faire un barreau de bois verd tel que *b b*, (*Fig. 1*), qui rempliſſoit exactement un calibre de bois ſec ; mais ce barreau y paſſoit librement quand il étoit devenu ſec. Preſque toutes les menuiſeries prouvent bien ſenſiblement que les fibres des bois verds ſe rapprochent à meſure qu'ils ſe ſechent.

Nous ferons voir dans la ſuite que, dans ces mêmes circonſtances, les fibres ligneuſes perdent auſſi de leur longueur; mais il faut examiner auparavant ce qui doit réſulter du rapprochement des fibres. Et pour mieux faire entendre quelle eſt ſur cela ma penſée, j'emploierai pour comparaiſon, un morceau de terre glaiſe.

§. 1. *Exemple de contraction tiré d'un Cylindre formé de terre glaiſe.*

JE ſuppoſe donc un cylindre de terre glaiſe *a a*, (*Pl. XIV. fig. 2*), ſortant des mains du Potier ; ce cylindre, en ſe deſſéchant, perdra de ſon volume dans toutes ſes dimenſions.

La quantité de cette diminution eſt, dans la glaiſe qu'emploient les Sculpteurs de Paris pour leurs modeles, d'environ un douzieme.

Je coupe une tranche infiniment mince de mon cylindre parallélement à sa base ; ou bien sans avoir égard à l'élévation de ce cylindre, je ne considere que ce qui se passe sur sa base, que je divise par des cercles concentriques *a b c d* (*Fig.* 3), & je suppose que la terre qui est auprès du centre, se desseche aussi promptement que celle qui est vers la circonférence, comme cela arriveroit dans une tranche de glaise infiniment mince.

Il est certain que les rayons 1, 2, 3, 4, &c, se rapprocheront les uns des autres, à proportion que la tranche en question perdra de son volume en se desséchant, & qu'ils perdront en même temps de leur longueur.

Mais comme je ne veux pas d'abord prêter attention à la diminution du volume qui se fera suivant la longueur des rayons 1, 2, 3, 4, &c, mais seulement à leur rapprochement, je considere la tranche la plus extérieure ou l'orbe *a*, comme enveloppant un cylindre de métal, que je suppose représenté par la tranche *b* ; il est clair que la tranche *a*, en se racourcissant, glissera sur le cylindre de métal *b*, & cela, d'autant plus que cette tranche sera plus étendue ; ainsi, si la diminution de l'argile qui se desseche, monte à $\frac{1}{12}$, la tranche *a*, étant supposée avoir douze pouces de pourtour, elle diminuera de 12 lignes, & il se formera une fente qui sera ouverte d'un pouce à l'extérieur de la tranche *a*.

Je regarde maintenant la tranche *b*, comme enveloppant un cylindre métallique, qui sera supposé représenté par la tranche *c*.

La tranche *b* diminuera dans les mêmes proportions que la tranche *a*, c'est-à-dire, d'un douzieme ; mais comme la circonférence du cylindre *c* est à la circonférence du cylindre *b*, à peu-près comme 9 est à 12, il s'ensuit que la fente qui se fera à la tranche *b*, n'aura que 9 lignes d'ouverture.

On voit, par ce que je viens de dire, qu'il se formera une fente qui aura 12 lignes d'ouverture à la superficie du cylindre, & qui se réduira à zéro vers le centre : & voilà ce qui doit résulter de la contraction des tranches *a*, *b*, *c*, *d*, quand on supposera que les rayons 1, 2, 3, 4, &c, ne se racourcissent pas.

Mais c'est-là une pure supposition ; car il est certain que les rayons perdent de leur longueur, & dans un cylindre de glaise & dans un rondin de bois, quand l'un & l'autre se dessechent ; il faut donc avoir égard à leur racourcissement, & examiner de combien la fente de notre cylindre en sera diminuée.

Cela est aisé, puisque ce cylindre étant composé d'une matiere homogene, le racourcissement des rayons, de même que leur rapprochement doit être d'un douzieme : or, comme les rayons des cercles sont entr'eux comme les circonférences, on doit en conclure que la fente sera anéantie par le racourcissement des rayons : je vais rendre cela plus clair.

Pour cela, je reprends ma premiere hypothese, & je dis : qu'en supposant que la contraction des parties latérales ait produit à la circonférence du cylindre un douzieme d'ouverture, *m f*; (*Fig. 3*), il est évident que si (ces parties restant dans cet état), on supposoit que les rayons 1, 2, 3, 4, &c, se racourcissent d'un douzieme, la fente se refermeroit; car la circonférence *e e e*, qui exprime ce racourcissement, n'est que les $\frac{11}{12}$ de la circonférence 1, 2, 3, 4, &c.

L'expérience est d'accord avec ce raisonnement, puisqu'il est certain qu'on peut, en y apportant les précautions nécessaires, dessécher un morceau de glaise, sans qu'il s'y fasse aucune fente. J'avoue que ces précautions sont difficiles à prendre ; & je pense que le seul moyen d'y réussir seroit de prendre une couche de terre assez mince, pour que toutes les couches se desséchassent à la fois. Mais il n'en est pas de même d'un rondin de bois; jamais il ne m'a été possible d'empêcher qu'il ne se gerçât en se séchant : d'où peut venir cette différence ? Tâchons de la faire connoître d'une façon sensible.

J'ai supposé jusqu'à présent que le cylindre étoit fait d'une matiere uniforme, tant au centre qu'à la circonférence; qu'il étoit d'une terre semblable, chargée d'une égale quantité d'eau, & dont toutes les parties étoient capables d'une contraction uniformément graduée; mais une pareille supposition ne peut avoir lieu à l'égard d'un rondin de bois : on a vu ci-devant, à l'occasion de l'âge des arbres, que le bois du centre des arbres en crûe, est plus dense, moins chargé de seve & moins susceptible de contraction, que celui de la circonférence; car ce n'est pas sans raison que j'ai avancé ci-devant, & que je prouverai avant de finir cet article, que dans les bois de la même qualité, ce sont ceux qui contiennent le plus d'humidité, qui perdent le plus de leur volume en se desséchant.

Ainsi, pour avoir un cylindre de glaise qui fût à cet égard comparable à un rondin de bois, il faudroit faire ensorte que la terre du centre fût moins humectée que celle qui la recouvre, & ainsi de suite jusqu'à la derniere couche qui seroit plus chargée d'eau que toutes les autres; ou, ce qui revient au même, il faudroit former ce cylindre de glaises de différentes natures, & mettre au centre celles qui se retirent le moins en se séchant; & à la circonférence, celles qui se retirent le plus.

On doit déja appercevoir que, lors du desséchement d'un pareil cylindre (n'ayant égard qu'à la seule circonstance que je viens d'établir), les tranches se retirant en proportion de l'humidité qu'elles contiennent, il se formera une fente large à la circonférence, & que cette fente se terminera presque à rien vers le centre; parce qu'en ce cas, le racourcissement des rayons ne sera pas proportionnel à leur rapprochement.

J'ai essayé de parvenir à déterminer quelle seroit la quantité & la forme de cette fente dans un cylindre de glaise, tel que je viens de le supposer : cette recherche que je n'avois d'abord regardée que comme une simple curiosité, m'ayant ensuite paru de quelque utilité pour l'intelligence de ce que j'ai à dire dans la suite; j'ai cru qu'il étoit à propos d'en rapporter ici le résultat, mais le plus briévement qu'il me sera possible.

J'ai dit que si un cylindre étoit fait d'une matiere uniforme dans toutes ses parties, & si l'on n'avoit point d'égard au racourcissement des rayons, il se formeroit par le desséchement, une fente qui auroit un douzieme d'ouverture à la circonférence, & qui se réduiroit à zéro au centre; le triangle *abc* (*Pl. XV. fig. 1.*) représente cette fente, & les cordes 1, 2, 3, 4, 5, &c.

5, &c, ou les orbes correfpondants, les couches de glaife.

La premiere couche ayant, dans la fuppofition préfente, un douzieme de contraction, la corde 1 confervera fa longueur.

La feconde couche n'eft pas capable d'une auffi grande contraction ; & je fuppofe que cette différence foit $\frac{1}{12}$; ainfi la fente fera moins ouverte de cette fomme qu'il faut fouftraire de la corde 2, ce qui va au point *d*.

La troifieme couche eft encore moins fufceptible de contraction; je fuppofe que c'eft de $\frac{2}{12}$; il faut donc racourcir la troifieme corde de cette fomme qui répond au point *e*. On peut fuivre ainfi toutes les lignes jufqu'au centre, en fuppofant que la contraction diminue toujours uniformément; & l'on obtiendra une portion de parabole *a, d, e, f, g, h, i, k, l, m, n, o, b* (*Fig. 1*), qui exprime la valeur de la fente dans l'hypothefe préfente, où l'on a fuppofé que la terre du centre ne fe contractoit point, & que les couches devenoient de plus en plus contractiles, fuivant une progreffion arithmétique fimple, depuis le centre jufqu'à la circonférence où la contraction étoit d'un douzieme; mais comme jufqu'à préfent nous n'avons eu aucun égard au racourciffement des rayons, il eft bon de faire voir qu'il ne peut pas anéantir la fente, comme cela eft arrivé dans l'hypothefe d'un cylindre fait d'une matiere uniforme.

Suppofons pour cela que le rayon *a, b* (*Pl. XV. fig. 2*), fe foit retiré d'un douzieme, ainfi que dans l'hypothefe d'une matiere uniforme; les lignes *i i i i i*, 1, 2, 3, 4, &c, fe feront rapprochées d'un douzieme, &c; mais dans l'hypothefe préfente, il n'y a plus que l'efpace 1, 2, qui fe rapproche d'un douzieme; ainfi la ligne 1 viendra en *i*, les efpaces 2 & 3 fe contracteront moins; ainfi il s'en faudra d'un douzieme de l'efpace 2, *i*, que la ligne 2 ne joigne *i*; par la même raifon, il s'en faudra de deux douziemes, que 3 n'arrive en *i*, & ainfi de fuite jufqu'à *b*, où la contraction étant zéro, il s'en faudra douze douziemes que 12 n'approche de *i*.

En additionnant toutes les différentes contractions, on verra que le rayon *a b*, perd dans cette hypothefe $\frac{6}{144} + \frac{1}{288}$

de sa longueur, ce qui fait à peu-près la moitié de la contraction qui seroit arrivée dans l'hypothese d'une terre uniforme; ainsi le rayon *a b*, (*Fig.* 2), n'aura plus que la longueur *b c*, ce qui fermera de moitié la fente *a c* (*Figure* 1). La *figure* rendra cela encore plus clair.

Le rayon *A B* se racourcit lorsque le cylindre se desseche; mais ce ne sera plus d'un douzieme comme dans l'hypothese d'une terre uniforme. La terre la moins humectée est celle qui se contractera le moins; & ce sera celle qui contient le plus d'eau, qui se contractera le plus.

Ces principes établis, je suppose que le rayon *A B* est divisé en parties égales, en 12, par exemple; je sai que la partie du rayon *A D* est plus dense que la partie *D E*, ce qui m'assure que la contraction sera moindre en *A D* qu'en *D E*, en *D E* moindre qu'en *E F*; ensorte que si *A D* se racourcit d'une certaine quantité, *D E* se racourcira, par exemple, de deux fois cette quantité; *E F* de trois fois cette quantité; *F G* de quatre fois, & ainsi de suite jusqu'à *B M* qui se racourcira de douze fois cette quantité.

Je suppose donc à présent que *B M* se contracte d'un douzieme de sa longueur, c'est-à-dire, de $\frac{12}{144}$ de sa longueur, ou de $\frac{12}{1728}$ parties du rayon *A B*: la contraction de *M* en *N* ne sera que de $\frac{11}{144}$ de sa longueur, ou de $\frac{11}{1728}$ du rayon; la contraction de la partie *N O*, sera de $\frac{10}{144}$ de sa longueur, ou de $\frac{10}{1728}$ du rayon *A B*; la contraction de la partie *O P* ne sera que de $\frac{9}{144}$, ou de $\frac{9}{1728}$ du rayon, & ainsi de suite en progression arithmétique simple, jusqu'au point *A*, qui est le terme zéro de la progression. La somme de cette progression sera donc la somme de toutes les différentes contractions qui se sont faites sur les parties *A D*, *D E*, *E F*, &c; de sorte que si on les soustrait du rayon *A B*, on aura la valeur du rayon, après que toutes les contractions ont été exercées de *D* en *A*, de *E* en *D*, &c. Or la somme de toute cette progression est $\frac{78}{1728} = \frac{13}{288}$, ce qui approche beaucoup d'un vingt-quatrieme du rayon: supposons-le ainsi pour plus grande facilité.

Ce qu'on dit de ce rayon est commun à tous les autres *A S*,

AT, *AB*, *AV*, *AQ*, *AR*, & la circonférence *STBVQRS* se trouvera, par la contraction des rayons plus près du centre d'un vingt-quatrieme en *b x y a*; ensorte qu'elle ne sera que $\frac{23}{24}$ de la circonférence *STBVQRS*. Mais on a déja vu que dans l'hypothese d'une terre uniforme, la contraction latérale ou le rapprochement des rayons, avoit produit une fente d'un douzieme d'ouverture; c'est-à-dire, que l'arc *STBVQ* étoit $\frac{11}{12}$ ou $\frac{22}{24}$ de l'arc entier *QSTBVQ*; il faudra donc prendre sur le cercle entier *QSTBVQ* $\frac{23}{24}$, ou l'arc *bxyab* $= \frac{22}{24}$, l'arc *STBVQ*, qui est justement la fente qui, par ces différentes contractions, s'est réduite à $\frac{1}{24}$ de la premiere circonférence, au lieu d'un douzieme, de sorte qu'elle est plus petite de la moitié : ce n'est cependant pas encore là tout; car cette fente va bientôt prendre une autre forme.

Les cercles concentriques ne se contractent pas uniformément, non plus que les parties des rayons que je viens d'examiner; car comme il y a plus de densité au centre qu'à la circonférence, il faut que la contraction soit aussi moindre au centre qu'à la circonférence; & si je divise la base du cylindre en douze cercles concentriques, je puis supposer (comme je l'ai fait en parlant des rayons) que la contraction sera douze fois plus grande à la circonférence extérieure *BQ*, qu'au centre *A*; qu'elle sera onze fois plus grande sur la circonférence *a b M* qu'au centre, & ainsi de suite jusqu'en *g*, où elle sera zéro; c'est-à-dire que l'arc *a b* étant $\frac{1}{12}$ ou $\frac{12}{144}$ de la circonférence, il faut que l'arc *c d* ne soit que $\frac{11}{144}$ de la circonférence, *e d M c e f* que $\frac{10}{144}$ de la circonférence *e f N e k h*, que $\frac{9}{144}$ de la circonférence *k h O k*, & ainsi de suite jusqu'en *g*, où la contraction sera $\frac{0}{144}$; ce qui donne une courbe *A k e c a* qui est une portion de parabole: ainsi l'espace *A k e c a b d f h A*, sera la fente du cylindre, en supposant toutes les contractions réunies.

Observant néanmoins que la courbe *A k e c A* devroit être partagée en deux, dont une moitié resteroit du côté *A a*, & l'autre seroit du côté *g b*; mais je l'ai portée toute d'un côté pour la rendre plus sensible dans cette figure, ainsi que dans la premiere.

On pourroit m'objecter que ce que je viens de dire est purement hypothétique, & refuser d'admettre la comparaison du cylindre de glaise, que j'ai faite avec un rondin de bois, si je négligeois de faire connoître en quoi ces deux objets sont comparables, & en quoi ils different. Par-là je me trouve engagé à examiner ce qui se passe dans le Chêne, & encore à prouver que le bois du centre est plus dense que celui de la circonférence; que le bois de la circonférence est plus chargé d'humidité que celui du centre, & à établir quelle peut être à peu-près la somme de la contraction des couches ligneuses.

§. 2. *Que le Bois du centre est plus dense que le Bois de la circonférence.*

POUR pouvoir connoître à peu-près en quel rapport se trouve la diminution de densité des cercles ligneux, à mesure qu'ils s'écartent du centre, j'ai choisi dix rouelles de Chêne (telles que la figure 1 de la Planche XVI les représente), sans nœuds, sans roulures, sans cicatrices, &c, provenant d'autant d'arbres différents.

J'ai levé dans le diametre de ces rouelles des tranches semblables à *bb*, & j'en ai formé des parallélipipedes d'égale dimension 1, 2, 3, 4, 5. Je les ai pesés chacun en particulier, & j'ai fait une somme totale des poids de tous les morceaux numérotés 1, & la même chose des morceaux numérotés 2, 3, 4, 5; ce qui m'a donné les sommes suivantes en grains.

Le numéro un, 4344; le numéro deux, 4225; donc le numéro 1 est plus dense que le numéro 2, de 119.

Le numéro deux, 4225; le numéro trois, 4124; donc le numéro 2 est plus pesant que le numéro 3, de 101.

Le numéro trois, 4124; le numéro quatre, 3891, moins pesant que le numéro 3 de 233.

Le numéro quatre, 3891; le numéro cinq, 2391, moins pesant que le numéro 4 de 1500.

Je compare maintenant les numéros 2, 3, 4, 5 au numéro 1.

Le numéro un, 4344; le numéro deux, 4225 : différence 119 que je prends pour diviſeur de 4225, poids du numéro deux; & il me vient au quotient $35 + \frac{60}{119}$.

Le numéro un, 4344, le numéro trois, 4124 : différence 220, que je prends pour diviſeur de 4124, & je trouve $18 + \frac{41}{55}$.

Le numéro un, 4344; le numéro quatre, 3891 : différence 453, quotient $8 + \frac{89}{151}$.

Le numéro un, 4344; le numéro cinq, 2391 : différence 1953, quotient $1 + \frac{146}{651}$.

Il eſt certain, & nous l'avons remarqué dans le Livre premier ſur l'âge des arbres, qu'il eſt très-rare de trouver des bois qui ſuivent une dégradation uniforme de denſité, depuis le centre juſqu'à la circonférence, mille légers accidents changeant conſidérablement la denſité du bois; cependant comme dans l'expérience que je viens de rapporter, j'ai choiſi mes rondelles avec beaucoup de ſoin; & comme la ſomme qui ſe trouve ſous chaque numéro, eſt un total de dix morceaux de bois pris d'autant d'arbres différents, je crois avoir quelque raiſon de penſer que la diminution de denſité ſuit, à peu-près, l'ordre que mon expérience indique, ſur-tout depuis le numéro 1, juſqu'au numéro 4; car comme dans les morceaux de bois numérotés 5, il s'en trouvoit qui avoient de l'aubier, & d'autres qui n'en avoient pas, cela pouvoit contribuer à la grande différence que nous avons remarquée entre le numéro 4 & le numéro 5 : or, en ſupprimant le numéro 5, il paroît que la denſité diminue à peu-près ſuivant la progreſſion géométrique 1, 2, 4, 8, &c.

Au reſte, je ne préſente point cela ſur le pied d'une préciſion géométrique; ce n'eſt qu'un à peu-près; & heureuſement je n'ai ici beſoin que de cela.

J'ai maintenant à examiner en quelle proportion ſe fait l'évaporation de l'humidité au centre & à la circonférence.

§. 3. *Quelle peut être la proportion de l'humidité contenue dans les différentes couches ligneuses.*

Nous avons prouvé dans le Livre premier que le bois des nouveaux bourgeons des arbres, eſt au bois du centre & du pied des mêmes arbres, comme les dernieres couches d'aubier ſont au bois du cœur, pris auſſi vers la ſouche ; ainſi il eſt indifférent de comparer la cime d'un arbre avec le cœur de cet arbre pris vers le pied, ou de comparer ce même point pris au pied avec la circonférence.

Cela poſé, pour connoître à peu-près quelle quantité d'humidité il y a de plus dans le bois nouvellement formé, tel qu'eſt celui de la cime ou celui de la circonférence des arbres, que dans le bois plus ancien, tel qu'eſt celui du centre & du pied, j'ai choiſi un jeune Chêneau bien droit, de 8 à 10 ans; j'ai fait enlever avec une varlope le bois de la circonférence, & j'ai fait ménager dans le centre un barreau (*Pl. XVI. fig.* 2), de 4 pieds de longueur, & ſeulement d'un quart de pouce en quarré; enſuite je l'ai fait ſcier en huit parties de demi-pied de longueur, je les ai numérotées, à commencer par le bout de la cime 1, 2, 3, 4, 5, 6, 7, 8.

Ces morceaux avoient toute leur ſeve: le numéro 8 peſoit 274 grains; & le numéro un, 256.

Ainſi le numéro 8 avoit, quoique ſemblable en dimenſions, 18 grains de ſeve ou de fibres ligneuſes de plus que le n° 1, ce qui fait 14 + $\frac{2}{9}$.

Je les ai mis dans une étuve; & quand ils ont été bien ſecs, j'ai trouvé que le numéro 8 ne peſoit plus que 200 grains; donc il avoit perdu 74 grains d'humidité.

Le numéro 1 ne peſoit plus que 164, par conſéquent il étoit diminué de 92; donc le numéro 8 étoit plus denſe que le numéro 1 de 36 grains; c'eſt-à-dire, de 4 + $\frac{1}{9}$; donc le numéro 1 contenoit 18 grains d'humidité de plus que le numéro 8; c'eſt-à-dire, 14 + $\frac{2}{9}$.

Cette différence & d'humidité & de denſité eſt conſidérable, fur-tout fi l'on fait attention que le barreau de quatre pieds de longueur fur $\frac{1}{4}$ de pouce en quarré, ne répond gueres qu'à un arbre d'un pouce & demi de diametre.

Comme à la feule infpection, le numéro 1 paroiffoit avoir plus diminué de volume que le numéro 8, mais qu'il ne paroiffoit pas que ce fût proportionnellement ni à la denfité, ni à la quantité d'humidité, il étoit donc néceffaire d'employer d'autes moyens pour parvenir à connoître en quelle proportion les couches ligneufes fe contractent.

§. 4. *En quelles proportions les couches ligneufes fe contractent-elles?*

POUR connoître en général que le bois nouvellement formé & qui n'a pas acquis toute fa denfité, fe contracte plus que celui qui eft mieux formé, il faut fendre en quatre le tronc d'un jeune arbre: alors on verra que les brins s'écarteront en forme de lardoire, de forte que l'écorce fera à la partie intérieure de la courbe, ce qui eft occafionné par la contraction du bois extérieur, qui eft plus grande que celle du bois du cœur: nous rendrons cela plus fenfible dans la fuite, en expliquant les figures de la Planche XXI.

Il femble que, pour s'affurer de ce fait, il n'y auroit qu'à mefurer bien exactement un petit cube de bois verd, tel que celui de la figure 1, Pl. XVI, n° 5, pris à la circonférence de l'arbre *a b b*, & encore l'autre cube de pareille dimenfion n° 1, pris au centre du même arbre, les laiffer fe fécher l'un & l'autre, & enfuite les mefurer de nouveau.

J'ai employé ce moyen; mais pour qu'il réuffiffe, il faut prendre bien des précautions.

1°, Il faut que l'arbre dont ces cubes font pris, foit gros, afin que la différence puiffe être bien fenfible; 2°, il faut que cet arbre foit en crûe, pour que le bois du centre ne foit point altéré; 3°, pour peu que ces cubes fe gercent en fe féchant, il n'y aura plus moyen de mefurer exactement leurs dimenfions; 4°, il faut qu'au commencement de cette expérience, ces cubes ſoient exactement réduits entr'eux à de pareilles dimenſions, & rien n'eſt ſi difficile que de parvenir à cette préciſion quand on ſe ſert de bois verd comme dans cette occaſion ; enfin une gélivure, une roulure, une cicatrice, un nœud, &c ; tout cela dérange abſolument l'expérience.

J'ai néanmoins eſſayé d'exécuter avec ſoin ces expériences ; elles m'ont à la vérité perſuadé que le bois de la circonférence ſe retire plus en ſe ſéchant, que le bois du centre ; mais c'étoit d'une façon ſi peu ſenſible, que je n'oſerois preſque aſſurer cette vérité, ſi elle ne ſe trouvoit pas confirmée par quantité d'obſervations qui ſe trouveront répandues dans tout ce Chapitre, & dont je vais préſenter quelques-unes.

Peu ſatisfait des expériences dont il eſt ici queſtion, je pris ſix rondins de Chêne de 12 ou 14 pouces de diametre, qui avoient été écorcés tout verds, & qu'on avoit tenus dans un lieu ſec, pour qu'ils ſe deſſéchaſſent plus promptement.

Je meſurai les diametres de ces ſix rondins, & j'en conclus une groſſeur moyenne : je meſurai de même toutes les fentes de ces ſix rondins, dont je conclus auſſi une ouverture moyenne priſe à la circonférence ; cette fente moyenne faiſoit à peu-près un douzieme de la circonférence moyenne, parce qu'elle ſe terminoit à rien vers le centre des rondins.

D'où je conclus que la contraction des couches ligneuſes eſt en même raiſon que l'humidité qu'elles contiennent, & en raiſon renverſée de leur denſité, ſans cependant être proportionnelle ni à l'humidité ni à la denſité : c'eſt-à-dire que, là où il y a plus d'humidité & moins de denſité, il y a plus de contraction. Mais de ce que dans un endroit il y auroit, par exemple, un tiers plus d'humidité, ou un tiers moins de denſité que dans un autre, il ne s'enſuit pas pour cela qu'il y auroit un tiers plus de contraction. En effet, ſi dans un morceau de bois ſec, la contraction augmentoit en raiſon renverſée, & proportionnellement à la denſité, un pouce-cube du bois pris vers la circonférence, devroit autant peſer qu'un pouce-cube du bois du centre, ce qui n'eſt pas. Ainſi, tout ce que l'obſervation apprend, c'eſt qu'à la circonférence d'un rondin où où eſt la plus grande contraction, le bois ſe retire à peu-près d'un douzieme.

Quand on voit les fentes s'anéantir entiérement au centre, on en conclut qu'il n'y a point de contraction à cet endroit; juſques-là tout eſt d'accord avec le cylindre de glaiſe que nous avons pris pour comparaiſon, à cela près que, ſuivant notre hypotheſe, la fente du cylindre de glaiſe n'avoit dans ſa plus grande ouverture qu'un vingt-quatrieme de la circonférence; au lieu que, ſuivant notre obſervation, elle ſeroit dans un cylindre de bois d'un douzieme de la circonférence.

Mais les couches intermédiaires ſuivent-elles dans leur contraction le même ordre que nous y avons ſuppoſé? C'eſt ce que je ne ſuis pas encore en état de prouver exactement par des expériences: peut-être y parviendrai-je dans la ſuite; en attendant, je ferai enſorte de trouver dans la théorie les lumieres que l'expérience me refuſe.

Le centre des rondins eſt le moins ſuſceptible de contraction; cela eſt prouvé; donc le bois le plus vieux, le plus anciennement formé, eſt le moins ſuſceptible de contraction.

Le bois de la circonférence eſt celui qui ſe contracte le plus; donc c'eſt le bois le plus jeune qui eſt le plus capable de contraction. D'après cela, n'eſt-il pas naturel de penſer que la contraction des couches ligneuſes eſt proportionnelle à leur âge, mais en ſens contraire; de ſorte que la plus jeune couche eſt la plus contractile; celle qui ſuit & qui eſt plus ancienne eſt moins contractile, & ainſi des autres juſqu'au centre; ce qui feroit une diminution uniforme de contraction, depuis le centre juſqu'à la circonférence; & c'eſt cette nuance que j'ai eſſayé d'imiter par les différentes couches de glaiſe dont j'ai imaginé que devoit être compoſé mon cylindre.

Je dis donc: les fibres ligneuſes deviennent moins capables de contraction, à meſure qu'elles deviennent plus bois; à proportion qu'elles approchent plus du centre, elles deviennent de plus en plus ligneuſes, juſqu'à ce que l'arbre commence à s'altérer de vieilleſſe, & à tomber en retour; ainſi il faut néceſſairement que les couches ligneuſes ſoient d'autant moins fuſceptibles de contraction, qu'elles feront plus anciennement formées.

Enfin, fi l'on examine avec attention beaucoup de gros bois, & fur-tout des rondines, on verra que les fentes approchent affez de la figure que nous avons déterminée.

On fent bien que pour juger de la figure de ces fentes, il faut, 1°, que l'arbre foit gros; 2°, que la fente foit grande; 3°, qu'elle foit unique, comme dans la Pl. XVI, figure 6; car s'il y a (comme cela arrive ordinairement) de petites fentes à la circonférence qui ne s'étendent pas jufqu'au cœur, telles qu'en *c c*, figure 5, la grande fente en fera diminuée d'autant, & feulement vers la circonférence; 4°, que le bois ne foit pas gras; car ces bois font moins fufceptibles de contraction, & font plus uniformes au centre & à la circonférence, que ne le font les bois forts; 5°, il faut qu'il ne fe trouve ni nœuds, ni roulure, ni retour, ni double aubier, ni couronne de bois dur; car tous ces accidents changent la forme des fentes.

§. 5. *Ce qui arrive au bois lorfque les couches extérieures fe deffechent avant les couches intérieures.*

J'AI fuppofé jufqu'à préfent que les couches ligneufes ou les tranches *a b c d* d'un cylindre, (*Pl. XVI. fig. 3*), fe deffechoient également dans un même efpace de temps; il eft cependant prefque impoffible que cela arrive ainfi; car c'eft le vent, le foleil, l'air chaud & fec qui caufent le deffèchement: les tranches extérieures y étant plus expofées, il faut donc qu'elles perdent les premieres de leur humidité, & qu'elles fe contractent, tandis que celles qui feront vers le centre, refteront dans l'état où elles étoient. Examinons ce qui doit en arriver.

La tranche *a* (*Figure 3*), tendra à fe contracter, pendant que la tranche *b* confervera fon premier volume: la tranche *a* fera donc effort pour gliffer fur la tranche *b*.

Si la force d'union ou de cohéfion des fibres ligneufes qui compofent la tranche *a*, eft fupérieure à la force de contraction de cette tranche, il n'arrivera point de fente jusqu'à ce que quelque cause extérieure rompe cet équilibre.

C'est-là ce qui fait que, quand on laisse tomber fortement sur un corps dur une piece de bois qui est parvenue à un certain degré de desséchement, ou quand on la frappe avec une masse, on la voit quelquefois s'ouvrir & s'éclater subitement.

Mais quand les couches se sont desséchées à un certain point, la force de contraction prend ordinairement le dessus sur celle de cohésion ; & alors il se forme une fente.

C'est quand cette fente s'ouvre, que la tranche *a* fait principalement effort pour glisser sur la tranche *b*.

Dans les bois de bonne qualité, l'union de la tranche *a*, avec la tranche *b*, est ordinairement supérieure à la force de cohésion des fibres qui forment la tranche *b* ; alors la tranche *a* exerçant sa force de contraction sur la tranche *b*, elle la fait ouvrir ; & de proche en proche, la fente parvient quelquefois jusqu'au centre, comme on le peut voir dans la *Figure 6*.

On conçoit bien qu'en pareil cas, les tranches *b*, *c*, *d*, &c, (*Figure 3*), ne se fendent point par leur propre contraction, mais parce qu'elles sont entraînées par la tranche *a* qui est celle qui se contracte le plus ; & comme cette tranche *a*, est capable de la plus grande contraction, il doit en résulter une fente très-ouverte, & qui le sera d'autant plus que le centre restant chargé de seve, la contraction ne peut s'exercer vers lui, en suivant la direction du racourcissement des rayons.

Mais dans la suite, la seve du centre se dissipera, la contraction s'exercera en ce sens, & les fentes se refermeront sensiblement : c'est une observation que j'ai faite plusieurs fois, surtout sur les bois que j'exposois à un prompt desséchement : on voit alors l'ouverture des fentes diminuer sensiblement, & à mesure que les bois continuent à se dessécher.

Je demande qu'on fasse attention que les fentes ne se referment pas entiérement lorsque les billes sont tout-à-fait desséchées, ce qui arriveroit si la contraction étoit la même au centre & à la circonférence ; & cela démontre à merveille que l'inégalité de l'évaporation de la seve dans les différentes couches, n'eſt pas la ſeule cauſe des fentes, comme quelques-uns le penſent.

Enfin, dans les bois qui ont quelque froiſſure ou quelque diſpoſition à la roulure, la force de contraction de la tranche *a*, & la force de cohéſion de la tranche *b*, ſont ſupérieures à la force qui unit la tranche *a* avec la tranche *b*; alors la tranche *a* ſe ſéparera de la tranche *b*; & elle ſe contractera en gliſſant ſur la tranche *b*, ſans que rien s'y oppoſe.

C'eſt ainſi que ſe forment ces fentes en zigzag, qui ſont repréſentées dans la figure *3*, & qui endommagent ſi ſouvent les bois: les Potiers de terre éprouvent ſouvent ces accidents, qui font tomber leurs ouvrages par pieces.

Il arrive très-fréquemment, que quand ces fentes qui ſuivent la direction des couches annuelles, ſont près de la ſuperficie, la portion du rondin qui eſt entre la fente & la circonférence du cylindre, quitte le bois qu'elle recouvroit & ſort en dehors, en faiſant une aſſez grande ouverture. Après ce que nous avons dit plus haut, il me ſuffit d'avertir que c'eſt encore là un effet de la contraction des couches extérieures, plus grande que de celles qu'elles recouvrent.

Les bois parfaits ſont rarement endommagés par ces fentes en zigzag, parce que la force de l'adhérence des couches ligneuſes les unes aux autres, eſt plus conſidérable que la force de cohéſion qui unit les fibres dont ces couches ſont formées; enſorte qu'il faut plus de force pour fendre un morceau de bois dans le plan des cercles, que par celui des lignes qui les coupent en tendant de la circonférence au centre; c'eſt-à-dire, dans le ſens des mailles *c*; & l'on aura plus de peine à fendre le morceau de bois (*Pl. XVI. fig. 4*), ſuivant la ligne *a b*, que ſuivant la ligne *c d*. Les Fendeurs de lattes ont ſans doute bien reconnu cette différence; car ils commencent par faire des levées de la largeur de leurs lattes de *e* en *f*, qu'ils refendent enſuite de l'épaiſſeur que ces lattes doivent avoir, ſuivant la direction *g h* & *i k*; de cette façon ils réſervent le ſens le plus favorable à la fente pour le temps où ils en ont le plus de beſoin. Il y a encore d'autres raiſons qui peuvent les engager à en agir ainſi ; mais elles ne ſont pas de mon ſujet. Indépendamment de la plus grande facilité qu'il y a à fendre les bois plutôt dans un ſens que dans un autre, on peut encore donner une bonne raiſon de la direction conſtante que les fentes prennent de la circonférence au centre, par préférence à la direction des couches annuelles.

Pour comprendre cette raiſon, il n'y a qu'à examiner la coupe d'un rondin de bois, on y appercevra aiſément des rayons *c*, *l*, (*Figure 4*), qui partent du centre & qui s'étendent juſqu'à la circonférence : l'union eſt apparemment moins intime dans ces rayons, qu'on nomme *les mailles*; car c'eſt ordinairement dans quelques-uns d'eux que ſe forment les fentes. En effet, par-tout ailleurs, ſi dans un arbre qui végete, les fibres longitudinales ſe ſéparent, elles ne tardent pas à ſe réunir, & par cette réunion, elles forment un réſeau ſur la ſurface des rondins ; mais ces réſeaux ſont interrompus vis-à-vis les cloiſons, ou plans de fibres dont je viens de parler : celles-ci paroiſſent bien plus fines que les longitudinales, & elles ont une autre direction, allant du centre à la circonférence. Ces endroits ſont donc moins fortifiées que les autres ; c'eſt donc là où les fentes doivent ſe former & delà ſe prolonger juſqu'au centre, à moins qu'un vice particulier ne les détermine à changer de direction & à ſe prolonger entre les couches annuelles.

§. 6. *Des arbres étoilés ou quadranés au cœur.*

Il nous reſte encore à expliquer une autre ſorte de fente qui fait appeller *étoilés* ou *quadranés au cœur*, les bois qui en ſont endommagés : ce qui leur fait donner ce nom, eſt une fente où quelquefois pluſieurs qui ſe croiſent, comme dans la figure 5, ſous différents angles, & qui ouvrent le cœur des arbres : les pieces où ſe trouvent de pareilles fentes, quand même elles ne ſeroient pas fort grandes, ſont réputées défectueuſes, & avec grande raiſon, puiſqu'elles ſont une marque aſſurée que les arbres qui les ont fournis, étoient en retour quand on les a abattus. Pour concevoir comment ſe forment ces fentes, il faut se souvenir que nous avons dit dans le premier Livre de cet ouvrage que, dans les arbres qui étoient en retour, ce n'étoit plus le bois du centre qui étoit le plus pesant, comme cela se trouve dans les arbres qui sont en crûe. Il suit delà que les bois qui dépérissent de vieillesse, perdent de leur densité ; & l'on a vu dans ce Chapitre qu'ils en perdent d'autant plus, qu'ils sont devenus plus vieux. Le *maximum* de la densité n'est donc plus au cœur *a* ; mais il se trouvera dans un point de l'espace qui est entre le centre & la circonférence, par exemple en *b*, cette densité va en diminuant de ce point *b*, au centre *a*, comme de ce point *b* à la circonférence *c*. La contraction doit suivre l'inverse de la densité : ainsi il n'y aura point de fente en *b* ; mais il y en aura à la circonférence *c*, *c*, *c* ; & au centre *a* ; celles-ci ne seront pas fort ouvertes ; enfin elles affecteront toutes sortes de figures & de directions : il seroit inutile d'en expliquer la cause après ce qui a été dit, on doit la sentir de reste.

Ce seroit peu d'avoir expliqué comment se forment les fentes dans les bois en rondins, & dans les bois équarris, si nous n'essayïons pas de trouver quelques moyens capables de diminuer leur progrès. Pour y parvenir, considérons ce que pratiquent les Potiers de terre ; ils ont pour le moins autant de besoin que nous, de prémunir leurs ouvrages des plus petites gerces.

§. 7. *Pratique mise en usage par les Potiers de terre, pour empêcher que leurs ouvrages ne se fendent.*

QUAND un Potier de terre a bien détrempé & corroyé son argile, quand il en a formé un vase, ou encore mieux s'il en veut faire un cylindre solide & plein, il n'est pas douteux que sa terre se gerceroit, se fendroit & tomberoit par morceaux, s'il l'exposoit sur le champ à la cuisson, ou simplement dans un lieu chaud, même au soleil ; en un mot, s'il en précipitoit le desséchement. Il y a peu de Potiers de terre qui n'éprouvent de temps en temps cet inconvénient. L'expérience journaliere leur apprend que pour s'en garantir, ils doivent tenir les ouvrages nouvellement faits dans un lieu frais, afin que l'humidité ne se dissipe que peu à peu; le desséchement se fait ainsi plus uniformément au centre & à la circonférence du cylindre, & il n'arrive aucun désordre dans sa piece; seulement le volume total de la terre diminue plus ou moins, suivant qu'elle perd plus ou moins d'humidité; le rapprochement des parties se fait avec lenteur, & l'ouvrage conserve la forme que l'Ouvrier lui a donnée; au lieu que des secousses dérangeroient & gâteroient entiérement son ouvrage.

Mais, comme je l'ai déja remarqué, l'argile des Potiers est une matiere uniforme; les tranches qui sont au centre ne sont pas plus denses, elles contiennent autant d'humidité, & sont aussi capables de contraction que celles de la circonférence; & tout cela ne se rencontre pas dans un rondin de bois.

D'ailleurs, les molécules de l'argile ne sont pas aussi intimement unies entr'elles, que le sont les fibres ligneuses d'une piece de bois; elles peuvent glisser les unes sur les autres: si un Potier force doucement l'intérieur d'un tuyau qu'il travaille, il l'augmente de grandeur sans le rompre, ce qui seroit arrivé s'il l'avoit forcé brusquement; mais ce seroit envain que l'on voudroit tenter de la même maniere, d'augmenter le diametre d'un tuyau de Chêne, même en agissant avec tout le ménagement possible.

Malgré ces différences que je ne peux m'empêcher de regarder comme importantes, il m'a cependant paru que cette pratique des Potiers pouvoit avoir son application au bois: si l'on ne peut, en la suivant, prévenir entiérement les gerces, du moins pourroit-on empêcher les grandes fentes de se former. C'est la preuve d'un pareil fait que j'espere établir par les expériences que je vais rapporter.

§. 8. *Premiere Expérience.*

PENDANT l'Hiver de l'année 1734, je fis abattre environ 50 Chêneaux qui pouvoient avoir 8 à 9 pouces de diametre;

je les fis dépouiller de leur écorce, & scier par tronces.

Ces tronces furent divisées en trois lots, & on fit ensorte qu'il y eût dans chaque lot une tronce de chaque arbre ; ensuite on les pesa; on mit un de ces lots sous un hangar exposé au Levant, & très-ouvert; un autre lot fut déposé sous un autre hangar plus frais & exposé au Nord; enfin on mit le troisieme lot dans un endroit beaucoup plus frais, dans une cave, qui étoit à la vérité percée de plusieurs soupiraux.

L'Automne suivante, les tronces que j'avois mises sous le hangar fort chaud étoient très-fendues ; aussi quand je les pesai, les trouvai-je fort légeres; elles avoient perdu presque toute leur seve.

Celles que j'avois mises sous le hangar frais, étoient moins gercées ; & elles avoient moins perdu de leur poids.

Enfin celles qui étoient restées dans la cave, n'étoient point gercées, & elles avoient peu perdu de leur poids.

§. 9. *Conséquences de l'Expérience précédente.*

ON voit par cette expérience que les bois se fendent à proportion de l'humidité qu'ils perdent: aussi quand j'ai tenu des bois déja fendus assez de temps dans l'eau, & que par ce moyen je leur ai eu rendu autant d'humidité qu'ils pouvoient en avoir dans le temps où ils étoient encore verds, les gerces se sont-elles refermées entiérement, & si exactement qu'on ne pouvoit plus les appercevoir: cette proposition va être prouvée d'une autre façon.

§. 10. *Seconde Expérience.*

J'AI fait abattre plus de cent jeunes Chênes, & dix-huit gros Aunes ; je les ai fait scier par tronces de trois & de six pieds de longueur; & après avoir eu l'attention de diviser en trois lots les tronces qui venoient des mêmes arbres, je fis équarrir celles d'un lot, écorcer celles d'un autre, & je conservai celles du troisieme lot avec leur écorce: toutes ces pieces de de bois furent mises sous un hangar où elles resterent pendant deux ans : voici l'état où ces pieces de bois se sont trouvées après ce temps écoulé.

Celles qui avoient été écorcées étoient les plus fendues de toutes, même quand on les réduisoit au quarré ; car il est certain que si l'on s'en fût tenu à la seule inspection de ces rondins, leurs fentes auroient paru plus ouvertes que celles des rondins équarris, sans qu'elles eussent été pour cela plus grandes.

Les pieces de bois en grume étoient beaucoup moins fendues que celles qui avoient été équarries ; celles-ci cependant l'étoient sensiblement moins que les pieces qui avoient été écorcées.

Il faut remarquer que comme tous ces bois n'étoient pas fort gros, & qu'ils avoient été tenus pendant deux ans sous un hangar fort ouvert, ils devoient être assez secs.

§. II. *Conséquences de l'Expérience précédente.*

Ce qui est arrivé dans cette expérience s'accorde à merveille avec les principes que j'ai établis au commencement de ce Chapitre.

L'évaporation de la seve se fait brusquement dans les bois écorcés ; le rapprochement des fibres s'opere donc par des secousses ; & voilà une cause qui doit déja produire de grands éclats.

Cette évaporation se fait promptement ; la contraction doit donc s'opérer dans les couches extérieures avant qu'elles agissent dans les intérieures ; & voilà encore de quoi produire de grandes fentes, de quoi ouvrir les *roulures*, &c.

L'aubier & le jeune bois ayant été conservés dans les rondins écorcés ; il y avoit beaucoup de différence entre la densité du bois du cœur, & celle du bois de la circonférence ; il faut donc convenir que tout tend à faire fendre & à faire éclater les rondins écorcés.

La densité étoit moins inégale dans les bois équarris, puisqu'on avoit entiérement retranché, par l'équarrissage, l'aubier, & beaucoup du jeune bois ; cette densité reste même peu senſible dans les bois qui, comme ceux de la précédente expérience, ſont d'un petit équarriſſage; l'effet du deſſéchement inégal des couches extérieures & des intérieures, diminuant auſſi dans les bois qu'on équarrit, ſur-tout quand ces bois ne ſont pas fort gros, les bois équarris ſe doivent donc moins fendre que les rondins écorcés.

Mais pourquoi les rondins qui étoient en grume ſe ſont-ils moins éclatés que les bois mêmes équarris? l'inégalité de denſité devoit s'y trouver comme dans les rondins écorcés? Cela eſt vrai: mais comme on a vu par les expériences rapportées dans le premier article, que ces bois ſe deſſechent lentement, & même que l'écorce eſt une matiere ſpongieuſe qui ſe charge de l'humidité de l'air, l'évaporation de la ſeve ſe fera donc plus uniformément dans toutes les couches; le rapprochement des fibres ligneuſes ne ſe fera pas par des ſecouſſes qui les faſſent éclater, mais par une force lente & ménagée qui obligera les fibres à s'écarter les unes des autres; ainſi, au lieu de grandes fentes, il ſe formera un nombre de petites gerces qui ne feront aucun tort aux pieces, & c'eſt-là tout ce qu'on peut deſirer; car dans un rondin de bonne qualité, il faut néceſſairement que les couches extérieures prêtent de quelque façon que ce puiſſe être.

J'ai fait encore pluſieurs expériences qui démontrent l'évidence de ce que je viens d'avancer; je dois les rapporter ici tout de ſuite.

§. 12. *Troiſieme Expérience.*

J'AI dit dans le premier article de ce Chapitre, que j'avois fait abattre deux gros Chênes, dont l'un avoit été marqué *A*, & l'autre *B* (*Pl. XVII. fig. 1*); que j'avois fait ſcier leurs troncs par billes de trois pieds de longueur; que chaque arbre m'en avoit fourni quatre qui avoient été numérotées 1, 2, 3, 4; que la bille numéro 1, de l'arbre *A*, étoit reſtée en grume; que celle numéro 2, du même arbre avoit été équarrie; que la bille, numéro 3, étoit reſtée en grume, & celle, numéro 4, équarrie. A l'égard de l'arbre *B*, la bille, numéro 1, fut écorcée ; celle numéro 2, équarrie ; la bille, numéro 3, fut écorcée, & celle, numéro 4, équarrie. J'ai dit que tous ces bois avoient été mis ſous un même hangar ; & j'ai établi dans quelle proportion s'étoit faite l'évaporation de leur humidité. J'ai auſſi donné mes remarques ſur la différente qualité de leur bois ; mais je n'ai rien dit des obſervations que j'avois faites ſur les fentes de ces différentes billes : voici le lieu d'en rendre compte.

Un plus grand détail me paroît cependant inutile, il ſuffira de ſavoir que les rondins qui avoient été écorcés, étoient tellement fendus juſqu'au cœur, qu'on auroit pu, avec les moindres efforts, en détacher des quartiers.

Quoique les billes équarries fuſſent moins fendues que les premieres, cependant elles l'étoient beaucoup plus que celles qui étoient reſtées dans leur écorce, & celles-ci l'étoient ſi peu, & ſeulement par les bouts, qu'en les équarriſſant, toutes les fentes qui étoient fort petites, ont diſparu entiérement ; mais en y regardant de près, on y appercevoit un grand nombre de gerces, à la vérité fort petites, & qui ne pouvoient pas empêcher que ces billes ne puſſent être employées à toute ſorte d'uſage.

§. 13. *Remarque.*

CETTE expérience confirme les conſéquences que j'ai tirées de mes deux premieres ; je n'ajouterai donc ici qu'une ſimple remarque ; c'eſt qu'en obſervant attentivement le deſſéchement des rondins écorcés de ma troiſieme expérience, j'ai plus particuliérement reconnu que, quand on fait deſſécher trop promptement le bois, il s'ouvre dans les premiers mois de grandes fentes qui ſe referment enſuite en partie, & que les petites gerces diſparoiſſent entiérement.

Je ſouhaitois fort qu'on pût exécuter de pareilles expériences en Provence, parce que je jugeois que la différence entre les bois écorcés & ceux qui ne le ſeroient pas, y ſeroit plus conſidérable que dans nos Provinces, non-ſeulement parce que les arbres qui y croiſſent, étant de meilleure qualité que les nôtres, y gercent infiniment plus, mais encore parce que l'air y étant plus chaud & plus sec, fait fendre le bois d'une maniere extraordinaire.

M. de Héricourt, Intendant des Galeres, se prêta volontiers à mes vues; en conséquence, tout fut disposé pour l'expérience pendant un séjour que je faisois à Marseille; & après mon départ, M. Garavaque, Ingénieur de la Marine, ayant bien voulu se charger de suivre celles que j'avois commencées, il s'en acquitta de la maniere la plus satisfaisante pour moi: je vais rapporter ces expériences en détail.

§. 14. *Quatrieme Expérience.*

Le 18 Mai 1736, on abattit dans le terroir de Marseille quatre gros Chênes; on les fit voiturer sur le champ dans l'Arsenal; on les coupa par billes, & on en tira toutes les pieces qui pouvoient être propres pour la construction des Galeres; on en équarrit une partie; on en écorça une autre, & on laissa le reste en grume: toutes ces pieces furent déposées sous un même hangar.

Voici les observations qui ont été faites sur ces pieces de bois, vers le mois de Juin 1738, lorsqu'on les a examinées pour la derniere fois.

Les billons qu'on avoit conservés avec leur écorce, ne paroissoient point, ou presque point fendus sur leur longueur; mais on voyoit des fentes assez considérables sur les bouts ou sur l'aire de la coupe. Ces gerces avoient commencé à se former dans la partie moyenne qui est entre le cœur & la superficie; & elles avoient fait des progrès vers l'une & vers l'autre, sans pour l'ordinaire y être parvenues tout-à-fait; quelques fentes cependant s'étendoient dans quelques pieces jusqu'au cœur, & même le traversoient (*Pl. XVII. fig.* 2), mais presque jamais elles n'atteignoient l'écorce; ensorte que si l'on eût dépouillé ces billons de leur écorce, on n'auroit apperçu aucune fente considérable à la superficie, puisque de toutes celles qui paroissoient sur la coupe, aucune n'atteignoit la circonférence.

Pour s'assurer si ces fentes qu'on voyoit par les bouts pénétroient bien avant dans les billons, & s'il ne s'en formoit pas d'autres dans l'intérieur, on fit couper à l'un des bouts de quelques billons, une tranche de deux pouces d'épaisseur, & l'on trouva que les fentes diminuoient considérablement dans l'intérieur; on en enleva ensuite une seconde tranche de la même épaisseur, pour pouvoir pénétrer davantage dans l'intérieur du billon, & les fentes disparurent presque entiérement, sans qu'on en découvrît de nouvelles. On fit aussi refendre à la scie quelques-uns de ces billons, & on n'y découvrit aucune fente; mais quoiqu'il y eût deux ans & demi que les arbres avoient été abattus, ce bois étoit encore chargé de seve.

Ces observations ont été répétées plusieurs fois sur d'autres arbres, sans qu'on ait pu remarquer aucune différence considérable.

Les billons du même temps, & qui avoient été équarris, étoient dans un état bien différent, quoiqu'ils eussent resté sous le même hangar où l'on avoit mis ceux en grume. Ils étoient traversés de beaucoup de fentes, larges vers la superficie, & qui se perdoient au centre où peu d'entr'elles y touchoient, quoique leur direction fût toujours vers cet endroit : voyez *Pl. XVII. figure 4*, & encore pour les arbres écorcés, la *figure 3*.

Enfin ces billons équarris étoient bien plus secs, que ceux qui avoient été conservés en grume, quoique les uns & les autres eussent été abattus dans le même temps, & conservés dans le même lieu.

§. 15. *Conséquences de la précédente Expérience.*

CETTE expérience, quoiqu'exécutée dans une Province éloignée, & suivie par une autre personne que moi, s'accorde à merveille avec les précédentes.

L'écorce forme non-seulement un obstacle à l'évaporation de la seve; mais outre cela elle est une sorte d'éponge qui se charge de l'humidité de l'air, comme nous l'avons démontré dans le précédent article : je pense que c'en est assez pour empêcher que les bois ne se fendent, & pour que la plûpart des fentes des bouts ne puissent atteindre la superficie des billons qui sont recouverts d'écorce.

Comme la seve a une libre issue par les bouts, il doit s'y former des fentes, mais qui ne pénétreront point avant dans le bois.

Le contraire de tout cela doit arriver dans les arbres équarris : c'est encore ce qu'on voit dans l'exposé de cette expérience.

Ce seroit cependant chercher à se faire illusion que de se persuader, qu'en ralentissant l'évaporation de la seve, il y auroit beaucoup à gagner du côté des fentes, si réellement on ne faisoit que les retarder ; car s'il est vrai que le bois ne se fend qu'à proportion de l'humidité qu'il perd, on accordera volontiers qu'au bout d'un certain temps, celui qui est en grume se trouvera moins fendu que le bois écorcé ou équarri, puisqu'il est suffisamment prouvé que l'écorce fait un obstacle à l'évaporation de la seve. Mais aussi on conviendra qu'il faut à la fin que cette seve s'échappe ; & si après un an d'abattage, lorsqu'on viendra à équarrir du bois qui sera resté pendant ce temps dans son écorce, il vient à se fendre comme si on l'avoit équarri tout verd, il est clair qu'on n'auroit rien gagné à le laisser en grume pendant ce même temps. C'est donc ici le lieu d'examiner si la lenteur du desséchement qui réussit si bien aux Potiers de terre, peut avoir son application à l'égard du bois.

§. 16. *Continuation des précédentes Expériences.*

C'est dans cette vue que j'ai écrit à M. Garavaque pour le prier de faire équarrir, neuf mois après leur abattage, quelques-uns des billons qu'il avoit conservés en grume ; ce qu'il voulut bien exécuter. De mon côté, j'ai fait équarrir, un an après qu'ils avoient été abattus, les bois en grume de ma seconde expérience & encore ceux de la troisieme : tous sont restés plus d'un an en cet état. Il s'est formé sur ceux de M. Garavaque & sur les miens, beaucoup de gerces & quelques fentes, mais qui n'étoient ni si ouvertes ni si profondes que celles des billons qui avoient été écorcés ou équarris sur le champ : cette multitude de petites fentes n'a point empêché qu'on n'ait pu faire usage de ces pieces.

§. 17. *Conséquences de ces Expériences.*

CES expériences prouvent que les pieces de bois, ainsi que les ouvrages des Potiers de terre, se fendent moins, quand on peut ralentir leur desséchement, que quand on veut le précipiter ; mais avec cette différence, qu'en y apportant beaucoup de précautions, on peut empêcher les ouvrages de terre de se fendre en aucune façon ; au lieu que les bois se gercent, quelque précaution qu'on y apporte, & c'est à l'inégale densité du bois que j'attribue cette différence.

Cependant, puisqu'il est démontré qu'on peut, en suspendant l'évaporation de la seve, diminuer beaucoup les fentes, & faire qu'au lieu d'une grande fente, il s'en forme plusieurs petites & moins préjudiciables, c'est déja un moyen de préserver les bois du dommage qu'elles leur causent : ce moyen est praticable en certains cas. Nous allons proposer d'autres expédients ; mais avant de finir cette matiere, il est à propos de faire quelques observations relatives au bois qu'on conserve en grume.

§. 18. *Premiere Remarque.*

NOUS avons dit dans le premier article de ce Chapitre, que les bois dont on suspendoit le desséchement, soit en les tenant dans des lieux frais, soit en les laissant recouverts de leur écorce, étoient plus tendres que ceux qu'on exposoit à un prompt desséchement ; on sait d'ailleurs que les bois tendres se gercent moins que les bois forts : il pourroit donc arriver que cet affoiblissement des fibres ligneuses contribuât à diminuer le progrès des fentes ; mais je ne vois pas comment on pourroit, par des expériences, parvenir à faire une distinction précise de ce que produit dans ce cas l'affoiblissement des fibres ligneuses, ou le simple rapprochement tonique dont nous avons parlé.

§. 19. *Seconde Remarque.*

POUR espérer quelques avantages de l'écorce, il ne suffit pas de conserver les bois en grume l'espace de deux ou trois mois. En preuve de ce que j'avance, je rappellerai ce qu'on a vu dans mes expériences précédentes, qu'un rondin couvert de son écorce, qui devoit perdre, pour être réputé sec, un tiers de son poids, n'en a perdu, pendant les mois de Février, Mars & Avril, qu'un quinzieme.

Cependant le soleil commence à avoir bien de la force en Mars & en Avril. Il n'est pas douteux que ces rondins auroient beaucoup moins diminué de poids, si on les eût abattus en Décembre, & pesés à la fin de Février. Mais je prends le cas le plus favorable à l'évaporation de la seve; & l'on voit qu'au commencement de Mai le rondin dont il est question ci-dessus, n'ayant diminué que d'un quinzieme, étoit peu différent, quant au poids, de ce qu'il étoit dans le temps précis de la coupe: ainsi, si je l'avois fait équarrir au commencement de Mai, temps où le soleil a beaucoup de force, & dans lequel la seve s'évapore très-promptement, il est clair qu'il se seroit considérablement fendu, & presque autant que si on l'avoit abattu dans cette même saison, & équarri sur le champ.

J'ai encore pesé ce même rondin à la fin de Décembre, c'est-à-dire, dix mois après avoir été abattu, il n'étoit encore gueres plus diminué de poids que d'un seizieme, au lieu d'un tiers qu'il devoit perdre, & qu'il a effectivement perdu par la suite.

Cette expérience prouve qu'il faut au moins conserver les bois jusqu'à la fin de l'Eté dans leur écorce, si l'on veut empêcher par ce moyen qu'ils ne se fendent par grands éclats; alors on pourra hardiment les équarrir, parce que les chaleurs étant passées, il n'y aura point à craindre que le reste de la seve ne se dissipe trop brusquement; seulement une partie s'évaporera lentement pendant la saison de l'Hiver, & les bois en seront plus en état de supporter les chaleurs du Printemps & de l'Eté de l'année suivante.

Je

Je vais plus loin, & je dis qu'il vaudroit mieux les équarrir aussi-tôt qu'ils ont été abattus, pendant l'Hiver, que de remettre ce travail au Printemps suivant, parce que, comme la seve s'échappe plus promptement d'un morceau de bois équarri, que de celui qui reste en grume, il s'en dissipera davantage pendant l'Hiver, saison où l'on doit moins redouter une trop prompte évaporation, parce que, nonobstant l'équarrissage, elle s'opérera toujours lentement.

Cette évaporation lente n'est pas à négliger : elle a monté dans un gros morceau de bois quarré que j'avois pris du même arbre qui m'a fourni le rondin dont je viens de parler, à près d'un quart dans les mois de Février, Mars & Avril; & il se trouvoit fort sec à la fin de Décembre, ayant alors perdu plus d'un tiers de son poids; par conséquent une bonne partie de la seve s'est échappée doucement dans l'espace de trois mois; au lieu qu'elle se seroit échappée brusquement, si l'on eût remis à équarrir cette piece de bois au Printemps suivant.

§. 20. *Troisieme Remarque.*

J'AI prouvé dans le détail de mes expériences, que les bois qui restent en grume sont moins sujets à se fendre & à s'éclater, que ceux qu'on équarrit presque aussi-tôt qu'ils ont été abattus; & j'ai pensé qu'on étoit redevable de cet avantage au ralentissement de l'évaporation de la seve occasionné par les écorces. Malgré les preuves expérimentales que j'ai rapportées pour appuyer mon sentiment, quelques personnes exercées dans l'exploitation des forêts, en convenant avec moi du fait, en donnent une autre raison. Ils regardent l'écorce des arbres comme une gaîne capable de résistance, & qui s'oppose à l'effort que font les fibres pour se séparer.

Mais pour faire sentir que la résistance des écorces ne peut produire un grand effet, je demande qu'on examine l'écorce du Chêne; il est vrai qu'on découvrira, sur-tout sur les jeunes branches, un épiderme dont les fibres ont plutôt une direction circulaire que verticale par rapport à la longueur du tronc;

mais cet épiderme eſt ſi mince & ſi fragile qu'on le peut hardiment compter pour rien ; le ſurplus de l'écorce eſt une eſpece de laſſis, ou un aſſemblage de fibres ligneuſes qui ont une direction longitudinale, mais qui ſont mal unies latéralement les unes avec les autres, & qui forment un réſeau dont les mailles ſont remplies par des véſicules, ou un parenchiſme, ou des vaiſſeaux extrêmement capillaires, auſſi incapables les uns que les autres d'une grande réſiſtance ; c'eſt en conſéquence de cette organiſation que l'écorce peut réſiſter avec force quand on tire ſes fibres ſuivant leur longueur, & qu'elle cede aiſément quand on ne tend qu'à les ſéparer en tirant l'écorce dans ſa largeur.

Que l'on compare à préſent cette foible réſiſtance (que tout le monde peut éprouver) à la force conſidérable des fibres ligneuſes qui tendent à ſe déſunir, force capable de rompre les aſſemblages de menuiſerie les mieux conditionnés, & de produire beaucoup d'autres effets dont je parlerai par la ſuite.

Je crois donc que la force des écorces, dans le cas dont il s'agit, n'égale pas à beaucoup près celle d'une couche ligneuſe.

On m'objectera que la grande réſiſtance de l'écorce ſe voit ſenſiblement dans un arbre qui végete, & que ſi l'on fend avec la pointe d'une ſerpette l'écorce d'un arbre vigoureux ſuivant la direction de ſon tronc, on voit en peu de temps la plaie s'ouvrir & l'arbre groſſir ; ce qui prouve que l'écorce oppoſoit une grande réſiſtance à l'effort des fibres ligneuſes qui tendoient à s'étendre ſuivant la groſſeur du tronc.

Ce raiſonnement paroîtra concluant à qui n'aura pas examiné la choſe de plus près : mais ſi l'on y veut prêter attention, on s'appercevra bientôt que l'écartement de l'écorce ne vient pas de ce que le bois ſe trouvoit gêné par l'écorce, mais de ce que l'écorce l'étoit elle-même par le bois ſur lequel elle étoit étendue ; ainſi, pour entendre préciſément ce qui en eſt, il faut ſe repréſenter un morceau de parchemin mouillé, très-mince & très-aiſé à déchirer, qui ſeroit tendu ſur un morceau de bois ; ce parchemin ne ſeroit pas capable d'empêcher le bois de ſe fendre, puiſque je le ſuppoſe mince, aiſé à ſe rompre

& expanſible ; mais ſi l'on fait une inciſion à ce parchemin, il eſt clair que les levres coupées ſe retireront en vertu de la tenſion & de l'élaſticité du parchemin. Il en eſt de même de l'écorce que l'on fend ſur un arbre ; comme elle eſt ſur le bois dans un état de tenſion, elle ſe retire, ce qui doit déja faciliter l'augmentation de groſſeur de l'arbre ; outre cela, il s'échappe, des fibres coupées ou rompues, un ſuc qui s'endurcit, & qui fait une augmentation de volume dans le lieu de la cicatrice, capable quelquefois de produire de bons effets, comme de redreſſer de jeunes arbres un peu courbés, ou de leur donner de la groſſeur dans les endroits où, par quelque accident, ils n'avoient pas pris aſſez de corps. Mais comme tout ceci n'eſt pas de mon ſujet, il me ſuffit d'avoir prouvé que la réſiſtance des écorces n'eſt pas capable de produire un grand effet dans le cas dont il s'agit ici ; & je reviens à mon objet.

On a vu que, quand la ſuperficie des rondins ſe deſſeche trop promptement en comparaiſon du centre, les bois ſe fendent conſidérablement, & qu'on peut prévenir cet accident en retardant l'évaporation de la ſeve.

Je crois auſſi avoir démontré qu'il ſe formoit néceſſairement des gerces ſur un rondin qui ſe deſſeche, par la raiſon que les couches du centre ne ſe contractent pas proportionnellement à celles de la circonférence : on peut bien, en ſuſpendant l'évaporation de la ſeve, empêcher qu'il ne ſe forme de grands éclats ; mais quelque choſe que l'on faſſe, il eſt néceſſaire qu'il ſe forme beaucoup de petites fentes ſur la ſuperficie d'un rondin qui ſe deſſeche. J'ai jugé que la même choſe n'arriveroit pas, ſi l'on débridoit, pour ainſi dire, les cercles ligneux, pour leur faciliter la liberté de ſe contracter ; ce qui m'a confirmé dans cette opinion, c'eſt que j'ai remarqué que quand il ſe formoit une grande fente à la circonférence d'un cylindre, il ne s'en trouvoit preſque pas dans le reſte du corps de la piece : cette réflexion m'a engagé à faire l'expérience ſuivante.

§. 21. *Cinquieme Expérience.*

DANS les premiers jours de Janvier, je fis débiter trois

tronces d'orme & trois tronces dans des Chênes qui avoient été abattus à la mi-Décembre : j'en fis écorcer deux de chaque espece de bois, & j'en conservai une aussi de chaque espece en grume ; je fis traverser celles-ci dans leur longueur par un trait de passe-par-tout *a b* qui alloit jusqu'au cœur. (Voyez *Pl. XVI. fig. 6.*) : j'en fis autant à une rondine d'Orme, & à une de Chêne écorcées.

J'ai dit ci-devant que les fentes se forment dans l'endroit de la circonférence où les couches ligneuses sont les moins fortes ; moyennant le trait de scie *a b*, tous les cercles ligneux se trouvant coupés, le lieu de la fente est déterminé ; & tout ce qui doit arriver, c'est qu'à mesure que les couches se retireront, le trait *a b* s'élargira, & formera l'ouverture *e b d* : voici ce qui est arrivé. Les rondins simplement écorcés, se sont beaucoup fendus en différents endroits de la circonférence, comme le représente la figure 3 (*Pl. XVII*). Les rondins écorcés & qu'on avoit traversés d'un trait de scie jusqu'à l'axe, se sont fendus aussi en plusieurs endroits de la circonférence, mais beaucoup moins que les autres, le trait de scie s'étant élargi & tenant lieu d'une grande fente : ceux qui sont restés avec leurs écorces, se sont peu fendus dans toute la circonférence ; il n'y a presque eu que le trait qui s'est ouvert.

§. 22. *Conséquences de l'Expérience précédente.*

On voit par cette expérience que je ne me suis pas fort éloigné de la vérité, quand j'ai établi, sur une simple supposition, la grandeur & la forme que doit avoir une fente qui consomme toute la contraction des couches ligneuses.

Outre cela, il me semble qu'il y a des cas où l'on pourroit traverser ainsi, par un trait de scie, des cylindres & des rouleaux sans porter aucun préjudice aux pieces ; & alors ce seroit encore un moyen de diminuer les fentes, qui, répandues dans la totalité de ces pieces, leur deviendroient préjudiciables. Si, par exemple, on se proposoit de faire un treuil, (*Pl. XVI. fig. 7*), comme on a coutume de faire dans toute la longueur du cylindre *AB*, une rainure *CD*, pour placer l'axe dans le centre, il eſt évident qu'on devroit, pour éviter les fentes, faire cette tranchée lorſque le cylindre eſt tout nouvellement abattu, encore verd & plein de ſeve; au lieu qu'ordinairement on ne fait cette rainure que quand le bois eſt devenu ſec, & qu'alors il s'eſt beaucoup fendu. Mais ſi un trait de ſcie qui ne s'étend pas au-delà de l'axe de la piece, a déja diminué ſenſiblement les fentes, n'y a-t-il pas tout lieu de juger qu'on pourra diminuer ces fentes à proportion qu'on facilitera la contraction des couches ligneuſes? Cela ſera aiſé à pratiquer toutes les fois que la deſtination des pieces permettra de les refendre en deux ou en quatre. Comme j'ai tenté ce moyen, on va voir quel a été le ſuccès de mon expérience.

§. 23. *Sixieme Expérience.*

J'AI fait refendre à la ſcie pluſieurs rondins de Chêne & quelques pieces de bois quarré; les uns par un ſeul trait de ſcie qui paſſoit par l'axe de la piece, & qui la partageoit en deux, (*Pl. XVII. fig. 5*); d'autres, par deux traits de ſcie qui ſe croiſoient au centre & qui la ſéparoient en quatre (*fig. 6*): je les ai laiſſés ſe deſſécher parfaitement pendant pluſieurs années, & au bout de ce temps, voici en quel état je les ai trouvés.

Les faces ſciées, qui d'abord étoient néceſſairement plates, comme *a b*, (*fig. 5*) *c d e f*, (*fig. 6*), étoient devenues courbes; & quand on les appliquoit les unes ſur les autres, elles laiſſoient entr'elles les eſpaces *g h i*, *k l m* (*fig. 7*), & les eſpaces *n*, *o*, *p*; *q*, *r*, *ſ*; *t*, *u*, *x*; *y*, *z*, *&* (*fig. 8*): ces eſpaces devant être conſidérés comme autant de fentes, il n'eſt pas ſurprenant que les moitiés de ces rondins 1, 2, (*fig. 7*), ſe ſoient trouvés peu fendues, & que les quartiers 3, 4, 5, 6, (*fig. 8*), aient été preſque exempts de toute fente.

§. 24. *Conſéquences de l'Expérience précédente.*

1°, ON voit par l'expérience précédente, que les ouvertures

ghi, *klm*, (*fig.* 7), & *tux*; *opn*, &c. (*fig.* 8), qui tiennent lieu de fentes, font formées par des courbes qui approchent beaucoup de celles que j'ai déterminées au commencement de ce Chapitre.

2°, Il eft évident que plus on débride, pour ainfi dire, les couches ligneufes, plus on leur donne de liberté pour fe contracter, moins on a à craindre qu'il ne fe faffe des fentes.

3°, Il n'y a donc plus à balancer : il faut refendre en deux ou en quatre toutes les pieces qui font deftinées à l'être, auffitôt que les arbres ont été abattus ; & ne pas, comme on le fait, conferver en billes & en plançons, les pieces qui doivent être refendues pour faire des madriers, des plates-formes, des préçintes ou les membres des Galeres, des chevrons, des membrures, des planches, &c.

Il ne fera pas, je crois, inutile de rapporter encore ici plufieurs obfervations particulieres que j'ai eu occafion de faire, en exécutant l'expérience que je viens de rapporter.

§. 25. *Premiere Obfervation.*

Un rondin fendu en deux *a b*, (*Pl. XVII. fig.* 5), eft moins endommagé par les fentes, que s'il étoit refté dans fon entier. Mais on concevra aifément, en jettant les yeux fur la Figure 1 de la Planche XVIII, qu'une piece de bois équarrie fe fendra encore moins qu'un rondin, parce que les portions *a b c*, *c d e*, *e f g*, *g h a*, qui font de jeune bois capable de la plus grande contraction, font retranchées, & que ce retranchement fera auffi que les ouvertures *i l m*, & *n o p*, feront moins grandes que dans le cas repréfenté par la Figure 7 de la Planche XVII.

§. 26. *Seconde Obfervation.*

Si au lieu de refendre une rondine par le centre, comme *a b*, (*Planche XVII. figure* 5), on la refendoit en *a b*, (*Figure* 2, *Planche XVIII*) ; on fent bien, pour peu qu'on faffe attention à la direction de la contraction, qu'il fe doit ouvrir de grandes fentes en *e d* ; mais il fera affez rare qu'il s'en forme de confidérables à la circonférence *a f b*, & encore moins à celle *a g b*.

§. 27. *Troisieme Observation.*

QUAND le cœur de l'arbre se trouve renfermé dans une piece de bois quarrée, mais plus d'un côté de la piece que d'un autre, il s'ouvre presque toujours de très-grandes fentes sur les faces de la piece qui sont les plus voisines du cœur; telles que les fentes *a*, *a*, *a*, (*Pl. XVIII. fig. 3 & 4*), & ces fentes se terminent à rien au centre de la piece.

§. 28. *Quatrieme Observation.*

AU contraire, si le cœur de l'arbre est hors de la piece, il ne se formera presque jamais de grandes fentes sur les faces qui forment l'angle qui répond au cœur de l'arbre; c'est-à-dire, sur les faces *ab*, *ac*, *ad*, *ae*, *af*, *ag*, *ah*: Voyez (*Pl. XVIII. Figure 5*).

§. 29. *Cinquieme Observation.*

IL ne se forme presque jamais de fentes sur les faces des pieces, lorsque ces faces se trouvent paralleles aux rayons qui s'étendent du centre à la circonférence. Il n'y en a point, par exemple, de *a* en *h*, de *a* en *g*, (*fig. 5*); & un secteur, tel que *agb*, (*fig. 2*), ne se fend que par des accidents particuliers.

§. 30. *Sixieme Observation.*

LORSQUE le cœur de l'arbre est hors de la piece, & qu'il répond à son milieu, il se forme ordinairement quelques fentes en cet endroit, comme on le voit à la piece de la figure 4. Ceci se voit très-sensiblement dans les figures 1 & 2. de la Planche XIX. Voyez l'expérience du §. 35.

§. 31. *Septieme Observation.*

SI l'on creuse un rondin de bois, comme pour en faire un tuyau, ordinairement il ne se fend pas, à moins qu'on ne l'expose à un desséchement très-prompt; il diminue seulement de diametre, & il se forme quelques petites gerces à la superficie, telles que *a a a*, (*Pl. XVIII. fig. 6*); & si on le séparoit en deux comme en *d*, (*fig. 7*), il fendroit encore moins.

§. 32. *Huitieme Observation.*

CE que je viens de dire sur les fentes, est communément vrai, mais n'est pas toujours constamment de même; car il arrive beaucoup d'accidents qui dérangent absolument l'ordre commun : le double aubier, les nœuds, les couronnes de bois fort, les gélivures, la roulure, la quadranure, &c, dérangent l'ordre naturel. Outre cela, si un des côtés d'une piece de bois reste constamment tourné vers le soleil, elle se fendra beaucoup pour cette seule raison; & au contraire, les faces qui sont tournées vers la terre, ne se fendent presque pas; c'est pourquoi il y a des cas où il est avantageux d'enchanteler les pieces de bois, en mettant plutôt un des côtés de la piece vers la terre qu'un autre; le côté *a b* (*Figure 7*), par exemple, plutôt que le côté *e*.

§. 33. *Neuvieme Observation.*

GÉNÉRALEMENT parlant, il est certain que les bois refendus ne se fendent pas tant que les bois qu'on laisse dans leur entier, soit qu'ils soient en rondins ou équarris; & les fentes qui s'ouvrent sur les bois refendus ne leur causent pas autant de préjudice, parce qu'elles n'entrent presque jamais bien avant dans l'intérieur des pieces

§. 34. *Dixieme Observation.*

UNE piece de quartelage qui seroit équarrie sur trois faces, & dont la quatrieme resteroit chargée de son écorce, ne se trouvera presque jamais fendue sur cette face *e*. Voyez la figure 7.

§. 35. *Onzieme Observation.*

LES Figures 1 & 2 de la Pl. XIX, représentent l'aire de la coupe de deux pieces de bois quarré, bois de Provence, qui avoient été réduites, encore vertes, à huit pouces en quarré, comme on le le voit par les lettres *A B, C D*, (*Fig. 1*), & *E F, G H*, (*Fig. 2*), les lignes inscrites *a b c d*, (*Fig. 1*), ainsi que *e f g h*, (*Fig. 2*); marquent la grosseur des pieces lorsqu'elles ont été bien seches; il faut observer que ce dessein est très-correct. *M N O*, (*Fig. 1*), & *N B P*, (*Fig. 2*), marquent la direction des couches annuelles : *i i i i*, &c, marquent la direction des fibres rayonnées qui ne vont pas toujours en lignes droites, & qui ne se prolongent pas toujours sans interruption depuis le centre jusqu'à la circonférence; *k*, le cœur de l'arbre; *L L L*, &c, les fentes.

On voit, 1°, que le cœur de l'arbre *k*, (*Fig. 1*), est dans la piece, & qu'elle se trouve beaucoup plus fendue que la piece, (*Fig. 2*), où le cœur est dehors; 2°, la plus grande partie des fentes se trouve du côté *a d*, qui est le plus voisin du cœur; 3°, on peut remarquer que les courbures *e f*, (*Fig. 1 & 2*), ressemblent assez à celles que nous avons déterminées au commencement du second article de ce Chapitre.

En voilà, me semble, assez sur les pieces de bois refendues en deux ou en quartelage; je vais maintenant examiner ce qui doit arriver aux pieces débitées en plateaux, en membrures, en bordages, & en planches de différentes épaisseurs : il y a lieu de croire que les bois débités de ces différentes façons se fendront encore moins, puisque les couches ligneuses ont pu se contracter d'autant plus facilement. Il est à propos d'examiner cela en détail, & de rapporter les expériences que j'ai faites sur des pieces de bois débitées de toutes ces manieres.

§. 36. *Septieme Expérience.*

La premiere figure de la Planche XX représente un arbre verd qui a été refendu en planches épaisses, ou en bordages, par les lignes *a*, *b*, *c*, *d*, *e*; on a ensuite conservé ces planches dans un lieu sec, jusqu'à ce qu'elles eussent entiérement perdu leur humidité. On les a voulu poser ensuite les unes sur les autres, comme si l'on avoit dessein d'en reformer un corps d'arbre en entier; mais ces planches ne pouvoient plus se joindre aussi exactement qu'elles le faisoient en *a*, en *b*, en *c*, en *d*, en *e* : elles se touchoient bien par leur milieu; mais leurs bords restoient écartés, comme on le voit en *m m*, en *n n*, en *o o*, &c; par conséquent ces planches s'étoient toutes courbées; mais *m n*, moins que *n o*; *n o* moins que *o p*; *o p* moins que *p q*. La Planche *D*, (*fig.* 2), ne s'étoit cependant point courbée, & les ouvertures *a a*, *b b*, ont été produites principalement par la contraction des portions *c c*.

Voilà le fait; mais pour mieux concevoir par quelle méchanique il s'opere, il faut jetter les yeux sur la figure 2, Planche XX.

La membrure *D*, (*fig.* 2), a été levée au cœur de l'arbre; elle est formée des couches *Y*, *X*, *V*, *T*, *S*, &c, qui sont de différents âges, & par conséquent de différente densité. Celle du cœur est la plus dense, & *Y*, celle qui l'est le moins: toutes ces couches se contracteront; ainsi *a a*, & *b b* se rapprocheront du centre; la planche perdra de sa largeur: ce n'est pas tout; elle diminuera aussi d'épaisseur, plus en *Y* où le bois est moins dense, qu'en *X V T S*, &c, où le bois devient dense de plus en plus. Mais la planche ne se courbera pas, parce que la contraction sera la même sur la face *a a* que sur la face *b b*.

Il n'en sera pas de même de la planche *m m*, *a a*, de la figure 1: comme il y a plus de bois jeune à la face *n n*, qu'à la face *m m*, la face *n n* doit plus se contracter que la face *m m*: la planche se courbera donc, & les faces de cette planche prendront la figure représentée par les lignes ombrées sur cette figure.

Toutes les planches de la figure 1, s'arqueront d'autant plus, qu'il y aura plus de différence entre la densité du bois des faces *n n* & *o o*, *o o* & *p p*, *p p* & *q q*.

Conséquences de l'Expérience précédente.

1°, On voit clairement par l'expérience que je viens de rapporter, qu'une planche qui contient le centre d'un arbre, comme est la planche *D*, (*Pl. XX. fig.* 2), ne s'arque pas.

2°, Que toutes les autres planches s'arquent d'autant plus, qu'elles sont plus éloignées de ce centre.

3°, Il est évident que les planches se doivent arquer d'autant moins qu'elles feront plus minces : ainfi les planches *a a*, *h h*, *hh*, *b b*, fe courberont moins que les planches *a a*, *b b*, *bb*, *cc*, *c c*, *d d*, qui font plus épaiffes.

4°, Ces planches feront toutes très-peu endommagées par les fentes ; celles qui feront fort épaiffes, auront feulement quelques gerces à la partie moyenne de la face convexe, & quelques fentes à leurs bouts ; mais comme les fentes des bouts font caufées par le racourciffement des fibres & non par leur rapprochement, j'en parlerai après que j'aurai rendu compte des expériences exécutées à Marfeille par M. Garavaque.

§. 37. *Huitieme Expérience.*

LORSQUE j'étois à Marfeille, on reçut dans le port des billons encore verds de Chêne de Bourgogne pour en faire des lattes * : on a coutume de les conferver ainfi en billons, & de ne les refendre en lattes que quand on doit les employer. On trouve ordinairement ces billons traverfées par de grandes fentes qui font tomber beaucoup de bois en pure perte. Je fis refendre fur le champ plufieurs de ces billons en lattes, & je les mis fous un même hangar avec d'autres pieces que je confervai en billons. M. Garavaque les a vifités plus de quatre ans après : il a trouvé que les lattes refendues étoient fans aucune fente & en très-bon état ; mais les billons de comparaifon étoient fendus autant que le Chêne de Bourgogne peut l'être ; car, comme je l'ai déja remarqué, il ne s'ouvre jamais autant que les Chênes de Provence.

§. 38. *Conféquences de l'Expérience précédente.*

ON peut conclure de cette expérience, qu'il eft très-avantageux, pour prévenir les fentes, de refendre tout verds les bois qui font deftinés à être débités ainfi, de fe hâter de percer les corps de pompe & tous autres tuyaux, de vuider les gouttieres, &c ; il en réfultera une grande économie, du moins

* Les lattes, pour le fervice des Galeres, font faites de madriers affez épais, & qu'on refend avec la fcie-de-long dans des pieces de bois quarré qu'on appelle *billons*.

pour les bois de Bourgogne, & proportionnellement pour ceux de Provence.

§. 39. *Neuvieme Expérience.*

Le 27 Mai 1736, M. Garavaque choisit douze billons de Chênes de Provence de diverse grosseur & de différents âges; ces billons avoient quatre ou cinq mois de coupe.

Le bois de quatre de ces billons étoit d'environ 60 ans, & ces pieces portoient 10 à 12 pouces d'équarrissage.

Le bois de quatre autres billons étoit d'environ 100 ans: les pieces portoient 15 à 16 pouces d'équarrissage.

Le bois des quatre billons restants, étoit beaucoup plus âgé: les pieces avoient 30 à 32 pouces de diametre.

Il fit refendre six de ces billons, savoir, deux de chaque âge, en tranche de 5 à 6 pouces d'épaisseur; il les fit placer dans un magasin avec d'autres billons qui étoient restés dans leur entier & qui devoient servir de pieces de comparaison.

Le 6 Juillet 1739, plus de trois années après le sciage de ces pieces, il trouva que les plateaux du bois le plus jeune étoient plus fendus que ceux du bois plus âgé; & parmi les tranches du plus âgé, les unes étoient très-peu fendues, & d'autres ne l'étoient point du tout.

Les billons de comparaison étoient fort ouverts, excepté du côté qui étoit tourné vers la terre.

Les dix-huit plateaux qu'on avoit tirés des six billons étoient donc plus ou moins gercés; M. Garavaque en trouva cinq sans aucune fente, neuf qui en avoient quelques-unes, mais qui ne pénétroient pas fort avant; enfin quatre autres étoient traversées de grandes fentes.

§. 40. *Conséquences de cette Expérience.*

Voila donc quatorze pieces de bois de différents âges qui se sont conservées sans se fendre considérablement; & dans ce nombre il y en a eu cinq qui s'en sont trouvées totalement exemptes, il n'y en avoit que quatre ou cinq qu'on pût dire endommagées par les fentes ; au lieu que les six billons qu'on avoit conservés en entier comme pieces de comparaison, se sont trouvés tous très-fendus ; cependant ils étoient de bois de Provence, & les plateaux qu'on en a tirés avoient cinq ou six pouces d'épaisseur, & la plupart avoient été pris dans des pieces qui n'étoient pas fort grosses : tout cela influe beaucoup pour occasionner des fentes. Pour faire sentir combien cet article est important, sur-tout pour les ouvrages cintrés, il faut jetter les yeux sur les figures 1, 2 & 3 de la Planche XXII. La premiere représente un plateau dont on veut faire trois estamenaires pour les galeres ; il en seroit de même pour les flasques des affuts de canons, &c.

§. 41. *Dixieme Expérience.*

A peu-près dans le même temps, M. Garavaque fit refendre en bordages de trois pouces d'épaisseur, un billon de Chêne de la même coupe, & qui étoit encore très-verd : ces bordages se sont conservés sans la moindre fente.

§. 42. *Conséquences de cette Expérience.*

CETTE expérience démontre que j'ai eu raison d'assurer qu'on pouvoit prévenir d'autant plus les fentes, qu'on refendra les bois en planches plus minces : j'ai poussé cet examen jusqu'aux plus petites épaisseurs, dont il est inutile de rapporter le détail.

Après avoir donné des faits sur le rapprochement des fibres ligneuses, je vais maintenant prouver qu'elles se raccourcissent, & examiner ce que ce racourcissement doit produire.

ARTICLE III. *Où l'on démontre que les fibres se contractent suivant leur longueur.*

QUOIQUE les parties des plantes qui portent le suc nourricier, & qui le distribuent, soient ordinairement appellées *vaisseaux*, à cause qu'elles ont les mêmes fonctions que les vaisſeaux des animaux, néanmoins leur ſtructure, & quelques autres uſages qui leur ſont particuliers, montrent qu'elles ne ſont le plus ordinairement que de véritables fibres.

Soit que ces fibres ſoient fiſtuleuſes, comme elles le paroiſſent dans pluſieurs plantes aquatiques & dans les arondinacées, ſoit qu'elles ſoient ſimplement fibreuſes comme elles le paroiſſent dans pluſieurs autres plantes, & comme je les ai obſervées dans l'anatomie de la poire. (V. *la Phyſique des Arbres*); il eſt certain que c'eſt par le moyen de ces parties que ſe doit faire la diſtribution du ſuc nourricier. Il y a cependant beaucoup d'apparence que les fibres ont encore d'autres uſages: ils ſont en quelque façon le ſquélette des plantes, parce qu'en effet ils les ſoutiennent & les affermiſſent. M. Tournefort s'eſt particuliérement attaché à prouver que ces vaiſſeaux deviennent ſouvent des fibres capables de contraction, quand les parties, où elles ſe trouvent placées, ont entiérement pris leur accroiſſement, & qu'elles n'ont plus beſoin de nourriture. Ainſi, de même que les vaiſſeaux ombilicaux du fœtus deviennent des ligaments dans un adulte; les vaiſſeaux des plantes qui ſouvent ne ſont que des fibres abreuvées du ſuc nourricier, deviendront des eſpeces de muſcles: en ſe deſſéchant, ces fibres perdent l'emploi de vaiſſeaux, elles en doivent donc perdre auſſi le nom; mais ſi ces fibres, en ſe deſſéchant, ſe contractent, & ſi par leur contraction elles produiſent quelques mouvements, ce ne peut être qu'en écartant certaines parties, en en reſſerrant d'autres; & il ſera tout naturel alors de les conſidérer comme des eſpeces de muſcles.

Cependant, quoique dans cette circonſtance, l'effet des fibres ligneuſes ſoit le même que celui des fibres muſculaires des animaux, le méchaniſme qui le produit eſt très-différent. Quand un muſcle animal ſe contracte, il ſe gonfle; il eſt probablement plus rempli de ſucs; il gagne en groſſeur ce qu'il perd en longueur; au lieu que les muſcles végétaux, ou ſi l'on veut, les faiſceaux de fibres ligneuſes ne produiſant leur effet qu'en vertu de leur deſſéchement, perdent en même temps de leur longueur, de leur groſſeur & de leur poids. C'eſt un fait que j'ai particuliérement en vue d'établir, & que je vais essayer de démontrer. Pour éviter trop de longueur dans cette discussion, j'exhorte mes Lecteurs à voir ce que j'ai déja écrit sur cet objet dans mon ouvrage intitulé *Physique des Arbres*, dont je vais seulement donner ici le précis.

§. 1. *Sommaire du détail des Observations qui se trouvent dans le Traité de la* Physique des Arbres, *sur la contraction des fibres ligneuses.*

1°, Les capsules qui renferment les semences de l'Ellébore noir, sont composées de plusieurs cornets membraneux : chacun de ces cornets est un muscle creux à deux ventres, auxquels est attaché un tendon commun relevé à vive-arrête; de ce tendon partent des fibres annulaires qui vont aboutir à un autre tendon qui se divise en deux parties, quand les fibres annulaires se contractent.

2°, Les capsules des Aconits sont, à quelque chose près, semblables à celles de l'Ellébore.

3°, Les capsules de la Couronne Impériale s'ouvrent en trois quartiers par la contraction des fibres qui les composent, lorsqu'elles viennent à se dessécher.

4°, Il en est de même des gousses des plantes légumineuses.

5°, Les fruits du Pavot épineux, du Concombre sauvage, de la Belsamine, fournissent des exemples de semblables contractions.

Nous allons maintenant tirer des conséquences de ces exemples pour éclaircir cette matiere.

§. 2. *Conséquences des Observations précédentes.*

Ces observations prouvent, 1°, que les fibres, en se desséchant, se contractent suivant leur longueur; 2°, qu'elles se contractent d'autant plus, qu'elles sont plus longues; 3°, qu'elles agissent par leur contraction sur les parties auxquelles elles sont adhérentes, & qu'elles leur font prendre différentes figures, suivant leur différente direction.

On ne peut donc s'empêcher de reconnoître dans les végétaux, des especes de muscles, & des mouvements qui résultent de la tension des fibres. Mais ces sortes de mouvements s'exercent-ils dans les fibres ligneuses d'un tronc d'arbre ? On ne le pense pas communément : on croit au contraire que ces fibres conservent toute leur longueur lorsqu'elles se dessechent ; & cela, parce qu'on n'apperçoit pas aussi sensiblement qu'un morceau de bois perde de sa longueur, qu'on le voit diminuer de grosseur. Mais de ce que cette contraction est moindre, il ne s'ensuit pas qu'elle n'existe réellement pas : l'expérience suivante va le prouver ; elle fera sentir que cette contraction, quelque petite qu'elle paroisse, produit néanmoins dans certains cas des désordres assez considérables dans le bois.

§. 3. *Premiere Expérience.*

J'AI posé verticalement un chevron de Charme de 3 pouces d'équarrissage, (*Pl. XXI. Fig. 3*), & de 18 pieds de longueur nouvellement abattu : un des bouts de cette piece reposoit en en bas sur une pierre de taille solide, & au bout supérieur étoit un index qui étoit traversé à une petite distance par un tourillon ; & cet index répondoit, par son extrémité, à un limbe éloigné d'environ deux pieds de la cheville qui traversoit l'index, ce qui devoit rendre le racourcissement du chevron bien sensible : en peu de temps le bout du cylindre remonta de 4 à 5 pouces sur le limbe ; mais ensuite il n'a plus fait que de petites variations.

§. 4. *Seconde Expérience.*

J'AI pris de grosses perches de différents bois, (*Pl. XXI. fig. 1.*) ; je les ai fait fendre en quatre, *a b c d*, comme quand on veut en faire des cercles ; après avoir mis plusieurs de ces quartiers dans l'eau, j'ai observé qu'ils y conservoient à peu-près leur premiere direction, & qu'ils restoient droits ; j'en ai laissé à l'air où ils se sont desséchés, mais en se courbant de telle sorte qu'ils formoient un arc de cercle, (*Figure 2*), dont la partie extérieure

extérieure *E* étoit formée par le cœur, & la partie intérieure *F* par l'écorce.

J'ai fait aussi refendre en deux une piece de bois quarrée encore toute verte, (*Fig.* 5.), & aussi-tôt j'ai vu les bouts *a*, *a*, *a*, *a*, s'écarter les uns des autres, de sorte qu'il n'y avoit que les milieux *b* qui se touchoient, comme on le voit (*Fig.* 6) : lorsque j'en faisois refendre en quatre, tous les bouts s'écartoient de la même façon : on a fait la courbure très-forte dans la figure, pour rendre la chose plus sensible.

§. 5. *Conséquences des Expériences précédentes.*

On voit maintenant (sur-tout après ce qui a été dit au commencement de cet article) que les pieces dont je viens de parler, ne deviennent courbes que parce que les fibres se raccourcissent à proportion qu'elles perdent de leur humidité, & qu'elles se raccourcissent inégalement suivant leur différente densité : celles qui sont à la circonférence & qui sont moins ligneuses, plus que celles du centre qui le sont plus.

Nous voilà donc bien certains, que les fibres ligneuses perdent de leur longueur à mesure qu'elles se dessechent, & qu'elles en perdent d'autant plus, qu'elles sont plus longues & plus chargées d'humidité ; enfin que leur force de contraction agit suivant leur direction. Ces principes posés, voyons ce qui en doit résulter à l'égard des bois qui se dessechent.

Article IV. *Des inconvénients qui résultent du raccourcissement des fibres.*

Entre les rondins que j'ai fait dessécher subitement, il y en a eu qui se sont fendus en deux, en trois ou même en quatre (*Fig.* 7 & 10), & c'est ce que les Bûcherons appellent *s'ouvrir en lardoire.*

On sent bien que l'écartement des quartiers vient du raccourcissement des fibres longitudinales ; & quoique ce raccourcissement ne soit pas sensible dans une petite longueur, en comparaison du rapprochement de ces mêmes fibres ; cependant comme les fibres se prolongent dans toute la longueur des pieces, la contraction étant d'autant plus grande, que les fibres sont plus longues, elle ne laisse pas d'être assez considérable & de former une grande ouverture.

Les bois rondins ne sont pas souvent endommagés par ces sortes d'éclats, non plus que les bois quarrés, la force de cohésion résiste ordinairement à cette contraction; & comme la force de cohésion est répandue dans toute la longueur de la piece, je crois qu'elle résisteroit toujours à la contraction des fibres longitudinales, si cette force de cohésion n'étoit pas beaucoup affoiblie par les fentes que le rapprochement des fibres produisent. Mais s'il arrive par hazard, que deux ou trois grandes fentes s'étendent presque jusqu'au centre d'un rondin, & qu'elles le partagent en plusieurs portions, c'est alors que la contraction des fibres longitudinales s'exerce; elle écarte les quartiers les uns des autres, & cela avec d'autant plus de facilité, qu'elle n'a plus à vaincre la cohésion; d'ailleurs j'ai peu vu les bois gras ou vieux se fendre de cette façon, & presque jamais les bois forts & jeunes, quand je les ai conservés avec leur écorce, ou quand je les ai tenus dans un lieu frais pour empêcher qu'ils ne se desséchassent trop promptement; mais il y a des cas où ces sortes d'éclats sont particuliérement à craindre.

Quelquefois au lieu de débiter les arbres en quarré, on leve des croûtes épaisses sur deux faces, & l'on n'ôte que peu de bois sur les deux autres côtés, ce qui rend ces pieces plus larges qu'épaisses, ou méplates, (*Figure 8*); en cet état les croûtes deviendront courbes dans leur longueur, mais la piece du milieu s'éclatera par le bout, (*Fig. 10*). Ceci deviendra plus sensible dans les arbres refendus en planches.

Je suppose que l'arbre (*Fig. 9* ou *IX*), soit refendu en planches par les lignes *a,b,c,d*; je dis que la planche *aa* qui contient le cœur de l'arbre, restera droite & sans s'arquer, parce que la contraction s'exerce également sur toutes les faces; mais elle se fendra en *f*, (*Fig. 10*). Pour en faire sentir la raison, je divise cette planche (*Fig. 8*), en tranches par les lignes ponc-

* Les grandes lettres de la Figure IX indiquent les mêmes choses que les petites lettres de la Figure 9.

tuées 1, 2, 3; la tranche 3 est composée du bois le plus jeune: elle se contractera donc plus que la tranche 2, & celle-ci plus que les tranches plus intérieures. Ainsi il faut concevoir deux forces antagonistes appliquées en *a*, *a*, (*Fig.* 9), qui tendent à séparer la planche par le milieu; & comme la force de cohésion a été considérablement diminuée par le retranchement des planches *bb*, *cc*, *dd*, (*Fig.* 9), cette force ne pourra résister à celle de la contraction, & il s'ouvrira une grande fente en *f*, (*Fig.* 10). J'ai observé à l'égard des fentes qui se font sur les plateaux & sur les plançons équarris, que les premieres causent moins de dommage, parce qu'elles ne sont ni si larges, ni si profondes, ni si obliques; les fentes qui se font sur les billons étant toujours comme des rayons, elles tranchent les bordages.

Il n'en sera pas de même des planches *bb*, *cc*, *dd*; celles-ci seront moins sujettes à se fendre, mais elles s'arqueront: on en sentira la raison en jettant les yeux sur les figures 11 & 12, qui représentent les planches *bb*, & *aa* de la figure 9; on y voit que les côtés *d*, *d*, sont formés de bois plus dense que les côtés *e*, *e*, & l'on en doit conclure que les côtés *e*, *e*, se contracteront plus que les côtés *d*, *d*; ce qui fera nécessairement arquer ces planches. Et comme cette différence de densité sera d'autant plus grande, que les planches seront plus éloignées du centre, la planche *dd*, s'arquera plus que la planche *bb*; aussi sera-t-elle moins sujette à se fendre par le milieu, parce qu'il y a moins de différence entre la densité du bois des côtés *de*, *de*, & celle du bois du milieu *f* (*Fig.* 11), qu'il n'y en a entre les côtés 3, 3, & le milieu 1 de la planche, (*Fig.* 8).

Aussi remarque-t-on constamment dans les arbres débités en planches, que celles du cœur, ou qui en approchent, sont plus fendues par les bouts, que celles qui en sont éloignées; & si l'on refendoit ces planches en deux, par exemple, la planche *aa*, (*Fig.* 9) par la ligne 1, 1 (*Fig.* 8), il est sûr que les moitiés ne se fendroient point; mais elles s'arqueroient chacune en sens contraire, comme on le voit dans la figure 12.

Une rondine qui étoit restée plus d'un an en grume, & dans son écorce, n'avoit qu'une seule gerce qui se faisoit voir sur le bois de bout; on leva dans le milieu de cette piece une planche de deux pouces d'épaisseur, & dans laquelle étoit contenue cette gerce, que l'on voyoit s'ouvrir à mesure que la scie avançoit, parce qu'elle diminuoit la force de cohésion des fibres. Cette gerçure qui d'abord étoit peu considérable, devint en deux jours de temps une fente de deux pieds de longueur, après quoi elle s'arrêta à ce point, & ne fit par la suite aucun progrès : voilà un effet bien marqué de la tension des fibres longitudinales.

Jusqu'à présent, j'ai toujours supposé que les fibres ligneuses étoient dans une position réguliere. Cependant les nœuds, les cicatrices, l'insertion des grosses branches changent cette marche réguliere, & la rendent très-bizarre dans les bois de palisse, dans les baliveaux, &c; car alors les effets de la contraction seront aussi fort irréguliers ; des faisceaux de fibres ligneuses qui iront aboutir à l'angle d'une planche, l'emporteront d'un côté ou d'un autre : on verra, par exemple, une planche se contourner en aile de moulin, parce que dans une partie de sa longueur, les fibres ligneuses se jetteront sur un de ses côtés ; si deux faisceaux de fibres ont des directions opposées, il se formera un éclat, & les portions séparées se voileront en des sens opposés. J'ai souvent pris plaisir à examiner avec attention les bois qu'on appelle *rebours* ; il m'a paru que les contours bizarres de ces pieces étoient toujours une suite, soit du rapprochement des fibres ligneuses, soit de leur contraction.

ARTICLE V. *Moyens tentés infructueusement pour empêcher les bois de se fendre.*

POUR essayer de prévenir les fentes qui se forment dans le bois, j'ai fait couvrir de brai des bois verds abattus dans la forêt d'Orléans, & des madriers de bois de Provence qui avoient été refendus encore tout verds, & qui étoient destinés à la construction d'une Galere. J'avois dessein de ralentir par-là l'évaporation de la seve ; mais comme le brai s'applique mal sur le bois humide & encore plein de seve, cet enduit n'a pas paru faire un grand effet ; car les bois de la forêt d'Orléans qui avoient été équarris, se sont fendus ; & si les madriers de Provence se sont peu fendus, c'est qu'ils avoient été refendus pendant qu'ils étoient encore tout verds : d'autres madriers de la même exploitation qui n'avoient point été enduits de brai, ne se sont presque pas fendus; au lieu que quelques billons qu'on avoit conservés entiers pour servir de comparaison, se trouvoient très-fendus.

Je croyois encore parvenir à empêcher qu'il ne se formât des fentes aux pieces de bois récemment abattus lorsqu'elles se séchoient, si je les assujettissois fortement avec des moises de bois ou des liens de fer, de la maniere que le représentent les Numéros 2, 3, 4, &c, (*Fig.*4) de la Planche XXII ; mais comme il arrive que le bois diminue de volume en se séchant, quelque attention que j'aie eu de faire resserrer les liens de ces pieces avec des coins, cela n'a pu empêcher qu'elles ne se soient beaucoup fendues.

Comme il étoit très-intéressant de faire répéter par d'autres que par moi une pareille expérience, j'ai engagé M. Garavaque à la faire sur des bois de Provence. Il voulut bien prendre la peine de choisir lui-même deux gros billons d'un Chêne très-dur & d'excellente qualité, qui avoit été abattu depuis deux mois: il les fit scier chacun en quatre, ce qui produisit huit pieces : il fit arrondir deux pieces de chacun de ces billons, & équarrir deux autres; de sorte qu'il y avoit quatre pieces rondes & quatre quarrées de chaque billon : le cœur de l'arbre se trouvoit dans les pieces numérotées 1, 2, 3, 4; & à celles numérotées 5, 6, 7, 8, le cœur étoit en dehors.

A peine ces pieces de bois furent-elles achevées d'être travaillées, qu'elles commencerent à se fendre, quoiqu'on les eût couvertes de haillons mouillés, aussi-tôt qu'elles eurent été travaillées. On serra les pieces, (N°. 2 & 6) avec des cercles de fer, & les pieces 4 & 8 avec des moises ; on les déposa ensuite sous un hangar.

Quoiqu'on prît soin tous les jours de frapper les cercles & les moises pour resserrer ces pieces, les fentes s'ouvroient cependant à vue d'œil ; celles qui étoient cerclées, se fendoient à peu-près autant que celles qui ne l'étoient pas.

Au bout de quatre mois, ayant présenté sur les pieces numérotées 1, 2, 5 & 6, un fil de fer qui avoit été mesuré sur la grosseur qu'elles avoient avant l'expérience, leur volume se trouva être presque le même, le resserrement n'étoit indiqué que par les ouvertures des fentes.

Les fentes ont continué à s'ouvrir pendant près de dix mois, quoiqu'on ait toujours eu l'attention de serrer souvent les cercles & les moises.

Il est donc évident que ce moyen ne peut empêcher que les bois ne se fendent ; parce que comme le bois diminue de volume en se séchant, les cercles ne peuvent faire aucun obstacle à cette diminution.

ARTICLE VI. *Moyens de remédier aux dommages que cause la contraction des fibres.*

PAR le détail où je viens d'entrer, il est constant que dans certains cas, la contraction des fibres ligneuses fait éclater les bordages par les bouts, & que dans d'autres elle les fait arquer. Ces inconvénients ne sont cependant pas sans remede, ou bien ceux auxquels il seroit difficile de remédier, ne peuvent causer un grand préjudice aux pieces de bois : c'est ce qui me reste à prouver.

Il est vrai que si l'on abandonnoit à elles-mêmes les planches nouvellement sciées, elles s'arqueroient quelquefois beaucoup : on a coutume, après qu'elles ont été débitées, de les arranger les unes sur les autres, de façon cependant que l'air les frappe de tous côtés. Quoiqu'elles soient ainsi serrées les unes contre les autres, & absolument hors d'état de se voiler en aucun sens, il n'est pas si aisé d'empêcher que le bout des planches ne s'éclate ; mais heureusement cet inconvénient n'est pas considérable ; 1°, il n'arrive pas à toutes les planches de se fendre ainsi ; il n'y a gueres que celles du cœur qui y soient exposées ; 2°, sur un bordage de 25 ou 30 pieds de long, il n'y a ordinairement que la longueur de deux ou trois pieds de l'extrémité, qui répond aux racines, qui se fende; 3°, ces fentes n'obligent pas toujours de rogner un bordage; si la fente n'est pas oblique, si elle n'est pas fort ouverte, on la peut calfater; & si elle se trouve trop ouverte, on y rapporte un *rombaillet*; 4°, on pourroit bien, s'il ne s'agissoit que de conserver quelques bordages, les empêcher de se fendre, en les garantissant du grand air & les tenant à couvert; car j'ai remarqué dans les Ports où les bordages sont empilés sous des hangars, que les bouts qui sont les plus exposés à l'air; ceux qui sont du côté de l'ouverture de ces hangars, sont plus fendus que les bouts qui sont tournés vers le fond, & par conséquent plus à l'abri du soleil & du vent. Mais quand même on ne pourroit prévenir ces accidents, il y aura toujours un grand avantage à refendre, le plutôt qu'il sera possible de le faire, les pieces destinées à faire des bordages, celles destinées pour la Menuiserie, l'Artillerie, &c, en un mot toutes celles qui ne doivent pas être employées en entier, plutôt que de les conserver en plançons, sur-tout quand elles seront de bois de bonne qualité; car il est certain que ces bois se fendent infiniment plus que ceux qui sont tendres, gras ou usés. On souhaiteroit peut-être en savoir la raison; mais les recherches que j'ai faites à ce sujet ne m'ont conduit qu'à de simples conjectures: après cet aveu, j'ai cru qu'il n'y auroit point d'inconvénient à les proposer, en attendant que je sois en état de donner quelque chose de plus satisfaisant.

ARTICLE VII. *Pourquoi les Bois de bonne qualité se fendent & se tourmentent plus que les autres Bois.*

Il semble qu'on pourroit comparer les bois de médiocre qualité, aux bois trop jeunes, & qui n'ont pas encore acquis toute la bonté dont ils sont capables. Par exemple, le bois de Bourgogne qui sera venu dans un terroir un peu humide, à l'aubier ou au jeune bois de Provence; le bois de Lorraine, au jeune bois de Bourgogne, &c. A l'égard de la contraction du bois & des fentes, cette comparaison ne se peut soutenir, puisque nous avons vu par toute la suite de nos expériences & de nos observations, que le jeune bois est celui qui se contracte le plus, & que les jeunes bois se fendent & se tourmentent plus que les autres ; au lieu qu'il est très-certain que les bois gras, même ceux qu'on appelle simplement tendres, se gercent considérablement moins que les bois forts : quand j'ai cherché la raison de ce fait, il m'a paru qu'il y avoit moins de différence entre la densité du bois du cœur & celle de celui de la circonférence ; dans les bois tendres que dans les bois forts. Comme nous avons prouvé qu'un cylindre, dont les parties sont composées d'une matiere homogene, pourroit se dessécher sans qu'il se formât aucune fente, il s'ensuivroit que les bois, dont les parties approchent le plus de cette homogénéité, doivent moins se fendre que ceux qui s'en éloignent.

Cette raison paroîtra satisfaisante à qui voudra examiner des bois desséchés avec le ménagement & les précautions requises; mais si l'on fait attention que, même quand on précipite le plus l'évaporation de la seve, les bois gras fendent encore moins que les bois forts, on sentira qu'il faut qu'il s'y rencontre quelque chose de plus que de la densité ; car dans l'hypothese même d'une matiere homogene, pour qu'il ne se forme point de fentes, il faut que le desséchement soit à peu-près le même au centre qu'à la circonférence, pour que les rayons se raccourcissent en proportion de leur rapprochement; or, dans le cas d'un desséchement précipité, les couches extérieures doivent entrer en contraction avant que les rayons puissent se raccourcir ; & si la contraction des couches extérieures étoit proportionnelle à l'humidité qu'elles contiennent, elle seroit considérable dans les bois gras, parce qu'ils sont fort chargés d'humidité.

J'ai quelques raisons pour penser, 1°, que les bois gras ne se contractent pas autant que les bois forts ; 2°, qu'ils ne se contractent pas avec autant de force : c'est ce que je vais essayer d'établir.

1°, Il est certain que dans un même espace, il se trouve plus de fibres ligneuses dans un morceau de bois fort, que dans

dans un morceau de bois gras ; donc, si la contraction du bois ne se fait que par le ressort des fibres ligneuses, le ressort & par conséquent la contraction, doivent être plus considérables dans un morceau de bois fort, que dans un morceau de bois gras.

2°, Je prouverai ailleurs qu'il y a plus de matiere raisineuse, gommeuse & mucilagineuse dans les bois forts, que dans ceux qu'on appelle gras ; il est d'ailleurs certain que ces matieres se retirent beaucoup & avec beaucoup de force quand elles se dessechent ; d'où je conclus encore que les bois forts se doivent contracter davantage, & plus fortement que les bois gras.

Ainsi, il faut concevoir que les bois gras sont susceptibles de peu de contraction : ils contiennent à la vérité beaucoup d'humidité, mais elle s'échappe, sans que les fibres ligneuses se rapprochent beaucoup ; au lieu que les jeunes bois de bonne qualité, sont chargés de quantité de seve, & cette seve est elle-même chargée d'une substance gélatineuse qui s'épaissit par le desséchement, & qui devient capable de contraction. Les fibres ne sont pas fort serrés dans le jeune bois, parce qu'il n'a pas encore acquis la densité qu'il doit avoir avec l'âge ; elles sont tendres, parce qu'elles sont très-humectées ; quand elles se dessechent, elles deviennent capables de ressort, & alors elles se contractent. Enfin je crois que la densité est moins inégale dans les bois gras que dans ceux qui sont forts, & tout cela doit concourir à empêcher qu'ils ne se fendent autant que les autres.

Essayons présentement de mettre à profit les lumieres que nos expériences & nos observations ont pu fournir.

ARTICLE VIII. *Conclusion.*

LES moyens que j'ai imaginés pour empêcher que les bois ne fussent endommagés par les fentes & par les éclats, se réduisent, ou à ralentir l'évaporation de la seve, ou à faire refendre les bois dans le moment qu'ils ont été abattus, & à les réduire aux plus petites dimensions que leur destination pourra permettre : ces deux moyens ne peuvent cependant être employés à la fois ; ils ont chacun des avantages particuliers qu'il convient d'employer dans diverses circonstances différentes ; c'est ce qui me reste à expliquer.

§. 1. *Dans quel cas convient-il de ralentir l'évaporation de la seve?*

On peut ralentir l'évaporation de la seve, soit en tenant les bois nouvellement abattus dans des lieux frais, à l'abri du soleil & du vent, soit en les conservant dans leur écorce.

Le premier moyen est impraticable pour une grande quantité de grosses pieces, quand même on auroit d'assez grands bâtiments ; il faudroit les empiler les unes sur les autres, mais alors l'humidité de tous ces bois qui ne pourroit se dissiper aisément, les feroit pourrir ; car quand il s'agit de grandes opérations, il ne faut jamais compter sur l'exactitude de soins pénibles & journaliers ; comme d'ouvrir, quand il regne un vent du Nord, les portes & les fenêtres, afin de dissiper l'humidité ; les fermer ensuite pour ralentir l'évaporation de cette humidité, sans l'intercepter. Ces attentions m'ont réussi, en petit ; & avec ces précautions, j'ai garanti des pieces qui m'étoient précieuses d'être endommagées par les fentes : je les tenois renfermées, couvertes de litiere que je renouvellois fréquemment jusqu'à la fin des chaleurs de l'Eté, après quoi je commençois à leur donner de l'air par degrés. Mais ces moyens qui n'effrayeront pas quiconque veut s'instruire par des expériences, ou à qui il importe de conserver en bon état quelques pieces de bois précieuses pour son usage, ne seroient point praticables pour de grandes exploitations. Au reste, j'avoue que tout ce que j'ai gagné par ces attentions a été de prévenir les grandes fentes, mais je n'ai pu empêcher qu'il ne s'en soit formé quantité de petites.

Il est plus aisé de conserver les bois dans leur écorce ; &

cela conviendroit particuliérement pour les baux, les quilles, les membres des vaisseaux, les poutres des bâtiments, les arbres des moulins, les moyeux de roues, & généralement pour tous les bois qu'on emploie dans leur entier & sans être refendus. En conservant ces pieces dans leur écorce, & en prenant le soin de recouvrir leurs extrémités avec de la terre ou de la mousse qu'on y assujettiroit avec un bout de planche, on parviendroit à empêcher qu'il ne s'y formât de grandes fentes; & c'est tout ce qu'on pourroit souhaiter pour de pareilles pieces, sur-tout pour les membres des vaisseaux. Cette pratique n'est cependant pas sans inconvénient.

1°, Le transport des bois en grume est très-difficile.

2°, Ces bois occuperoient bien de la place dans un Port; il faudroit des hangars d'une étendue immense pour les tenir à couvert, & il y auroit du risque à les laisser à l'humidité; il faudroit les équarrir après que les chaleurs seroient passées.

3°, Il en couteroit beaucoup plus pour les équarrir & les travailler quand ils seroient secs, que pour les faire débiter dans les forêts.

4°, Comme ces bois se dessechent très-lentement, il faudroit les conserver long-temps dans les Ports avant de les employer.

5°, On a vu par les expériences précédentes, que la qualité du bois étoit toujours un peu altérée quand on suspendroit l'évaporation de la seve; que cette altération étoit considérable quand c'étoit des bois de médiocre qualité, où il se trouvoit ordinairement des veines de bois tendre, sur-tout si l'on avoit laissé long-temps ces bois dans les forêts, ou exposés à la pluie.

On ne peut donc recourir à ce moyen que dans des cas particuliers: si, par exemple, en Provence où les fentes font beaucoup de désordre dans le bois, & où le bois est de la meilleure qualité, on faisoit une exploitation à portée des Arsenaux, on pourroit préférer de perdre quelque chose sur la qualité du bois pour prévenir les éclats & les fentes énormes qui le rendent quelquefois entiérement inutile.

Je prie qu'on obſerve que je dis, à deſſein, des fentes énormes; car il n'y a que ces fentes qui puiſſent endommager les pieces deſtinées à faire les membres; les habiles conſtructeurs ſavent bien employer les membres fendus, placer les chevilles & les gournables dans le bon bois qui eſt entre les fentes: ce ne ſont donc pas les groſſes pieces, celles qui reſtent dans leur entier, qui ſont les plus endommagées par les fentes; ce ſont les pieces qui doivent être refendues pour faire des madriers, des eſtamenaires, des lattes pour les Galeres, les précintes, les bordages des Vaiſſeaux, &c, les affuts des canons & tous les ouvrages de Menuiſerie. Heureuſement qu'on peut trouver le moyen de préſerver ceux-ci d'un auſſi grand dommage; & nous allons faire ſentir quelle économie il en doit réſulter pour les bois qu'on emploie refendus.

§. 2. *Qu'il y a une économie conſidérable à refendre les Arbres dans la forêt même, dans le temps qu'ils ont toute leur ſeve, & auſſi-tôt qu'ils ont été abattus.*

J'AI prouvé par nombre d'expériences, que les bois ſe fendent d'autant moins qu'ils ſont refendus en plus de parties.

Un arbre refendu en deux, ſe fendra moins que s'il étoit reſté dans ſon entier; il ſe fendra encore moins ſi on le refend en quatre: ſi on le refend en plateaux épais, il ſe fendra plus que s'il étoit débité en quartiers, mais moins que ſi on l'avoit refendu en deux; il ne ſe fendra preſque pas ſi on le débite en planches, ſur-tout ſi elles n'ont pas une grande épaiſſeur, & ſi on les refend dans le ſens des mailles. Tout cela a été, me ſemble, ſuffiſamment prouvé par mes expériences: ainſi, pour mettre à profit les obſervations qu'elles m'ont fournies, il faut faire reſcier dans les forêts mêmes les lattes, les madriers, les eſtamenaires, & généralement les courbants qu'on deſtine pour les Galeres, les précintes, les bordages & généralement toutes les pieces qui ne doivent pas être employées dans leur entier à la conſtruction des Vaiſſeaux; au lieu de voiturer ces pieces dans les Ports en billons ou en plançons, comme cela ſe pratique preſque toujours, l'uſage étant ordinairement de ne les refendre qu'à meſure que l'on en a beſoin pour la conſtruction : voici l'avantage conſidérable qu'il y auroit à ſuivre la pratique que je propoſe.

1°, Quand on vient à débiter ces billons ou ces plançons qu'on a laiſſé ſe deſſécher dans leur entier, on rejette en rognures ou en copeaux, près de la moitié du bois de ceux qui ſont deſtinés pour la conſtruction des Galeres ; il y a auſſi un déchet aſſez conſidérable ſur les plançons deſtinés à faire des bordages, ſur-tout quand ils ſont de bon bois : voilà donc du bois, de la main-d'œuvre, & des frais de tranſport qu'on pourroit épargner en bonne partie, en ſuivant la méthode que je propoſe ; j'ajoute qu'il en coûtera moins de ſciage quand les bois ſeront verds, que quand ils ſeront devenus ſecs.

2°, En refendant les bois dans les forêts, on pourra découvrir les vices intérieurs, que la plus grande application ne peut faire connoître quand ils ſont dans leur entier. Si ces défauts ſont conſidérables, les Marchands changeront la deſtination des pieces qui ſe trouveront tarrées ; ils éprouveront peu de perte, & on gagnera les frais de tranſport. Si les défauts ſont légers, on empêchera, en les expoſant à l'air, qu'ils ne faſſent des progrès ; car tous les endroits attaqués de pourriture, ſont déſorganiſés & chargés d'une humidité qui ne pouvant ſe diſſiper à cauſe de la déſorganiſation des parties, fermente, ſe corrompt & porte l'altération dans les parties voiſines : en découvrant la plaie, l'humidité ſe diſſipe, & le progrès du mal eſt arrêté.

3°, Les bois refendus ſe deſſechent bien plus promptement que les autres ; ils ſeront donc plutôt en état d'être employés : c'eſt déja un grand avantage ; mais outre cela, ces bois en ſeront plus fermes, puiſque ceux que l'on fait deſſécher lentement, ſont plus tendres que les autres.

4°, La facilité du tranſport mérite bien qu'on y faſſe attention ; car les pieces ainſi débitées, étant moins groſſes, on les pourra enlever avec de petites voitures : dans les ſaiſons humides, & par des chemins difficiles, s'il ſe rencontre de mauvais pas, on peut plus aisément décharger & recharger les voitures : bien plus, tous les membres des Galeres, si l'on en excepte les *Rodes* & les *Capions*, peuvent être chargés à dos de mulet; ainsi, dans les endroits où les charrois ne pourroient parvenir à raison de la difficulté du terrein, on pourroit enlever à sommes des bois précieux pour la construction des Galeres, & pour quantité d'ouvrages civils, & mettre à profit des arbres qu'on n'abandonne souvent que parce qu'on les croit dans des lieux inaccessibles.

5°, Enfin ces bois ainsi refendus, pourront être rangés avec beaucoup plus d'ordre & avec moins de peine pour les Journaliers, sous les hangars & dans les chantiers, & ils y occuperont beaucoup moins de place.

Il est inutile de faire remarquer que ce que je viens de dire, principalement sur les bois destinés à l'Architecture navale, a aussi son application pour ceux qui doivent être employés aux travaux civils & militaires, de même que pour les bois qui doivent être convertis en merrain, en traversin, en lattes, en échalas, ou en autres ouvrages de fente.

Je ne m'arrêterai pas non plus à expliquer comment on pourroit faire usage de mes expériences pour placer les traits de scie avec adresse ; car connoissant à peu-près le point où dans tel & tel cas il se doit former de plus grandes fentes, on pourra quelquefois placer le trait de scie, de façon qu'il ne se forme point de grandes fentes dans les parties qui en seroient particuliérement endommagées. Au reste, ces détails ne pourroient être abrégés, & ils deviendroient inutiles à ceux qui voudront réfléchir avec un peu d'attention sur ce qui a été dit; d'ailleurs, nous ne pourrons nous dispenser d'en parler dans le Livre où il sera question du bois de sciage ; mais il est très-important de faire attention aux deux conséquences suivantes.

1°, Dans les cas où l'on aura peu à craindre les fentes, & où il sera important de ménager la qualité du bois, il faudra faire équarrir promptement les arbres.

Ainsi, si l'on est dans l'obligation de construire des Vaisseaux, ou de faire de grandes charpentes avec des pieces de bois tendre; comme il n'y a alors que les grandes fentes qui soient préjudiciables, & comme l'on sait que les bois tendres se fendent peu, il faudra les équarrir promptement. De même, dans les pays froids où l'air est souvent chargé de brouillards, il ne faudra pas laisser long-temps les bois dans leur écorce, parce que les bois qui croissent dans le Nord se fendent peu, & l'humidité qui regne dans l'air de ces contrées empêche que l'évaporation de la seve ne se fasse trop brusquement.

2°, Dans les cas où l'on aura plus à craindre les fentes, qu'à ménager la qualité du bois, il faudra conserver l'écorce le plus long-temps qu'il sera possible, ou faire refendre les bois tout verds. Ainsi, en Provence où les bois se fendent beaucoup, il ne faudra écorcer les bois que le plus tard possible, si les pieces doivent être employées en entier; mais si leur destination exige qu'on les refende, il ne faudra pas attendre qu'ils soient secs; le plutôt qu'on pourra y mettre la scie, sera le meilleur; sinon on prendra le parti de les conserver en grume jusqu'au temps qu'on les voudra refendre, ou au moins refendre dans les Ports, & le plutôt possible, tous les plançons, à mesure que les fournisseurs les livreront.

J'ai dit qu'il falloit refendre le plutôt qu'il seroit possible, tous les bois qui sont destinés à l'être; j'aurois dû en excepter les *pieces de tour* qui ne peuvent être refendues avant le temps de la construction, parce qu'elles sont assujetties à des gabaris trop précis; mais j'ai cru cette exception inutile; 1°, parce qu'il est aisé de choisir pour ces sortes de pieces, les courbants qui sont les moins endommagés par les fentes; en second lieu, parce que je crois qu'il est très-avantageux de ne point gabarier les pieces de tour en garnissant les parties courbes des Navires, avec des bordages droits attendris dans des étuves, pour les rendre propres à se ployer suivant le contour du Vaisseau.

Je pense qu'on conviendra aisément qu'il est possible de refendre en bordages tous les plançons droits, en prenant attention de donner aux bordages différentes épaisseurs, suivant le besoin qu'on pourroit en avoir : on trouvera peut-être quelque difficulté à refendre les plançons courbes, parce que, suivant différentes circonstances, on les refend, soit en suivant la courbure des plançons, soit sur la face droite ; mais j'en parlerai dans le Livre suivant : on se procureroit ainsi de quoi satisfaire à tous les besoins de construction.

Il y a encore un moyen de prévenir les fentes ; c'est de refendre les bois suivant la maille, ou bien par des lignes dirigées à peu-près du centre à la circonférence ; mais comme je m'apperçois que ce Chapitre est déja plus long que je ne m'étois proposé de le faire, je renvoie ce qui regarde cette façon de débiter les bois, à l'endroit où je traiterai du bois de sciage.

Le flottage fournit encore un moyen de prévenir un peu les fentes : j'en parlerai amplement dans la suite.

Après avoir discuté les deux questions précédentes, qu'on peut regarder comme un préliminaire essentiel sur l'exploitation des gros bois, je vais maintenant parler des bois qui se vendent en grume.

CHAPITRE III.

De l'exploitation des Bois que l'on vend le plus ordinairement en grume pour le Charronnage, l'Artillerie, &c.

ARTICLE I. *Des Bois propres au Charronnage & au service de la Marine.*

PRESQUE tous les bois de charronnage sont de Chêne, ou d'Orme, ou de Frêne : dans quelques Provinces on y emploie le Hêtre.

Dans les hauts-taillis de 50 à 60 ans, on trouve des Chênes de de 30 à 40 pouces de circonférence : on les ſcie à 18, 20 ou 22 pieds de longueur, & on les vend en grume aux Charrons pour faire des limons de charrette; ils trouvent encore dans ces pieces de quoi faire des pommelles, ou de quoi faire du bois de corde, à moins qu'il ne ſe trouve dans les branchages de quoi faire des ages & des manches de charrue ; comme nous en avons parlé dans l'exploitation des taillis, nous nous contenterons de faire remarquer qu'on fait ces parties des charrues indifféremment avec de l'Orme, du Frêne & du Chêne.

Si les corps de Chêne dont nous parlons, étoient fort gros au pied, on pourroit lever une ou deux longueurs de rais, & couper le reſte pour en faire des limons : nous avons auſſi parlé des rais à l'occaſion des bois taillis.

On paye au Bûcheron 50 ſous du cent d'abattage de ces bois. Les moyeux des roues ſe font tous avec de l'Orme; & l'eſpece qu'on nomme *tortillard*, eſt infiniment ſupérieure aux autres.

Les moyeux pour les roues de carroſſe, ſe livrent en tronçons de 9 pieds & demi de longueur ſur 30 pouces de circonférence; & on appelle une pareille piece, *toiſe de moyeux*.

Les moyeux pour les groſſes voitures, ſe livrent auſſi en grume, mais par paires; les plus gros ont 51 à 52 pouces de circonférence ; la paire doit avoir 4 pieds & quelques pouces de longueur, il y en a de moins gros; les petits doivent être de 36 pouces de circonférence, & les billons, pour la paire, ont 20 à 22 pouces de longueur.

On vend encore des moyeux pour les brouettes & les rouelles des charrues, qui ont 18 pouces de circonférence ſur environ 12 pouces de longueur pour chaque moyeu.

Les eſſieux de Frêne & de Charme ſe livrent auſſi en grume; les pieces doivent avoir 7 à 8 pouces de circonférence ſur 6 ou 7 pieds de longueur; il ne faut pas qu'ils ſoient ni trop verds ni trop ſecs. On prend ordinairement ces pieces dans les bois de débit ou dans le *herſage* : on appelle *bois de débit* de jeunes arbres auxquels on ménage toute la longueur qu'ils peuvent porter, comme 30 ou 40 pieds ſur 15 ou 18 pouces de circonférence vers le petit bout. C'eſt avec ces bois qu'on fait les traverses & quantité de menus ouvrages; ils se livrent en grume, & de toute leur longueur.

Les bois de *hersage* sont de menus bois en grume, propres aux Charrons de la campagne : on les nomme ainsi, parce qu'ils servent à faire les herses; au reste, les Charrons en font usage pour tous ouvrages où leurs dimensions permettent de les employer.

Les pieces de bois pour les armons doivent avoir 24 à 27 pouces de circonférence sur 6 pieds de longueur; souvent on les prend dans les bois de débit.

Les fleches à arcade pour les carrosses sont de 36 à 40 pouces de circonférence sur 10 à 12 pieds de longueur; il est bon d'en ménager aussi de 12, 13, 14 & 15 pieds de longueur, bien courbées, sans nœuds, & d'un beau *braquement*.

On livre aussi en grume des corps d'arbres, soit d'Orme, soit de Frêne, pour faire les brancards des Brelines; il est bon que ces pieces aient de la courbure : les habiles Charrons savent en profiter pour donner plus de grace & de commodité à ces voitures. Comme on doit prendre les deux brancards dans une même piece, il faut qu'elle ait 36 à 40 pouces de circonférence, & 13 à 14 pieds de longueur. On laisse ordinairement les corps d'arbres de toute leur longueur; ce que les Charrons en retranchent, leur sert à d'autres usages.

Les brancards pour les chaises de poste & pour les cabriolets, se prennent aussi dans des arbres qu'on livre en grume aux Charrons : ceux que l'on fait de Hêtre & de Frêne sont très-bons; on refend ces arbres en deux ou en quatre avec la scie, suivant la grosseur des arbres : la longueur de ces brancards est de 14 à 16 pieds.

On débite les pieces pour les *lissoires* depuis quatre pieds & demi de longueur jusqu'à 6 pieds & demi, sur 4 à 5 pouces d'épaisseur, & depuis 6, 7, jusqu'à 15 & 18 pouces de largeur.

Les pieces pour les *moutons*, ont 6, 7 ou 8 pieds de long sur 6 à 8 pouces de large, & 4, 5 ou 6 pouces d'épaisseur : on les prend ordinairement dans les bois de débit.

Les timons ont ordinairement 9 à 10 pieds de longueur, 4 à 4 pouces & demi d'équarrissage vers le gros bout; ce sont les Charrons eux-mêmes qui les débitent, & ils se servent communément de pieces de Chêne ou de Frêne qu'on leur fournit en grume, comme bois de débit.

Les Charrons emploient les souches des gros Ormes à faire des *Pelotons* pour les Chaircuitiers, les Bouchers, les Cuisiniers, &c.

On ne court aucun risque de livrer aux Charrons qui travaillent en gros ouvrages, des corps d'Orme ou de Frêne de différente grosseur, & de 10, 12, 15 ou 18 pieds de longueur; les gros qui ont 27 à 30 pouces de circonférence, leur servent à faire des haquets à l'usage des ports de Paris.

Les coquilles des carrosses se font d'Orme: on les débite de 3 pieds & demi de longueur sur 24 à 26 pouces de largeur, 3 pouces & demi d'épaisseur par un bout, & 4 & demi par l'autre.

Les pieces pour les jantes de roues se débitent dans les forêts; on les fait quelquefois de brin, dans la partie d'une branche où se trouve une courbure convenable; on frappe ces pieces sur deux côtés, & on laisse toute leur largeur dans le sens de la courbure: ordinairement on refend en deux les branches courbes qui se trouvent avoir depuis 24 pouces jusqu'à 30 de circonférence; quand elles sont plus grosses, on y peut donner deux traits de scie pour en former trois jantes que l'on réduit à 2 pouces & demi ou à 3 pouces & demi, selon la force que doivent avoir les roues; & suivant l'usage de chaque pays, on les fait de 30, ou de 37 à 38 pouces. Quand on fait ces pieces de 6 à 7 pouces d'épaisseur, les Charrons qui travaillent pour les équipages, les refendent en deux: on les vend au cent.

Les gros corps d'orme qui ont 48 à 50 pouces de circonférence, se débitent pour les Charpentiers qui en font des écrous de pressoir, des maies de presses; on en fait aussi des plateaux de 4 pouces d'épaisseur, dont les Charpentiers se servent pour les chanteaux des rouets de moulin, ou des tables de cuisine, des établis de Menuisier, &c : nous en parlerons dans la suite.

On fournit à la Marine des plateaux d'Orme & de Frêne dont on fait des rouets de poulie : on fournit aussi des pieces en grume pour les boîtes de *Caliorne*, les caps de *mouton*, &c. On se sert encore d'Ormes fort droits, & où se trouvent peu de nœuds pour faire des corps de pompe & des tuyaux de conduite : c'est aussi quelquefois avec ce bois que l'on fait les membres des canots & des chaloupes.

ARTICLE II. *Des Bois propres au service de l'Artillerie.*

Il ne sera point question ici des perches, rames & ramilles dont on fait des fascines, des saucissons, des gabions & des claies, non plus que des arbres qu'on fend pour former des palissades : nous avons suffisamment parlé de ces objets dans le Livre des bois taillis.

L'Artillerie emploie beaucoup de planches de Chêne d'un pouce & demi d'épaisseur, & des chevrons de même bois de 3 à 4 pouces d'équarrissage qu'on emploie à faire les plates-formes des batteries. Mais comme nous n'avons rien de particulier à dire sur ces pieces de bois, nous remettons à en parler quand nous traiterons des bois de sciage.

Il est donc particuliérement question ici des pieces qu'on emploie pour les affûts, soit de canons, soit de mortiers.

Pour ces usages, on livre communément aux Artilleurs des pieces d'Orme ou de Frêne en grume, & quelquefois en plateaux ou en bois quarré : pour juger de la grosseur & de la longueur que ces pieces doivent avoir, il suffit de donner les principales dimensions des affûts.

§. I. *Des affûts pour les canons de Marine.*

Comme la force & la grandeur des affûts doivent être relatives au calibre des canons, il suffit d'en donner trois différentes dimensions, pour qu'on en puisse conclure aisément les calibres intermédiaires.

La longueur des affûts, (*Pl. XXIII. fig.* 2), pour les canons de 36 livres de boulet, doit être de 5 pieds 11 pouces : la longueur des flasques, (*Fig. 1*), de 5 pieds 6 pouces sur 6 pouces d'épaisseur : la longueur des essieux d'avant, (*Fig. 3*), quatre pieds cinq pouces sur un pied 6 pouces de circonférence : la longueur & la grosseur des essieux de l'arriere, doivent être un peu moindres que pour ceux de l'avant ; mais on prend les uns & les autres dans des rondines d'Orme de 10 pieds de longueur sur 20 pouces de circonférence. Le diametre des roues d'avant, (*Fig. 4*), doit être d'un pied 6 pouces, & leur épaisseur de 6 pouces.

La longueur des affûts pour les canons, de 18 livres de bale, est de 5 pieds 4 pouces : la longueur des flasques, 5 pieds sur 5 pouces d'épaisseur : la longueur de l'essieu d'avant, 3 pieds 7 pouces sur un pied 5 pouces 6 lignes de circonférence : le diametre des roues d'avant, 1 pied 3 pouces sur 5 pouces d'épaisseur.

La longueur des affûts pour les canons de 8 livres de boulet, doit être de 4 pieds 6 pouces : la longueur des flasques, de 4 pieds 3 pouces sur 4 pouces 6 lignes d'épaisseur : la longueur de l'essieu d'avant, de 2 pieds 10 pouces, & sa circonférence d'un pied 1 pouce 6 lignes : le diametre des roues d'avant, d'un pied 1 pouce, & de 4 pouces d'épaisseur.

Il est bon de savoir que les essieux & les roues dans chaque affût, sont de plus grandes dimensions pour l'avant que pour l'arriere; mais comme cette différence est peu considérable, elle n'influe point sur les fournitures ; & l'on peut conclure des dimensions que nous venons de donner, que les fournitures des pieces de bois propres aux affûts de Marine, doivent être des qualités suivantes.

1°, Pour les essieux, des pieces de bois d'Orme ou de Frêne, jeune & de brin en grume, droit & sans nœuds, qui aient depuis 5 pouces de diametre jusqu'à 7, & auxquels on laisse toute la longueur qu'elles peuvent porter.

2°, Pour les roues, des plateaux d'Orme (on y a quelquefois employé du Hêtre, mais ce bois n'est pas convenable); ces plateaux refendus à la scie, doivent avoir différentes épaisseurs, depuis 6 pouces jusqu'à 4, & assez de largeur pour qu'on puisse prendre des roues du diametre, soit d'un pied 6 pouces dans les plateaux de 6 pouces d'épaisseur, & d'un pied 1 pouce dans ceux de 4 pouces d'épaisseur, & pour les autres calibres à proportion.

3°, Pour les flasques, des plateaux d'épaisseur depuis 6 pouces jusqu'à 4 pouces six lignes, dont la longueur soit telle que dans les plateaux de 6 pouces, on puisse prendre, sans déchet, des flasques de 5 pouces 6 lignes de longueur, & dans ceux qui n'ont que 4 pouces 6 lignes d'épaisseur, des flasques de 4 pieds 3 pouces de longueur.

§. 2. *Des Affûts de Canons de Campagne & de Places.*

J'ai dit ci-devant que l'on fournissoit pour le service de l'Artillerie, les bois ou en grume ou simplement dégrossis, sur-tout pour les affûts ; ainsi on pourra juger de la grosseur des bois que l'on doit fournir pour ce service par la dimension des pieces qu'on en doit tirer; en conséquence, je vais donner les dimensions des principales pieces d'affûts pour tous les calibres: ces affuts & les flasques doivent être de bois d'Orme bien sec, & les entre-toises de bois de Chêne très-sec.

Pour les pieces de 33, les flasques, (*Pl. XXIII. fig. 5*), doivent avoir 14 pieds de longueur, 6 pouces d'épaisseur, 17 pouces de largeur, & 7 pouces d'arc ou de ceintre ; ainsi, si l'on vouloit prendre un affût dans une piece droite, il faudroit qu'elle eût 24 pouces de largeur; mais cette largeur n'est pas nécessaire quand les arbres ont une courbure naturelle & convenable; trois entre-toises de 8 pouces de largeur & de 6 pouces d'épaisseur ; & celle de la lunette de 5 pouces 6 lignes d'épaisseur, 18 pouces de largeur.

Pour les pieces de 24, les flasques ont 13 pieds & demi de longueur, 5 pouces 6 lignes d'épaisseur, 15 pouces de largeur, 7 pouces d'arc ou de ceintre ; trois entre-toises de huit pouces de largeur, sur 6 pouces d'épaisseur ; & celle de la lunette de 16 pouces de largeur sur 5 pouces d'épaisseur.

Pour les pieces de 16, les flasques ont 13 pieds 3 pouces de longueur, 14 pouces de largeur sur 5 pouces d'épaisseur; l'arc ou le ceintre, 5 pouces 3 lignes; les entre-toises, 6 pouces 9 lignes de largeur sur 4 pouces 9 lignes d'épaisseur; & celle de la lunette de même épaisseur, sur 15 pouces de largeur.

Pour les pieces de 12, les flasques ont 12 pieds de longueur, 4 pouces 6 lignes d'épaisseur, 13 pouces de largeur, 11 pouces d'arc ou de ceintre; les entre-toises sont, comme pour les canons, de 16, excepté l'entre-toise de la lunette qui a 14 pouces de largeur, & 4 pouces 3 lignes d'épaisseur.

Pour les pieces de 8, les flasques ont 10 pieds 4 pouces de longueur, 4 pouces d'épaisseur, 12 pouces de largeur, 10 pouces d'arc ou de ceintre; les entre-toises ont 5 pouces 6 lignes de largeur, 4 pouces d'épaisseur; celle de la lunette a 12 pouces de largeur, & 3 pouces 9 lignes d'épaisseur.

Pour les pieces de 4, les flasques ont 9 pieds de longueur, 3 pouces d'épaisseur, 10 pouces de largeur, 8 pouces 6 lignes d'arc ou de ceintre; les entre-toises ont 4 pouces de largeur & 3 pouces d'épaisseur; celle de la lunette a 10 pouces de largeur & 3 pouces d'épaisseur.

Les moyeux des rouages se font de bois d'Orme verd; les jantes & les essieux, de bois d'Orme sec, les rais, de bois de Chêne sec & sans nœuds.

Pour les pieces de 33, les roues ont 4 pieds 10 pouces de diametre.

Les moyeux, (*Fig. 6*), ont 22 pouces de longueur & 20 pouces de diametre: 12 jantes, (*Fig. 7*), de 6 pouces 6 lignes de largeur, 4 pouces 6 lignes d'épaisseur: 24 rais, (*Fig. 8*), de deux pieds & demi de longueur, de 4 pouces 9 lignes d'équarrissage vers le bout qui entre dans le moyeu, & qu'on nomme l'*empattage*, & dans le surplus de la longueur, ils peuvent avoir 6 lignes de moins, & la même chose à peu-près pour toutes les rais des roues d'autre calibre; c'est ce qui fait que je ne marquerai que leur grosseur vers la patte, c'est-à-dire, à l'endroit où les rais entrent dans les moyeux; les essieux, (*Fig. 9*), ont 7 pieds 6 pouces de longueur, & 12 pouces de diametre.

Pour les pieces de 24, les roues ont 4 pieds 8 à 10 pouces de diametre; les moyeux ont 21 pouces de longueur, 16 pouces de diametre; les jantes, 6 pouces de largeur, 4 pouces d'épaisseur; les rais, 2 pieds 6 pouces de longueur, 4 pouces 6 lignes vers l'empattage: les essieux pareils aux précédents.

Pour les pieces de 16, les moyeux ont 19 pouces 6 lignes de longueur & 15 pouces de diametre: le diametre des roues est de 4 pieds 2 pouces; les jantes ont 5 pouces de largeur, 3 pouces 6 lignes d'épaisseur; les rais ont 2 pieds 2 pouces de longueur, & 4 pouces d'équarrissage vers la patte; les essieux, 7 pieds 4 pouces de longueur, & 10 pouces de diametre.

Pour les pieces de 12, les moyeux ont 19 pouces de longueur, 14 pouces de diametre; les roues sont de la même hauteur que celles des affûts de 16; les jantes ont 4 pouces 8 lig. de largeur, 3 pouces 3 lignes d'épaisseur; les rais, 2 pieds 2 pouces de longueur, 3 pouces 6 lignes d'équarrissage à la patte: les essieux comme pour les pieces de 16.

Pour les pieces de 8, les moyeux ont 18 pouces de longueur, 11 pouces de diametre; les roues ont 4 pieds de diametre; les jantes ont 4 pouces 6 lignes de largeur, 3 pouces 6 lignes d'épaisseur; les rais, 2 pieds 2 pouces de longueur, 3 pouces 6 lignes d'équarrissage à la patte: l'essieu, a 7 pieds 4 pouces de longueur, & 9 pouces de diametre.

Pour les pieces de 4, les moyeux ont 17 pouces de longueur, 9 pouces 6 lignes de diametre; les roues ont 4 pieds de diametre; les jantes ont 4 pouces de largeur, 2 pouces 6 lignes d'épaisseur; les rais, 2 pieds 2 pouces de longueur, 3 pouces d'équarrissage à la patte; les essieux ont 7 pieds 4 pouces de longueur, & 9 pouces de diametre.

Les avant-trains ne sont que de trois grandeurs: les plus gros servent pour les pieces de 33 & de 24: les moyens, pour les pieces de 16 & de 12; les petits pour les pieces de 8 & de 4.

Voici les proportions des pieces qui forment un gros avant-train; 1°, une limoniere formée de deux limons de Chêne ou d'Orme, (*Fig. 10*), de 8 pieds 6 pouces de longueur; 2°, deux entre-toises entre-toises ou *épares* de Chêne de 3 pieds de longueur, y compris les tenons : il n'y a à l'arriere que 2 pieds entre les limons ; 3°, la sellette (*Fig. 11*), qui repose sur l'essieu, & qui porte la cheville ouvriere, est faite d'Orme ou de Chêne : elle a 3 pieds 4 pouces de longueur, 5 pouces 6 lignes d'épaisseur, 18 pouc. de hauteur ; au milieu, à l'endroit où se met la cheville ouvriere, & 4 ou 5 pouces de chaque côté de cette cheville, la sellette est évidée ; 4°, l'essieu (*Fig. 12*), qui est d'Orme ou de Chêne, a 6 pieds 3 pouces de longueur, & 6 pouces de diametre.

Les moyeux des roues de l'avant-train sont faits d'Orme, & ont 16 pouces de longueur sur 8 à 9 pouces de diametre. Les jantes d'Orme sec ont 3 pouces 6 lignes de largeur, 2 pouces 6 lignes d'épaisseur ; il n'en faut que 10 ; on ne met à ces roues que 20 rais de Chêne, qui ont 2 pouces 6 lignes d'équarrissage à l'empatage : ces roues n'ont que 3 pieds 3 pouces de diametre.

Il suffit, je crois, d'avoir donné les dimensions d'un gros avant-train, parce que les autres sont formés des mêmes pieces, mais plus petites, sans que cette diminution de grandeur exige aucune précision : comme l'avant-train n'est pas, à beaucoup près, aussi chargé que l'arriere-train, il n'est pas nécessaire que sa force soit aussi exactement proportionnée au poids des canons ; d'ailleurs ces bois sont fournis bruts.

ARTICLE III. *De quelques autres bois qui se vendent en grume, & particuliérement de ceux qu'on nomme* Bois blanc.

CES sortes de bois ne faisant jamais ou presque jamais l'objet de grandes exploitations, c'est ici le lieu d'en parler : en effet, lorsque ces bois sont en massif, on est dans l'usage de les vendre sur le pied de demi-futaie ; & lorsque ces arbres sont gros, c'est quand ils sont isolés, & ne sont ainsi que des arbres détachés.

Nous avons dit que quand ces bois étoient de force de taillis, on en faisoit des cerceaux, des perches, des échalas de brin, du charbon, de la corde ou du fagot. A l'égard des branchages des gros arbres, on les exploite comme les taillis; savoir, en charbon, en corde, en fagots ou en bourrées; ainsi comme nous n'avons rien à ajouter à ce que nous avons dit sur ces sortes d'exploitations, il ne s'agira dorénavant que de parler des troncs.

§. 1. *Du Bois de Tilleul.*

Il y a dans nos forêts des Tilleuls à petites feuilles dont le bois est très-ferme, quand les arbres ont crû dans des terreins qui ne sont point trop humides; leur bois n'est pas d'un grand blanc; leur couleur est d'un roux un peu pâle. Il n'en est pas de même des Tilleuls à grandes feuilles, qu'on nomme à Paris *Tilleuls de Hollande*: le bois de ceux-ci est fort blanc & plus tendre que celui de nos forêts.

Ceci bien entendu, les plus gros Tilleuls à petites feuilles de nos forêts peuvent être débités en bois quarré, & fournir de fort bonnes poutres; mais communément on refend toutes les especes de Tilleuls en plateaux qu'on vend aux Sculpteurs qui travaillent pour les bâtiments civils; ou bien, quand on est à portée des Ports où l'on construit des vaisseaux, on les vend en grume pour certains ouvrages de sculpture dont on orne ces bâtiments, & qui exigent ordinairement de fort grandes pieces.

On les vend aussi en grume aux Tourneurs pour en faire différents ouvrages, & de petits barrils dans lesquels les Chasseurs conservent leur poudre à tirer.

Souvent les Boisseliers les achetent sur pied pour les faire travailler en sabots, comme nous l'expliquerons dans peu.

Enfin l'on en débite en planches de différentes longueurs & épaisseurs, pour l'usage des Menuisiers & des Layetiers, & en merrain pour les tonnes de marchandises seches. On en fait encore quelques ouvrages de raclerie, sans compter l'usage que l'on fait, soit de leur écorce pour des cordes, soit des perches pour divers emplois: nous avons suffisamment parlé ci-devant de ces deux objets.

§. 2. *Du Bois de Peuplier.*

QUAND les Peupliers noirs ont crû en bon terrein ; on en peut faire quelques pieces de charpente pour des bâtiments de campagne & de peu de conſéquence ; on en fait des planches ou de l'aubage pour de légers ouvrages de Menuiſerie, ou pour les Layetiers.

Au reſte, comme toutes les eſpeces de Peuplier peuvent s'employer aux mêmes uſages que le Tilleul, nous pouvons nous diſpenſer de nous étendre davantage ſur cette eſpece de bois. On ſe rappellera ſeulement que nous avons dit dans le Livre des taillis, qu'on faiſoit des fourches avec toute ſorte de bois blanc ; parce que la légéreté de ce bois le rend plus propre à cet emploi que les bois durs.

§. 3. *Du Bois de Marronnier-d'Inde.*

LE bois du Marronnier-d'Inde, quoique moins bon que le Peuplier, s'emploie cependant aux mêmes uſages : on en débite en planches & en membrures pour les Menuiſiers & les Ebéniſtes. Ce bois ſe vend preſque toujours en grume & ſur pied aux Sabotiers : quelquefois on fait percer les plus droits pour faire des tuyaux de conduite pour les eaux : les perches de ce bois ſe vendent aux Tourneurs : les Teinturiers font quelque uſage de ſon écorce.

§. 4. *Du Bois de Bouleau.*

QUAND nous avons parlé des taillis, nous avons dit qu'on faiſoit des balais avec les plus jeunes branchilles du Bouleau élevé en taillis ; que cet arbre fourniſſoit encore d'aſſez bons cerceaux ; & que quand ces taillis étoient devenus plus grands, on en faiſoit des cercles pour les cuves.

Au reſte, on fait le même uſage des bois de bouleau que des autres bois blancs ; ſavoir, des ſabots, quelques ouvrages de tour & de raclerie. On fera bien de revoir ce que nous avons dit dans le Chapitre IV du Livre précédent, des avantages que l'on peut tirer des différentes especes de bois.

§. 5. *Du Bois de Sureau & de Buis.*

LE bois du vieux Sureau est très-dur : on l'emploie pour faire des peignes communs : les Tourneurs en font des boîtes rondes qui se ferment à vis : ce bois se vend en grume.

Les gros Buis se vendent à la livre aux Tourneurs qui en font divers ouvrages ; & aux Tabletiers, pour en faire des peignes ou autres petits ustensiles ; aux Graveurs en bois, &c. Quand les pieds de ce bois sont fort gros & bien sains, on en tire un gros prix.

ARTICLE IV. *Travail du Sabotier.*

AUTREFOIS on faisoit quantité de sabots avec le bois de Noyer. Comme ce bois est léger, qu'il est liant & qu'il fend peu, ces sabots étoient d'un excellent usage ; mais depuis que l'Hiver de 1709 a rendu ce bois moins commun, on ne l'emploie plus à cet usage que dans des Provinces éloignées de Paris : les meilleurs sabots qu'on fait aujourd'hui, sont de branches de Hêtre, mais le plus ordinairement de bois blanc.

On vend aux Boisseliers ou aux Sabotiers & sur pied, les arbres propres à faire des sabots ; ce sont ces Ouvriers qui les abattent eux-mêmes avec la cognée, comme on fait les autres bois, c'est-à-dire, depuis le temps de la chûte des feuilles, jusqu'au mois de Mai.

On fait des sabots, soit avec des rondines, soit avec du bois fendu par quartiers : il faut que la rondine ou le bois fendu aient 18 à 20 pouces de circonférence pour faire un gros sabot ; de sorte que pour qu'un arbre puisse fournir quatre sabots de quartier, il faut qu'il ait au moins trois pieds de circonférence : dans les arbres plus menus, on ne peut prendre qu'un sabot dans une rondine. Lorsqu'elles ont moins que 18 pouces de grosseur, on en fait des sabots pour les femmes & les jeunes gens ; les plus petits propres aux enfants en jaquette, se nomment *Cotillons* ou *Camions*.

Pour faire les gros ſabots, on ſcie les corps d'arbres par tronces de 9 à 12 pouces de hauteur, (*Pl. XXIV. E F, fig. 6*), on les fait de plus en plus courts, à meſure que les ſabots ſont plus petits; deſorte qu'il y a des tronces qui n'ont que quatre pouces de hauteur.

On peut compter, à peu-près, qu'un arbre qui aura 45 à 50 pieds de tige ſur 3 pieds de circonférence, meſurée à 10 ou 12 pieds du gros bout, fournira cinq à ſix douzaines de ſabots, dont les plus grands auront un pied de longueur, & les plus petits 3 ou 4 pouces, par conſéquent deux de ces arbres pourront fournir une groſſe, c'eſt-à-dire, douze douzaines de ſabots. Deux Ouvriers font ordinairement deux douzaines de ſabots par jour. Dans la forêt de Villers-Cotrets, les Marchands paient la façon des ſabots à la groſſe; ſavoir, ceux pour hommes, 13 livres; ceux pour femmes, 10 livres; ceux de 8 à 9 pouces, 9 livres; les bâtards qui ont 6 à 8 pouces, 8 livres; & encore à plus bas prix, ceux qui ſont plus petits: les Marchands en gros vendent ces ſabots aux détailleurs par aſſortiment, compoſé de grands ſabots pour les hommes, de moins grands pour les femmes, de plus petits, qui ſe nomment *Sabots de pâtres*, ou *d'écoliers* ou *d'enfants* de 12 à 15 ans, & enfin de *Cotillons* ou *Camions* qui ſont pour les enfants en jaquette.

Les Marchands de la forêt de Villers-Cotrets apportent ordinairement ces ſabots à Paris, où ils les vendent par groſſes aſſorties. La groſſe de ſabots d'hommes n'eſt que de 8 douzaines: celle de ſabots de femmes eſt de 12 douzaines: la groſſe de ſabots d'écoliers de 18 douzaines: les groſſes de ces différentes eſpeces ſe vendent toutes un même prix; par exemple, 32 livres la groſſe.

Pour la Province, les groſſes de toutes les eſpeces contiennent 156 paires de ſabots, mais de différent prix établi ſur celui des femmes; & en ſuppoſant que le prix courant de ceux-ci ſoit de 30 ou 31 livres la groſſe, celle des ſabots pour hommes eſt d'un écu plus cher: ceux d'écoliers coûtent 3 liv. moins que ceux des femmes; les bâtards, 3 livres moins que ceux d'écoliers, & les camions ou cotillons, 3 livres moins que les bâtards. Il eſt bon de ne pas ignorer ces différents uſages.

Les ſabotiers commencent par abattre les arbres à raze-terre avec la grande cognée, comme les Bûcherons abattent les arbres dans les forêts; ils obſervent les mêmes ſaiſons pour ne point endommager les ſouches; & quand la ſaiſon preſſe, ils mettent les corps d'arbres ébranchés en gros tas, pour qu'ils ne ſe deſſechent point trop.

Lorſqu'ils ont abattu un certain nombre d'arbres, ils les coupent par tronçons, depuis un pied de longueur juſqu'à 4 pouces: pour ſcier commodément ces tronces, ils emploient deux eſpeces de ſelles *a, a* (*Pl. XXIV, fig. 1*), qui n'ont des pieds que d'un ſeul côté, l'autre qui porte à terre, & un peu plus haut s'éleve ſur chacun une forte cheville *b b*; c'eſt dans l'angle que cette cheville forme, avec le deſſus de la ſelle *aa*, qu'ils mettent la piece de bois *cc*, qu'ils ſe propoſent de ſcier par tronces. On voit vers *d* le commencement d'un trait de ſcie.

La ſcie dont ſe ſervent les Sabotiers, eſt quelquefois un paſſe-par-tout (*Fig. 2*); ſouvent elle eſt montée & dentée comme celle des Charpentiers; mais on lui donne beaucoup de voie pour qu'elle puiſſe paſſer aiſément dans le bois verd.

Quand les billes ſont trop groſſes, on les fend avec le coutre *k* (*Fig. 3*), à l'aide de la maſſe *h* (*Fig. 3**). Dans la forêt de Villers-Cotrets, les Sabotiers fendent leurs billes avec l'outil *i* (*Fig. 3*), qu'ils nomment un ciſeau, & qui n'eſt proprement que la lame d'un coutre ſans manche. Cet outil a 4 ou 5 pouces de longueur & 2 & demi ou 3 pouc. de largeur: ils ſe ſervent d'un coin de fer *g*, (*Fig. 3*) pour achever de fendre la rondine, & ils l'enfoncent avec le gros maillet *l* (*Fig. 4*), pour avoir des quartiers pareils à celui de la Figure 4, de grandeur à faire un ſabot: une tronce de deux pieds & demi de circonférence, peut être fendue en deux pour faire une paire de ſabots; mais ſi elle n'avoit qu'un pied & demi, on n'en pourroit faire qu'un ſeul pour homme.

On ébauche le ſabot ſur le billot *a* (*Fig. 5*), avec la hache & l'herminette *b* (*Fig. 5*): voici comment l'Ouvrier procede.

Suppoſons qu'il veuille faire un ſabot de la rondine *E*, (*Fig.*

6), il emporte avec la hache la partie *a a*, pour faire le dessous du sabot, comme on le voit en *F* (*Fig. 6*); puis encore avec la même hache, il retranche les parties *b*, *b*, & arrondit le dessus du sabot; ensuite avec l'herminette, il fait les échancrures *c*, *c*, pour former l'entrée du sabot & le talon.

Enfin, en se servant tantôt de la hache & tantôt de l'herminette, il donne à peu-près au morceau de bois la forme extérieure du sabot, comme on le voit en *H* (*Fig. 6*) ou en *G* : il a l'attention d'ébaucher le sabot du pied droit différemment de celui du pied gauche.

Pendant qu'un Ouvrier *A* (*Fig. 13*), ébauche les sabots, comme je viens de le dire, un autre *B* ou *C*, les creuse : pour faire cela commodément, il en assujettit une paire avec des coins dans l'entaille *o* du banc *nn* (*Fig. 7*), qui doit être établi d'une maniere bien solide dans la loge (*Fig. 8*). C'est ordinairement derriere ces bancs que sont placés les lits des Sabotiers : ces lits consistent en une simple couverture, un drap & de la paille; & comme il est important que tous les outils soient bien tranchants, on les pose pendant le jour sur ces lits, & pendant la nuit on les suspend aux perches qui forment la loge.

Une paire de sabots étant ainsi assujettie dans l'entaille du banc, l'Ouvrier commence à percer chaque sabot avec la vrille ou amorçoir *k* (*Fig. 9*); il fait à chaque sabot un trou en *r* (*Fig. 7*), & un autre en *s*; ensuite il acheve de les creuser avec de larges tarrieres; puis il les évuide avec les cuilliers *h*, *i*, *l*, (*Fig. 9*). Ces outils sont très-tranchants; il en a de différentes grandeurs, & proportionnés à celle des sabots. Cette opération exige de l'adresse; car, 1°, il faut que le sabot soit plus large au point où répond le fort du pied qu'à l'entrée; 2°, il ne faut pas laisser trop de bois, parce que cela l'appesantiroit inutilement; 3°, il faut creuser le sabot de façon que le pied y soit à l'aise; & pour cela il est nécessaire que la forme intérieure du sabot ne soit point symmétrique, afin que les doigts de chacun des pieds y soient logés commodément; 4°, il faut prendre garde de percer le sabot d'outre en outre, & cependant de ne pas laisser trop de bois vers le bout : l'Ouvrier, pour éviter ces deux inconvénients, ſonde de fois à autre l'intérieur avec le manche de la cuiller, & en compare la profondeur avec le dehors, pour juger à peu-près de l'épaiſſeur du bois qui doit reſter au bout ; mais le plus ordinairement il en juge en mettant une main au bout du ſabot & en regardant le fond par l'ouverture : ces Ouvriers ſe ſont fait une habitude de juger ainſi à vue de l'épaiſſeur de leur bois. L'Ouvrier - perceur ébarbe les bords tranchants du ſabot, & il efface les ſillons de la cuiller avec un crochet tranchant, (*Fig.* 10) qui s'appelle *Rouette*.

Un troiſieme Ouvrier *D* (*Fig.* 13), finit l'extérieur du ſabot avec un couteau tranchant, (*Fig.* 11), qu'il appelle le *Paroir*, attaché par une boucle à un banc ſolide *s s*. On ne peut s'empêcher d'admirer avec quelle adreſſe les Sabotiers manient cet inſtrument : quelquefois ils le font mordre beaucoup ; d'autres fois ils n'enlevent que des copeaux extrêmement minces ; enfin, avec ce ſeul inſtrument, ils donnent aux ſabots les différentes formes qu'ils doivent avoir, ſuivant l'uſage des différents pays ; car ici on les veut ronds, ailleurs pointus ; quelquefois les talons doivent être fort bas, d'autres fois on les veut hauts ; dans quelques Provinces, il faut que l'entrée ſoit très-ouverte, & telle qu'on la peut voir en *d* (*Fig.* 12), dans d'autres, on la demande plus petite, comme en *b*, *e* : on voit en *a* la coupe d'un ſabot.

A meſure que les ſabots ſont faits, on les arrange par lits dans la loge, & on les couvre de copeaux, pour empêcher qu'ils ne ſe fendent.

Chaque art a ſes fineſſes pour maſquer les défauts : ſi par hazard il ſe trouvoit un nœud qui formât un trou, cela feroit rebuter une paire de ſabots ; pour y remédier, le Sabotier le bouche de façon qu'il faut y regarder de bien près pour l'appercevoir ; il prend pour cela de la ſeconde écorce verte de jeunes Ormes qu'il pile ſur un billot de bois, & il en forme une eſpece de pâte dont il remplit le trou, & paſſe enſuite pardeſſus un fer chaud, moyennant quoi il eſt difficile de voir le défaut lorſque le ſabot eſt enfumé.

Une

Une ou deux fois chaque ſemaine on enfume les ſabots, & voici comment on procede. On pique en terre quatre gros piquets qui forment un quarré de 6 à 7 pieds de côté; ces piquets ſortent de terre d'environ 18 pouces; on fixe ſur la tête de ces piquets, aux deux bouts du quarré, deux fortes perches, ſur leſquelles on poſe en travers d'autres perches moins fortes, qui forment une eſpece de plancher, ſur lequel on met quatre rangs de ſabots les uns ſur les autres; quand on met cinq rangs, le dernier ſe trouve mal enfumé.

On place les ſabots à côté les uns des autres, la pointe en en haut, le talon en bas, enſorte qu'ils ſont un peu inclinés du côté de leur entrée, afin que la fumée & la chaleur du feu pénetrent mieux dans l'intérieur: on obſerve le même ordre pour les quatre rangées. On diſpoſe ainſi les ſabots dès le ſoir, & pendant la nuit on allume pardeſſous un feu de copeaux verds qui répand beaucoup de fumée, ſans preſque faire de flamme: c'eſt afin de pouvoir mieux voir le progrès du feu qu'on fait cette opération pendant la nuit; car pendant le grand jour on courroit riſque de mettre le feu aux ſabots.

On enfume ordinairement quatre groſſes de ſabots à la fois, & cela n'exige qu'une heure & demie ou deux heures de temps.

L'objet qu'on ſe propoſe par cette opération, n'eſt pas ſeulement d'empêcher les ſabots de ſe fendre, mais de durcir le bois, & lui donner de la couleur; car ſi par la ſuite on expoſoit au hâle ces ſabots enfumés, ils ſe fendroient beaucoup; mais comme le bois eſt mince, on prévient qu'ils ne ſe fendent, en les tenant à couvert dans un lieu frais juſqu'à ce qu'ils ſe vendent.

Dans les Provinces des environs de Paris, on ne fait pas l'ouverture des ſabots auſſi grande qu'en *d*, (*Fig.* 12); mais on la tient plus étroite comme *b* ou *e* (*Fig.* 12); & afin d'empêcher qu'ils ne ſe fendent vers l'ouverture, on y applique ce qu'on appelle un *emblai*, qui eſt ou un brin de fil de fer, ou une couroie *c* qui s'attache par-deſſus, comme on peut le voir en *b*. L'ouverture des ſabots pour femmes, ſe garnit d'une peau de mouton *e* (*Fig.* 12), afin qu'elle ne leur bleſſe pas le coudepied.

Dans la Marche, le Limousin & l'Angoumois, on fait l'entrée des sabots fort grande, de sorte qu'elle ne porte point sur le coudepied; mais on y attache une courroie *d* (*Fig.* 12), qui retient le coudepied, & empêche que le pied ne sorte du sabot; les talons de ces sabots sont hauts & pointus; & pour les faire durer plus long-temps, on les arme de petits fers *f*, *g* (*Fig.* 12), qu'on y attache avec des clous.

La Figure 13 fait voir quatre Ouvriers en attitude qui travaillent les sabots: *A*, est un Ouvrier qui ébauche; *B*, celui qui perce; *C*, celui qui évide le dedans du sabot; *D*, celui qui en pare les dehors.

On fait encore avec les mêmes bois des formes pleines pour les Cordonniers, telles qu'en *A* (*Fig.* 14), ou brisées comme en *B*; des semelles de galoches avec leur talon *C*; & des talons de souliers pour hommes & pour femmes *D*, *E*.

Tout cela s'ébauche avec la hache & l'herminette, & se finit avec la plane de la figure 11. Les formes se font le plus ordinairement de Frêne, & les talons de Tilleul ou autre bois blanc; on ne fait qu'ébaucher ceux-ci dans la forêt, & ce sont les Cordonniers qui achevent de les perfectionner.

ARTICLE V. *Maniere de faire de petits Barrils d'un seul bloc de Saule.*

Ces petits barrils ne sont en usage que dans quelques Provinces: ils sont travaillés avec les mêmes outils qu'emploient les Sabotiers, & ce sont ordinairement ces mêmes Ouvriers qui les font.

Le corps du barril est fait d'un seul morceau taillé en rond, avec un petit empatement en-dessous pour lui former un point d'appui; les deux fonds sont faits chacun d'une planche du même bois. Voyez *Planche XXXI*, *Fig.* 18.

On creuse le corps du barril comme on creuse un tuyau, avec des cuillers à peu-près semblables à celles des Sabotiers; la forme extérieure du barril se donne avec la plane dont les Sabotiers se servent. Ils ont ordinairement depuis 8 pouces jusqu'à 15 de longueur sur 6 pouces, & au plus 9 de diametre.

L'ouverture pour emplir & vuider ces barrils, est placée au milieu du corps comme aux futailles ordinaires; on tient le bois plus épais à cet endroit qu'ailleurs, afin qu'on puisse chasser le bouchon avec assez de force sans endommager le petit fût; on y attache une main de fer retenue par deux viroles, assez élevée pour y passer la main sans être gêné par le bondon; tout le reste du barril, excepté à l'endroit du bondon, est de 8 à 9 lignes d'épaisseur; à un pouce de distance du bord est une rainure de deux lignes de profondeur pour recevoir la piece du fond.

Lorsqu'on a taillé un fond selon le diametre du barril pris au jable, (il est essentiel de ne prendre cette mesure que quand le bois est bien sec), on taille les bords de ce fond en chanfrein; il faut que l'intérieur du barril, depuis le jable jusqu'au bord, aille un peu en s'évasant; on force un peu le fond pour le faire entrer dans cette partie évasée; quand le fond est engagé dans cette partie, on met le barril avec le fond dans une chaudiere d'eau bouillante; le bois s'y attendrit & est en état de se prêter aux efforts qu'il faut faire pour faire entrer le fond dans le jable; comme le barril se resserre en se séchant, le fond joint exactement: quelques Ouvriers serrent la partie du barril qui répond au jable avec une corde & un garot; il vaut mieux que le fond soit un peu à l'aise dans le jable que trop serré; car comme le bois se comprime beaucoup en se séchant & en se réfroidissant, le fond qui ne se retire pas proportionnellement feroit fendre le corps du barril.

ARTICLE VI. *Travail du Fendeur.*

C'EST ici le lieu de parler des bois que l'on livre en grume aux Fendeurs pour être débités selon différentes destinations.

Quand les Bûcherons ont abattu les arbres, & qu'ils en ont retranché les branches, le Marchand qui les a destinés à faire du bois de fente, livre en cet état les corps d'arbres, & quelquefois aussi les grosses branches aux Ouvriers Fendeurs, qui, ſelon la groſſeur & la longueur de ces tronces, les débitent pour différents ouvrages que nous expliquerons dans la ſuite.

Pluſieurs motifs déterminent les Marchands à faire faire du bois de fente; 1°, lorſque par la poſition d'une forêt, certaines marchandiſes ſont d'un débit avantageux, telles que le merrain, le traverſin, les échalas, &c, pour les pays de vignoble; les rames, les gournables ou chevilles pour la conſtruction des vaiſſeaux, lorſqu'on eſt à portée des Ports de mer; ailleurs les cerches pour la Boiſſellerie; aux environs des grandes villes, les lattes pour les couvertures des toîts; & dans quantité d'endroits, les ouvrages de raclerie, qui conſiſtent en différents petits ouvrages de Hêtre, comme clayettes, lattes pour les fourreaux de ſabre & d'épée, lanternes, panneaux de ſoufflets, bâts, arçons de ſelle, &c.

2°, Quand le bois n'eſt pas d'aſſez bonne qualité pour fournir de bonnes pieces de charpente; par exemple, un arbre mort en cîme, ou qui, dans la longueur de ſon tronc, a des nœuds pourris ou des yeux de bœuf, ou dont le tronc fort court a pris des contours déſavantageux; ces arbres peuvent fournir des billes ſaines; quoique courtes, elles ſont propres pour la fente.

3°, Quand, par la difficulté des chemins, par l'éloignement des rivieres navigables & des grandes routes, ou par la diſtance trop grande de la forêt, juſqu'aux lieux où l'on en pourroit faire la conſommation, le tranſport devient trop coûteux; enfin, quand quelques-unes de ces raiſons empêchent de voiturer les groſſes pieces de bois, alors on prend le parti de les convertir en ouvrages de fente qui peuvent être tranſportés facilement, ſoit par petites voitures, ſoit à ſomme de cheval. Mais le Marchand doit faire attention que ſi d'un côté il retire un grand produit du corps d'un gros arbre qu'il fait débiter en fente, d'autre part, il lui en coûte néceſſairement un prix conſidérable pour la façon.

Il ſeroit d'une bonne police de mettre des entraves à la cupidité des Marchands, & de les détourner de couper par tronces les plus beaux & les plus gros arbres, pour en faire de la cerche ; car on pourroit faire de très-bons ſeaux avec du merrain de bois blanc, cerclés de fer, & débiter les arbres dont on fait de la cerche en bois de Menuiſerie, de charpente ou de conſtruction, ſuivant la qualité & la nature du bois.

Je ne dis rien des échalas, des lattes ni du merrain, parce que tout cela peut ſe prendre dans des arbres qui ne ſont pas fort gros.

On a pu voir dans la *Phyſique des Arbres*, qu'un tronçon de bois eſt compoſé de fibres qui s'étendant ſuivant la longueur du tronc, forment ſur l'aire de la coupe du tronc des orbes concentriques, & que ces fibres longitudinales ſont liées les unes aux autres par un tiſſu cellulaire, & par des fibres tranſverſales, qui ont été nommées *inſertions*.

La force qui unit ces fibres longitudinales les unes aux autres, eſt beaucoup moindre que celle de ces mêmes fibres ; & c'eſt pour cela qu'il eſt bien plus aiſé de les ſéparer, que de les rompre. On peut remarquer que les fentes s'ouvrent toujours par les rayons ou inſertions.

Les Ouvriers qui travaillent les bois dans les forêts ont bien ſu profiter de cette propriété du bois pour le fendre, & en faire d'une façon expéditive pluſieurs ouvrages qui, par cette manœuvre, ſont beaucoup meilleurs que s'ils étoient refendus à la ſcie.

En effet, combien n'employeroit-on pas de temps à diviſer avec la ſcie des lattes, des douves de futailles, des cerches de Boiſſeliers, &c ? Au lieu que par l'induſtrie qu'emploient les Fendeurs, ces ouvrages ſont faits preſque en un inſtant. J'ajoute qu'ils ſont beaucoup meilleurs ; ce qui deviendra ſenſible ſi l'on fait attention que la ſcie ne ſuivant point réguliérement les inflexions des fibres, elle les coupe, & ne fait que du bois tranché ; au lieu que par la méchanique du Fendeur, ces fibres reſtent dans leur entier, & les ouvrages en ont beaucoup plus de ſolidité.

Joignons à cela qu'en fendant le bois, on épargne ce que le trait de la ſcie emporte, ce qui ne laiſſe pas d'être conſidérable ; car ce trait ne pouvant être moindre que 2 à 3 lignes, cela fait l'épaiſſeur d'une latte & preſque d'une douve qui a au plus 3 lignes : il eſt bien vrai que le bois refendu à la ſcie eſt mieux dreſſé que celui qu'on fend, & qu'on ne peut rendre droit qu'en retranchant du bois.

Il y a dans les forêts des Ouvriers qu'on nomme *Fendeurs*, qui s'occupent preſque uniquement à faire ces ſortes d'ouvrages, qui ne laiſſent pas, dans certains cas, d'exiger de l'adreſſe de la part de ces Ouvriers, pour bien conduire la fente & mettre tout le bois à profit. Nous nous propoſons de faire remarquer cela, après que nous aurons fait connoître les ſignes qui peuvent faire conjecturer ſi tel ou tel arbre ſera propre pour la fente.

§. 1. *Des marques qui peuvent faire juger qu'un arbre ſera propre pour la fente.*

On a déja vu lorſque j'ai parlé des bois taillis qu'on peut fendre différentes eſpeces de bois, Châtaignier, Chêne, Bouleau, pour en faire des cerceaux pour les poinçons, des cercles pour les cuves, des cerches pour les cribles, &c ; on verra dans la ſuite, qu'on peut également deſtiner à faire des ouvrages de fente, quantité de bois de différentes eſpeces. Il y a des eſpeces de bois qui ſe fendent beaucoup mieux que d'autres : le Chêne & le Hêtre ſe fendent communément beaucoup mieux que l'Orme, l'Erable, &c. Je dis communément ; car j'ai vu des Ormes qui étoient auſſi aiſés à fendre que le Chêne ; mais cela ne ſe rencontre pas ordinairement, & dépend quelquefois de l'eſpece ; l'Orme-teille & celui qu'on nomme *Orme femelle* à larges feuilles, ſe fendent ordinairement beaucoup mieux que l'Orme-tortillard : de même, parmi les Chênes, celui qui porte ſon fruit en grappes, ſe fend ordinairement mieux que celui dont les fruits ſont attachés à des queues fort courtes : au reſte, on ne doit pas regarder ceci comme regle générale. Mais ce qui eſt encore plus ſingulier, c'eſt que la même eſpece d'arbre élevée dans le même terrein & à la même expoſition, tantôt ſe trouve être de bonne fente, & tantôt ne peut être employé à cete destination ; bien plus, il arrive assez communément qu'un arbre qui se fendra bien vers les racines, sera très-difficile à fendre vers le haut de sa tige.

En général, les Ouvriers jugent qu'un Chêne se fendra bien quand son écorce est fine, quand l'arbre diminue uniformément de grosseur, & quand il a peu de nœuds.

Les bois *roux*, *pouilleux* & *vergetés*, se fendent quelquefois assez bien quand ils ont toute leur seve ; mais ces bois défectueux sont d'un mauvais emploi.

Les bois *roulis* doivent être rejettés pour les ouvrages de fente, parce qu'ils donnent beaucoup de déchet.

On prétend que le Hêtre dont la tige n'est pas exactement arrondie, & où il se trouve des especes de côtes qui s'étendent suivant la longueur du tronc, est le meilleur de tous pour la fente. Quand, lorsqu'on enleve dans le temps de la seve, un morceau d'écorce de ces arbres, on voit en le pliant en sens contraire, c'est-à-dire, la cuticule en dedans, que les fibres longitudinales se séparent aisément ; on préfere l'arbre où ces mêmes fibres ont une direction droite, & qui forment une hélice ou vrille très-alongée. Il y en a qui prétendent que quand les fibres tournent de droite à gauche, l'arbre se fend mieux vers la tête qu'au pied ; & que le contraire arrive si les fibres tournent de gauche à droite ; mais cette opinion ne paroît avoir aucun fondement : j'ai toujours vu que les arbres se fendoient d'autant mieux, que leurs fibres suivoient une ligne plus droite dans toute la longueur du tronc ; & peut-être que ce qui fait qu'une partie d'un même arbre se fend bien pendant qu'une autre est de mauvaise fente, c'est parce que la direction des fibres longitudinales se trouve dérangée, soit par l'insertion de quelque grosse racine, soit par l'irruption d'une grosse branche. On peut consulter sur ce point ce que nous avons dit plus en détail dans la *Physique des Arbres* sur la direction des fibres du bois.

Il arrive quelquefois que tous les arbres d'une vente se fendront mieux que ceux d'une autre : cela peut dépendre de la qualité du terrein ; car on remarque que les arbres qui poussent avec force, se fendent mieux que ceux qui croissent lentement. En général, les jeunes arbres se fendent mieux que les vieux; & le bois verd se fend beaucoup mieux que le bois sec.

Il suit de ce que je viens de dire, qu'il y a des arbres dont le bois se fend beaucoup plus réguliérement que d'autres; mais qu'il n'est pas aisé de décider avec certitude, si un arbre sur pied sera de bonne fente ou non.

On doit absolument rebuter tous les arbres noueux, ainsi que ceux qui ont leurs fibres très-torses; je dis très-torses, car on ne laisse pas de tirer parti des arbres dont les fibres le sont un peu moins, pour les employer à des ouvrages qui permettent de les redresser au feu: j'ai vu faire de très-bons panneaux de menuiserie avec du merrain qui avoit ce défaut.

Comme la direction des fibres des bois rustiques & très-forts, n'est pas ordinairement droite & réguliere, ils sont rarement propres à la fente.

Les bois gras se fendent assez bien, pourvu qu'ils ne soient pas secs; car quand ils ont perdu toute leur seve, ils deviennent cassants; c'est pour éviter cela que les Marchands ont grand soin de faire fendre leurs bois aussi-tôt qu'ils ont été abattus; 1°, parce qu'alors ils se fendent réguliérement, & sans qu'aucune piece se rompe, 2°, parce que les fentes qui se forment dans les bois qui se sechent, leur occasionneroient un déchet considérable; 3°, parce que l'aubier du bois verd se fend très-bien, & qu'on peut en passer une partie avec le bon bois; au lieu que cet aubier devient en pure perte, quand le bois est trop sec; 4°, si l'on fend une grosse bille de bois gras anciennement abattu, la circonférence de la piece a peine à se fendre réguliérement; mais le centre conserve ordinairement assez de seve pour qu'on puisse le bien fendre. Ce qui rend avantageuse l'exploitation de la fente, c'est qu'on trouve à employer pour différents ouvrages, les billes de toute longueur; savoir, de 6 pieds pour les échalas d'espaliers; de 4 & demi pour les échalas des vignes; de 4 pieds pour la latte; de 3 & demi pour les merrains des demi-queues; de 2 pieds 2 pouces

2 pouces pour leur enfonçure ; de 2 pieds pour les barres ; de 18 pouces pour le paliſſon ; de 8 pouces pour les chevilles des Tonneliers, &c ; en conſéquence, on peut tirer parti de billes aſſez courtes qu'on leve, ſoit entre deux branches, ſoit entre deux nœuds.

Les Fendeurs ne laiſſent pas que de faire uſage des bois blancs ; ſavoir, le Tremble, le Peuplier, le Bouleau, le Saule, &c : ils en font du merrain pour des futailles, & des tonnes à enfermer le ſucre, & d'autres marchandiſes ſeches ; des tinettes pour contenir des beurres ; des barres, des chevilles pour les Tonneliers ; des paliſſons pour les entre-voûtes des planchers de Payſans, &c. Quand il s'agit d'ouvrages plus importants, on n'emploie guere que le Chêne & le Hêtre ; & dans les Provinces méridionales, le Châtaignier, le Mûrier, le faux Acacia. Dans nos Provinces, tous les ouvrages de fente ſe font avec le Chêne, & les ouvrages de raclerie avec le Hêtre.

§. 2. *Outils dont ſe ſervent les Fendeurs.*

Le métier de Fendeur n'exige pas un grand nombre d'outils : le principal eſt un *Attelier* ou *ſelle à fendre*, (*Pl. XXV, fig. 1*). Pour s'en former l'idée, il faut ſe repréſenter un gros fourchet de bois *A B C* ; la branche poſtérieure *A B*, eſt plus élevée que la branche antérieure *C B*.

Ce fourchet eſt ſoutenu par un pied ſolide *D*, qui ſe trouve placé à la réunion des deux branches, & par le pied *E* placé vers l'extrémité de la branche *C*. A l'égard de la branche *A*, comme il eſt à propos, ſuivant la hauteur du corps de l'Ouvrier, & ſelon les ouvrages qu'il doit faire, de la tenir plus haute ou plus baſſe, elle eſt ſimplement ſoutenue par une fourche *F*. Mais comme pendant le travail, l'Ouvrier fait toujours des efforts qui ſoulevent cette branche *A*, elle eſt affermie par une piece de bois *G* qui paſſe ſur cette branche, enſuite ſous la branche *C* ; elle porte à terre par le bout inférieur *G*, & le bout ſupérieur eſt fortement lié au poteau vertical *HH*, qui eſt lui-même attaché par le bout ſupérieur, ſoit à quelque piece du plancher, si le travail se fait dans un bâtiment, soit à une branche d'arbre, si l'on fend dans la forêt; le bout inférieur est un peu enfoncé en terre: de cette maniere l'attelier se trouve solidement assujetti.

On voit en *B*, à la réunion des branches, une petite plate-forme arrondie qui sert à poser la masse ou mailloche *I* qui doit être toujours à portée de la main du Fendeur.

Pour comprendre l'usage de cet attelier, supposons qu'on veuille fendre la piece de bois *N O* (*Fig. 1*): on la pose presque verticalement en dedans des fourches, de façon qu'elle s'appuie contre la branche *C*; puis plaçant le tranchant du Coutre *P*, suivant la direction qu'on veut donner à la fente, on frappe sur le dos de ce coutre avec la masse *I*, (*Fig. 1 & 12*); cette fente étant commencée, pour la continuer, on place la piece de bois presque horizontalement dans la position *K L*; de maniere que le bout *K* passe sous la branche *A B* de l'attelier, & le bout *L* sur la branche *C B*: il est évident qu'en appuyant alors sur le manche *M* du coutre, on fait étendre la fente suivant le fil du bois; quand la fente est ouverte, on empêche qu'elle ne se referme en y introduisant un coin *Q*; puis on avance fortement le coutre, qui coupe les fibres qui ne sont point séparées; & en appuyant encore sur le manche, on prolonge la fente qui bientôt s'étend jusqu'à l'extrémité de la piece, que l'on tient toujours de plus en plus ouverte avec le coin *Q*.

Avant d'aller plus loin, il n'est pas hors de propos de faire une remarque sur la façon de manier le coutre; & pour cela je suppose, pour rendre la chose plus sensible, qu'on veuille fendre le morceau de bois *a b* (*Fig. 2*), avec le coutre *c*, dont la lame est fort large; on parviendra bien à forcer la fente de s'étendre jusqu'au bout *b*, soit en élevant, soit en abaissant le manche *c* du coutre; mais l'effet ne sera pas absolument le même; car si l'on éleve le manche *c*, le tranchant *e* du coutre, appuyera sur la portion *d b* de la piece de bois *a b*, pendant que le dos *f* du coutre appuyera sur *g b* de la même piece: or comme *f b* fait un plus long bras de levier que *e b*, la portion *g b* s'élevera, tandis que la portion *d b* restera presque immobile.

Si au lieu d'élever le manche *c* du coutre, on appuie dessus pour l'abaisser, le contraire arrivera; c'est-à-dire, que le tranchant *e* s'appuyera sur la partie *g b* de la piece de bois, & le dos *f* sur la portion *d b*; & comme *f b* fait dans ce cas un plus long levier que *e b*, la portion *d b* de la piece de bois, descendra pendant que la portion *g b* restera presque immobile.

Pour faire comprendre que cette circonstance n'est point indifférente aux Fendeurs qui veulent bien conduire leur fente, supposons que la piece de bois *k l* (*Fig. 3*), soit fendue jusqu'en *m*; si on suppose les fibres de ce bois tendues bien parallelement, depuis *k* jusqu'à *l*, & que deux forces pareilles appliquées en *n* & en *o*, agissent en sens contraire pour écarter les parties *n o*, la fente doit naturellement s'étendre en ligne droite jusqu'à *l*, & de sorte que les morceaux *n l* & *o l* seront d'égale épaisseur; mais il n'en sera pas de même si nous supposons une des deux forces appliquées en *p* (*Fig. 4*), & l'autre en *q*; la portion *r p* restera droite, & la portion *q s* se courbera beaucoup. On sent évidemment que cela doit être, parce que la puissance appliquée en *p*, n'agit, pour augmenter la fente, que par le court levier *p t*; au lieu que la puissance appliquée en *q*, agit par un plus long levier *q t*: or, comme la courbure *s q* occasionne la rupture de quelques fibres ligneuses en *t*; il en résulte que la fente quitte la direction qu'on lui supposoit avoir suivant l'axe de la piece, & elle s'approche d'autant plus du côté *s*, que la courbure *q s* est plus considérable. Les Fendeurs ignorent les conséquences du raisonnement que je viens de faire; mais ils savent très-bien appuyer ou élever le manche de leur coutre, pour faire prendre à leur fente la direction qui leur convient; c'est pour cela qu'ils retournent en sens différents la piece *K L* (*Fig. 1*), afin de pouvoir manier plus commodément le manche de leur coutre, suivant la direction qu'ils veulent donner à la fente: ce n'étoit que par supposition que j'ai dit que le Fendeur relevoit son coutre; car il est évident qu'il ne peut faire force qu'en appuyant, & c'est pour cela qu'il retourne sa piece, & qu'il appuye toujours sur le manche du coutre, ce qui fait le même effet que si, sans changer cette piece de situation, il relevoit son coutre comme j'ai supposé qu'il faisoit.

Le Fendeur fait encore profiter de la courbure *q s*, (*Fig. 4*), d'une façon plus sensible : pour le faire concevoir, supposons que la piece *k l* (*Fig. 3*), destinée à faire deux lattes, soit placée dans l'attelier, de la même maniere que la piece de bois *K L* (*Fig. 1*); si le Fendeur s'apperçoit que la fente s'approche trop de *m*, il met sa main en *q* (*Fig. 5*); & en appuyant, il fait prendre à cette partie la courbure *q s*; alors en portant fortement le tranchant du coutre dans l'angle *t*, la fente change bientôt de direction & s'approche de *s*. Les Fendeurs emploient souvent & avec succès ces moyens pour fendre en ligne droite des pieces de bois, dont les fibres ont naturellement un peu d'obliquité.

Ces réflexions générales nous ont paru trop importantes sur cet objet, pour négliger de les rapporter. Je reviens maintenant au détail des outils.

Le coutre (*Pl. XXV. fig. 6*), a deux biseaux; c'est l'outil qui sert le plus au Fendeur : la partie *a b* est de fer acéré, & tranchante; elle porte deux biseaux, comme on le voit par la coupe *e*, la partie *d g*, est le dos de ce coutre sur lequel l'Ouvrier frappe avec une masse pour commencer la fente; ce dos est d'environ deux lignes & demie d'épaisseur; la longueur de *c* en *b*, est de 9 pouces plus ou moins, suivant les ouvrages qu'on a à fendre; les coutres des Fendeurs de cerches sont nécessairement plus longs. La largeur du fer de *d* en *c* est ordinairement de quatre pouces; la partie *c b* qui, comme on le peut voir par la coupe *e*, forme un coin mince & tranchant, est terminée par une forte douille *i k*, plus ouverte du côté de *k*, que du côté de *i*; c'est pour cela que le manche qui est fait de bois, doit être plus menu par le bout *L* que par le bout *k*; qui est entré à force dans la douille & qui excede un peu le fer du coutre.

C'est avec ce coutre que l'Ouvrier commence la fente, & qu'il la prolonge tout le long de la piece, comme nous l'avons dit ci-dessus en parlant de l'attelier. Il est évident que si la longueur du manche augmente la force du Fendeur, la largeur du tranchant la diminue.

Le grand coutre (*Fig 7*), differe du premier (*Fig. 6*); 1°, en ce que son fer est de 3 pouces plus long; 2°, son manche a 18 pouces de longueur; 3°, la partie *a b c d*, n'a qu'un seul biseau; la partie *a b* est acérée & fort tranchante; & la partie *c d* forme un tranchant mousse: la coupe de ce coutre est représentée en *e*; il est émincé à la partie *c d*, & échancré en *f* pour le rendre plus léger; car ce coutre ne sert point à fendre; les Ouvriers l'emploient comme une hache à main pour dégauchir leurs pieces, ainsi qu'on le voit dans la figure 8. Comme le tranchant de ce coutre est fort large, il dresse mieux les pieces de bois que ne pourroit faire le tranchant d'une coignée à main, dont le fer qui est étroit, forme des especes de sillons sur le bois.

La figure 9 représente une forte cognée d'abatteur, & dont les Fendeurs se servent quelquefois pour dégrossir leurs pieces de bois; mais elle leur tient lieu plus souvent de masse; & c'est avec la tête *a* de cette cognée qu'ils ont coutume de frapper des coins de bois dur qu'ils enfoncent dans les fentes des grosses billes: la forme de ces coins est représentée par les figures 10; on les fait avec du charme; ils sont fort longs, minces, & fort tranchants.

Les Fendeurs emploient aussi des scies en passe-par-tout, (voyez *Fig. 11*), des mailloches (*Fig. 12*), & quelquefois une masse ou gros maillet (*Figure 13*). La lame des scies est dentée comme *A A* (*Figure 11*), ou est faite en feuillet qui porte des dents comme *B B*, auxquelles on donne beaucoup de voie pour faire passer plus facilement la scie dans le bois verd.

Quand les Fendeurs veulent partager en deux une bille de bois, ils marquent l'endroit de la fente avec le coutre à deux biseaux ou avec la cognée; ils frappent fortement ces outils avec la masse; puis ils mettent le tranchant d'un de leurs coins dans ce sillon, & en frappant avec la tête de leur cognée, cette fente s'ouvre. S'ils apperçoivent dans la fente quelques filandres de bois, ils les coupent avec le coutre: on est surpris de voir une grosse bille de bois se séparer en deux avec beaucoup de facilité ; en supposant néanmoins que la piece est de Chêne, sans nœuds, & que les fibres du bois sont fort droites.

La figure 12 représente une masse ou mailloche semblable à celle qu'emploient les Charrons, qui, en plusieurs circonstances se servent aussi d'un coutre pour fendre le bois qu'ils mettent en œuvre. Cette masse ou mailloche est faite d'un rondin de charme, ou d'autre bois dur, dans lequel on ménage un manche *a* qui puisse être empoigné commodément d'une main : elle sert presque uniquement à frapper sur le dos du coutre à deux biseaux.

On voit dans la *Figure 14* les coins de fer qui ne servent guére qu'aux Ouvriers qui fendent le bois à brûler ; comme ce bois, pour l'ordinaire, est rempli de nœuds, & que ses fibres qui ont toutes sortes de directions, ne se fendroient pas avec des coins de bois, on emploie ceux de fer, qu'on chasse avec une grosse masse (*Fig. 13*), qui sert également à frapper les coins de fer & les gros coins de bois que l'on emploie alternativement, lorsque ceux de fer ont fait les premieres ouvertures.

La scie en passe-par-tout (*Fig. 11*), sert également aux Bûcherons, aux Scieurs de long & aux Fendeurs ; souvent même on fournit à ceux-ci les billes toutes sciées : quand les billes ne sont pas trop grosses, on emploie des scies pareilles à celles des Charpentiers, pour les débiter.

§. 3. *Des Rames pour les Galeres & pour la Marine.*

Les rames se font avec du Hêtre de brin, que l'on fend à peu-près comme l'on fend les cercles de cuve, (voyez *ci-dessus Livre II*) ; toute la différence qu'il y a, c'est que comme les arbres qu'on doit fendre pour cet objet, doivent être fort longs, il faut les soutenir sur un nombre suffisant de chevalets, & avoir plusieurs coins qu'on insere dans la fente pour lui faire suivre bien réguliérement le trait qu'on a tracé sur la piece.

Il faut que les arbres soient bien *filés*, de belle fente, & qu'il ne se trouve aucun nœud dans l'étendue de 48 à 49 pieds de longueur pour les rames de toutes sortes de galeres ; avec cette différence, que pour les rames des Galeres extraordinaires, il faut que les pieds d'arbre puissent fournir en longueur, à compter du bout de la pelle, qui fait le tiers de celle de la rame, 11 pieds ; de ce point jusqu'à l'*estrope*, qui est la partie qui porte sur la galere, 20 pieds ; de l'estrope jusqu'au bout qu'on nomme le *genou*, 16 pieds : total 47 à 48 ; & pour les Galeres ordinaires, 41 pieds.

On peut tirer trois ou quatre rames des arbres qui ont plus de deux pieds & demi de diametre vers le pied ; mais on n'en peut tirer que deux de ceux qui n'ont précisément que deux pieds.

Lorsque l'arbre a été fendu en 2, 3 ou 4 pieces, on en enleve le cœur, dont on ne peut faire usage : on les livre en cet état, qu'on nomme en *attele* ou *ettele*, dans les Ports où les *Remolats* les travaillent & les perfectionnent.

On livre dans les Ports des rames en attele beaucoup plus courtes pour les Chébecs, les demi-Galeres, les Vaisseaux, les Felouques, Chaloupes, Canots, &c ; les Fournisseurs se conforment pour ces usages aux dimensions qui leur ont été fixées par les états de fourniture.

§. 4. *Comment on fend le Bois à brûler.*

On emploie pour le chauffage toutes les pieces de bois dont on ne peut faire aucun autre usage, ou quand ces pieces sont trop grosses & trop chargées de nœuds pour être œuvrées. Alors on les fend avec des coins de fer & de bois dur. Quand ce sont des souches fort grosses, on vient à bout de les mettre en éclats, en y employant le secours de la poudre à canon. Pour cet effet, on perce avec une tarriere, un trou *a* (*Pl. XXVI. fig.* 14), de 5 ou 6 pouces de profondeur ; on le remplit de poudre à canon ; on ferme l'ouverture avec une cheville que l'on frappe à coups de masse ; ensuite on perce une lumiere en *b* avec une vrille ; on amorce cette espece de mine, à laquelle on met le feu avec une lance d'artifice *b*, & l'on a soin de se retirer promptement au loin pour éviter d'être bleſſé par les éclats. Par ce moyen une ſouche ſe fend ordinairement en trois parties comme le repréſente *c d e* (*Fig.* 1 en *B*).

A l'égard des billes ordinaires, on en commence la fente avec un coup de cognée, & on y introduit un coin de fer & d'autres ſucceſſivement, que l'on frappe avec une forte maſſe de bois : les rais pour les roues de voitures ſe fendent de la même maniere, ainſi que nous l'avons dit en parlant des taillis.

§. 5. *Comment on fend les chevilles pour les Tonneliers.*

Il convient que je parle de quelques ouvrages de peu de conſéquence & aiſés à faire, avant de traiter de ceux qui exigent plus d'adreſſe : je vais dire comment on fait les chevilles que les Tonneliers emploient pour les fonds de leurs futailles.

On fait ces chevilles avec toute ſorte de bois : lorſque les Fendeurs ſe trouvent avoir des billes de Chêne qui n'ont que 8 ou 10 pouces de longueur, & qui par cette raiſon ne peuvent être employées à d'autres uſages, ils les mettent à part pour occuper leurs apprentifs à en faire des chevilles ; mais quand il arrive que l'on manque de ces billes de fauſſe-coupe, on ſe ſert de bois de Tremble, de Peuplier, de Saule ou de Bouleau.

En Bourgogne on fait ces ſortes de chevilles fort longues, parce qu'on en garnit tout le fond des demi-muids ; mais dans l'Orléanois, on ne donne à ces chevilles que 8 pouces de longueur pour les demi-quarts ; celles pour les quarts, ſont moins longues ; en Angoumois, ces chevilles n'ont que 2 pouces de longueur, & ce ſont les Tonneliers qui les font eux-mêmes. Tout le bois qu'on débite en billes pour l'uſage de l'Orléanois, doit être ſcié à 8 pouces de longueur.

Le Fendeur (*Pl. XXVI. fig.* 2), aſſis ſur un bloc de bois, prend une de ces billes *a* entre ſes jambes ; il poſe ſon coutre dans l'axe, & frappant avec la maſſe, il diviſe le tronçon en deux parties par la ligne 1, 1 (*Fig,* 3) ; puis plaçant ſucceſſivement le coutre ſuivant les lignes 2, 2, le tronçon ſe trouve partagé en quatre ; & chacune de ces parties ayant été enſuite partagées

partagées par les lignes 3, 3 & 4, 4; il a six petites planches, (*Fig.* 4) d'un pouce d'épaisseur & de 8 pouces de hauteur sur différentes largeurs, à cause de la rondeur du tronçon. Il fend ensuite chacune de ces petites planches d'abord par la ligne 5 (*Fig.* 5), ensuite par les lignes 6, 6, enfin par les lignes 7, 7 &c. Un pareil tronçon, supposé de 8 pouces de diametre, fournit environ 40 chevilles.

Il faut ensuite dresser ces chevilles avec la plaine, les rendre plus menues par un bout que par l'autre, & les tenir même un peu moins épaisses qu'elles n'ont de largeur; mais cette derniere opération ne regarde plus le Fendeur, c'est le Tonnelier qui donne cette façon avec la plaine, à mesure qu'il veut employer ces chevilles.

Les fusées qu'on emploie pour faire les entrevoux des planchers des Paysans, n'étant que de longues chevilles de bois blanc, qu'on ne dresse point à la plaine, & auxquelles on donne 2 pieds de longueur sur 1 & demi ou 2 pouces en quarré, pour soutenir du trochis dont on forme les entrevoux de ces planchers, ces fusées (*fig.* 5.) se fendent comme les chevilles de poinçon: on fend de même à Paris des *diligences* ou petits cotrets, pour allumer le feu.

§. 6. *Comment on fend le Palisson & les Barres pour les futailles.*

On appelle *Palisson* de petites planches fendues (*Fig.* 6), ou des especes de douves dont on garnit l'entre-deux des solives des planchers des fermes & des maisons de peu de conséquence. On les fait ordinairement avec du bois blanc fendu à l'épaisseur d'un pouce, qui se trouve réduite à trois quarts de pouces quand elles ont été dressées à la doloire: leur longueur est fixée par la distance qui se trouve entre les solives, & qui est communément de 18 pouces, parce qu'on ne met que 6 pouces d'intervalle d'une solive à l'autre.

Les barres (*Fig.* 7), pour soutenir le fond des futailles, ont à peu-près la même épaisseur que les palissons; on les fait de différentes longueurs, suivant la grandeur des futailles; mais celles qu'on emploie dans l'Orléanois pour les poinçons ou les demi-queues, doivent avoir 22 pouces de longueur. Comme le palisson & les barres se fendent de la même maniere, nous parlerons de tous les deux à la fois.

On n'a pas besoin d'attelier pour fendre les chevilles, parce que les billes dont on les tire sont fort courtes; mais on ne peut guere s'en passer pour faire le palisson & les barres; néanmoins au lieu de l'attelier (*Pl. XXV. fig. 1*), que nous avons décrit ci-devant; on emploie souvent pour ces petits ouvrages, une chevre à scier du bois telle que celle, *Pl. XXVI. fig.* 8: en y plaçant la piece *c* qu'on veut fendre sous la traverse d'en bas *a*, & sur celle du milieu *b*, on a un point d'appui assez solide pour résister à l'effort du coutre: il est cependant plus commode d'avoir un petit attelier qui, à la grandeur près, ressemble à celui de la Planche XXV. (*fig. 1*).

Quand on a scié les billes selon la longueur convenable, savoir, celles pour en faire du palisson, à 18 pouces, & celles pour les barres des demi-queues, à 22 pouces, le Fendeur prend une bille qu'il place verticalement, & posant son coutre dans le diametre de la piece, il le frappe avec une mailloche, & il commence la fente; puis mettant le même morceau de bois dans la position où l'on voit la piece *c*, (*Fig. 8*), il appuie sur le manche du coutre; alors la fente s'ouvre, mais il empêche qu'elle ne se referme, en y introduisant un coin; ensuite il redresse le coutre, il le pousse plus avant dans la fente, il appuie de nouveau sur le manche, il fait suivre le coin; de sorte que la piece de bois se trouve séparée en deux par la ligne 1, 1, (*Fig. 3*); après quoi il sépare en deux chaque moitié par les lignes 2, 2; enfin il fend encore chaque morceau en deux parties, par les lignes 3, 3, &c.

D'une bille de bois blanc de 8 pouces de diametre, on retire 8 palissons épais d'un pouce, qui se trouvent réduits à 9 lignes après qu'ils ont été dressés; ou 9 barres, parce qu'elles sont un peu moins épaisses que les palissons. A l'égard de ceux-ci, on les laisse dans toute la largeur des billes dont ils ſont tirés ; mais on peut faire deux barres de celles qui ſont les plus larges.

Je remarquerai en paſſant, que les Fendeurs qui ſont du douvain de Chêne, mettent à part une partie de leurs rebuts pour en faire des barres ; ce qui fait que l'on voit une aſſez grande quantité de barres qui ſont de bois de Chêne.

A meſure que les Fendeurs ont débité une bille, ils dreſſent groſſiérement les barres & les paliſſons, avec le grand coutre à un ſeul biſeau, comme on le voit (*Pl. XXV. fig. 8*).

Le paliſſon deſtiné pour les bâtiments qui n'exigent aucune propreté, ſont employés tels qu'ils ſortent des mains des Fendeurs ; mais ceux qu'on emploie dans les bâtiments qui méritent plus d'attention, ſont dreſſés ſur le plat avec la doloire, & encore ſur le tranchant avec la colombe : ce travail eſt du reſſort des Tonneliers.

Pour ce qui eſt des barres, on les livre brutes aux Tonneliers, & c'eſt eux qui les dreſſent avec la doloire ou la plaine, & ils les amincíſſent par les deux bouts *ab* (*fig. 7*).

Le paliſſon prêt à être employé, forme, comme nous l'avons dit, de petites planches (*Fig. 6*) ; les barres, (*Fig. 7*), ſe terminent en tranchant par les deux bouts, afin qu'elles puiſſent s'ajuſter mieux dans les jables.

Dans la forêt d'Orléans les Marchands vendent les barres par cent, & ils ajoutent 8 chevilles par chaque barre.

On fend du Chêne de la même façon, pour en faire du bardeau qui ſert à couvrir des moulins ou d'autres bâtiments : on donne aſſez communément à ce bardeau 10 pouces de longueur ſur 5 de largeur, on le dreſſe avec la doloire : on l'attache ſur les couvertures avec des clous comme les ardoiſes.

§. 7. *Comment on fend les Echalas, les Gournables ou chevilles pour les Vaiſſeaux.*

LES échalas de vigne, qu'on nomme dans la forêt d'Orléans *du Charnier*, & dans le Bourdelois *de l'Œuvre*, ne ſont pas toujours de bois de fente ; on les fait souvent de menues perches de Tilleul, de Saule, de Peuplier, d'Aune, de Genevrier, de Pin, de Chêne, &c, que l'on coupe à 4 pieds & demi de longueur : on les arrange par bottes de 50 échalas ; 25 de ces bottes font une charretée. Quand on dit que les échalas coûtent 12, 15 ou 18 liv. la charretée, on entend que 1250 échalas valent cette somme.

Les plus mauvais échalas de rondin, sont ceux d'Aune, ensuite ceux de Marseau, de Saule, de Peuplier ; ceux de Chêne ne valent guere mieux, parce qu'ils ne sont que d'aubier. Les échalas de Pin sont très-bons ; ceux de Genevrier sont encore meilleurs ; & si l'on pouvoit en avoir de Cyprès & de Cedre, ils seroient de très-longue durée : je conviens que ces arbres sont rares en France ; mais c'est parce qu'on ne veut pas les y multiplier ; car ils viennent avec une facilité étonnante, sur-tout dans les Provinces méridionales du Royaume.

On emploie rarement les gros troncs de bois blanc pour en faire des échalas de fente, parce qu'ils ne valent rien pour cet usage quand le cœur n'est pas sain ; & que quand ce bois est sain, on l'emploie plus utilement à faire des barres, des semelles de galoches, des sabots, de la voliche, &c. On refend en deux ou en trois les grosses perches de Saule pour en faire des échalas. Ces perches se fendent comme celles qu'on destine à faire des cerceaux : comme nous en avons parlé à l'article des taillis, nous nous contenterons d'avertir, que quand on a fait de ces échalas refendus, il faut avoir soin de les lier par bottes, avec de bonnes hares qui puissent les serrer très-fortement, & qu'il ne faut employer ces échalas dans les vignes que quand ils sont bien secs ; autrement, les brins en se séchant, deviendroient très-courbes, par la raison qu'en se séchant sans avoir été contenus par aucun lien, la circonférence du bois qui contient plus d'humidité que le centre, se retireroit davantage, & l'on courroit risque de rompre ces échalas en les piquant en terre.

Les échalas de Pin sont faits de brins de 9, 10 ou 11 ans que l'on arrache : sans les refendre, on se contente seulement de les ébrancher & de les couper de longueur; on les lie ensuite par bottes pour les vendre.

Si l'on veut faire des échalas de Genevrier, on doit y destiner de jeunes pieds que l'on a soin d'émonder, pour les déterminer à former une tige bien droite. J'en ai fait tailler de cette façon qui ont formé de belles tiges; mais j'avois la précaution de laisser ramper au pied quelques branches dont l'ombre étouffoit l'herbe: le Genevrier a cet avantage, qu'il subsiste dans les plus mauvais terreins; il est vrai qu'il y croît bien lentement, & qu'il n'y forme pas une aussi belle tige que dans les terreins de médiocre qualité où l'on pourroit les élever avec plus d'avantage.

Dans la plupart des vignobles de l'Orléanois, on ne fait usage que des échalas de fente de Chêne: voici comment on les fend dans la forêt.

Comme il n'est point essentiel que ces sortes d'échalas aient une figure réguliere, on n'emploie à cet usage que les arbres qui sont trop noueux pour en faire du douvain, de la latte, de la cerche, &c.

On coupe ces arbres par billes de 4 pieds & demi de longueur (*Pl. XXVI. fig. 9*); on les fend d'abord en deux par le centre *AB*, comme on fend celles pour les barres; ensuite on divise encore chaque moitié en deux par la ligne *CD*, toujours du centre à la circonférence, ce qui donne quatre quartiers; chacun de ces quartiers est encore divisé en deux parties par les lignes *E*, *F*, *G*, *H*; de sorte que chaque bille fournit huit morceaux ou segments de cylindre *ACE* (*Fig. 10*), qui doivent être encore fendus de la maniere suivante.

On commence par les fendre par la ligne *GF* (*Fig. 10*); on emporte par copeaux avec le grand coutre la partie *H*, qui n'est que de l'écorce & de l'aubier; ensuite on fend la planche *AE*, *FG* par les lignes *I*, *K*, qui doivent toujours être des rayons qui se dirigent vers le centre *C*, & on en tire trois échalas (*Fig. 11*), qui sont, pour la plus grande partie, d'aubier: autrefois on rejettoit entiérement l'aubier; mais maintenant, comme le bois est devenu plus rare, on emploie tout; quoiqu'un échalas d'aubier de Chêne dure moins qu'un rondin de saule : on fend le restant du quartier par la ligne *L M*; & après avoir divisé en deux le morceau *F G L M* par la ligne *N O*, on a deux échalas de bon bois ; enfin la portion *L M C*, étant encore fendue par la ligne *P Q*, on a un échalas triangulaire *P Q C*; & comme le morceau *L M P Q* se trouve trop menu pour faire deux échalas, & trop gros pour n'en faire qu'un, on leve une tranche *R S*, qui n'est pas à la vérité propre à grande chose.

Comme la forme des échalas de vigne est assez indifférente, & qu'on s'embarrasse peu qu'ils aient un air de propreté, le Fendeur ne se donne pas la peine de les dresser avec le grand coutre : il les couche entre quatre piquets *A*, *B*, *C*, *D*, enfoncés en terre ; (*Fig. 12* ;) où il les arrange comme en *G H*. Ils sont supportés à chaque bout par deux morceaux de bois *E F*; afin que l'Ouvrier ait la facilité d'y passer les harres pour les lier en bottes comme dans la Figure 13 : chacune de ces bottes doit contenir 50 échalas ; 25 de ces bottes, comme nous l'avons dit, font une charretée, & la quantité de 1250 échalas.

Les Ouvriers ont grande attention de mettre vers la circonférence des bottes & en parement, les échalas faits de cœur de Chêne, & de renfermer au centre ceux d'aubier.

Outre les échalas pour les vignes, on en fait d'autres pour les treillages des espaliers ; ceux-ci ont depuis 6 jusqu'à 7 pieds & demi de longueur ; & comme ils doivent être dressés avec la plaine par les Jardiniers, & quelquefois à la varlope par les Menuisiers, on les fait de bois plus parfait. Au reste, la maniere de les fendre est la même que celle des échalas de vigne.

Les gournables ou chevilles que l'on emploie dans la construction des Vaisseaux, se font de pur cœur de Chêne : il est important que ce bois ne soit point gras ; le plus fort est toujours le meilleur. On fend les gournables comme les échalas ; leur longueur doit être depuis 24 pouces jusqu'à 36 sur 2 pouc. & demi ou 3 pouces d'équarrissage. Les gournables pour les Vaisseaux de 80 pieces de canon doivent avoir 15 lignes d'équarrissage ; 14 lignes pour les Vaisseaux de 74 & de 64 canons ;

13 lignes pour ceux de 50 pieces ; & 12 lignes pour les Frégates : on les vend au millier.

§. 8. *Comment on fend les lattes pour la tuile & l'ardoise.*

Jusqu'à présent je n'ai expliqué que la maniere de fendre les ouvrages les plus communs : ces opérations sont ordinairement commises aux Apprentifs-Ouvriers ; maintenant je vais parler des ouvrages de fente qui exigent plus d'adresse & d'expérience : les lattes sont de ce genre.

On doit avoir déja remarqué que les Fendeurs divisent leurs quartiers suivant deux directions ; tantôt ils les fendent suivant les lignes dirigées, comme *A B*, ou *C D*, (*Pl. XXVII. fig. 1*) ; d'autres fois suivant des lignes qui forment des rayons *EF*, *EG*, *EH*, *EI*, &c ; mais on doit observer qu'ils ne fendent leur bois suivant les lignes *AB*, *CD*, &c, que pour les premieres divisions où il reste beaucoup de bois, & que les subdivisions qui sont plus difficiles à exécuter, parce que les pieces qu'on leve sont minces, se doivent faire toujours suivant les directions *EF*, *EG*, &c. La raison de cela est, qu'ils ont apperçu que la fente se fait toujours plus réguliérement par des lignes qui s'étendent du centre à la circonférence ; c'est-à-dire, suivant la direction des insertions ou mailles, que dans toute autre direction ; & l'on en comprendra la raison, si l'on veut recourir à ce que j'ai dit dans la *Physique des Arbres*, que le tronc d'un arbre est formé par des couches qui se recouvrent les unes les autres, & qui forment sur l'aire de la coupe d'un tronçon de bois les cercles *L*, *L*, *L*, *L*, &c. Comme ces cercles sont plus durs que la substance qui les unit, cela fait que, quand on dirige la fente suivant les lignes *A B*, ou *C D*, &c, il s'y fait des éclats qui se détachent des cercles, où le bois a moins d'adhérence, pour rester unis aux cercles qui ont plus de densité. La même chose n'arrive pas quand on fend le bois suivant les lignes *EF*, *EG*, *EH*, &c, qui coupent perpendiculairement les cercles *L*, *L*, *L*. Nous avons encore fait remarquer dans le même Traité, qu'on voyoit sur la coupe d'une piece de bois, des lignes qui s'étendent du centre à la circonférence : Grew compare ces lignes aux lignes horaires des Cadrans ; il les nomme *insertions* ou *mailles* ; il dit qu'elles sont formées par le tissu cellulaire ; qu'on les apperçoit par plaques brillantes sur le plat d'un morceau de bois fendu : or il est certain que le bois a beaucoup de disposition à se fendre par ces points ; & que c'est ce qui fait que les arbres ne se fendent jamais plus réguliérement, que suivant les rayons qui s'étendent du centre à la circonférence. Quelque jugement que l'on porte de cette théorie, le fait n'est pas moins certain ; & les Fendeurs savent très-bien que leur fente seroit peu réguliere, s'ils levoient les pieces minces & délicates suivant toute autre direction que *EF*, *EG*, *EH*, &c. Il y a encore une remarque générale à faire & qui est importante ; c'est que la fente se conduit mieux quand les deux portions qu'on sépare, sont à peu-près de même épaisseur, que quand l'une se trouve fort épaisse & l'autre très-mince ; c'est ce qui fait que les Fendeurs séparent toujours, autant qu'il leur est possible, leurs pieces par moitié ou par tiers : s'ils ont à fendre le quartier *E*, *F* (*Pl. XXVII*, *fig.* 1), en 4 tranches, ils ne commenceront pas par placer leur coutre en *a E*, mais en *b E* ; ensuite ils diviseront chaque morceau en deux, par les lignes *a E* & *c E*.

Par la même raison, s'ils ont à fendre en lattes le quartier *a b c* (*Fig.* 2), ils commenceront par mettre le coutre en *dd*, puis en *e e*, & ensuite en *ff* ; chaque tranche sera divisée en lattes, d'abord par la ligne 1, 1, puis par les lignes 2, 2, ensuite par les lignes 3, 3, &c.

Achevons d'expliquer par un exemple, la maniere de fendre les lattes quarrées pour la tuile.

On choisit pour cela des Chênes sans nœuds & les plus propres à la fente ; on les coupe par billes de 4 pieds de longueur, que nous supposerons avoir 9 pouces de diametre ; on les fend d'abord en deux ; chaque moitié encore en deux ; enfin chacun de ces quartiers encore en deux ; ainsi de chaque bille, l'Ouvrier retire huit quartelles semblables à *a b c* (*Fig.* 2), qui sont 5 pouces de *b* en *c*, & 3 & demi de *a* en *c*. Il

Il commence par fendre ces quartiers suivant la ligne *d d* (*Fig.* 2), puis *ee*, puis par la ligne *ff*. Il emporte avec le grand coutre l'écorce & une partie de l'aubier *age*; ensuite il leve dans la tranche *a c*, *e e*, trois échalas qui sont presque entiérement d'aubier, & qui n'ont que 4 pieds de longueur, au lieu de 4 pieds & demi qu'ils devroient avoir; c'est la tranche *d d*, *e e*, qui fournit des lattes; cette tranche doit avoir 15 à 16 lignes d'épaisseur, parce qu'elle donne la largeur des lattes pour la tuile, qu'on nomme *lattes quarrées*. L'Ouvrier commence par la diviser en deux par la ligne 11; ensuite il fend chaque moitié en deux, par les lignes 2, 2, de sorte que chaque quart lui fournit trois lattes qui doivent avoir 2 lignes & demie ou 3 lignes d'épaisseur.

La ligne *e e* étant plus longue que la ligne *d d*, les lattes doivent être plus épaisses d'un côté que de l'autre; les Couvreurs mettent le côté le plus épais en en haut, pour recevoir le crochet de la tuile.

Quand une latte se trouve considérablement plus épaisse par un de ses bouts que par l'autre, le Fendeur la met entre les deux fourchets de l'attelier; il la courbe en en bas; il appuie dessus avec sa main gauche; & avec son coutre à deux biseaux, il en enleve un copeau qu'il conduit jusqu'au bout de la latte; ou bien il se contente d'enlever une partie de l'épaisseur du bois avec le grand coutre.

Dans une bille de 9 pouces de diametre, la seule couronne dont *d d*, *e e* fait une partie, fourniroit environ 96 lattes. L'Ouvrier arrange ensuite les lattes par bottes de 50, (*Fig.* 4), entre quatre chevilles, disposées comme le voit (*Fig.* 5).

Il ne faut que 20 bottes pour faire une charretée, par conséquent la charretée de lattes ne contient que 1000 lattes. Souvent la latte se vend au cent de bottes.

On fend pour Paris, & on débite en lattes quarrées la tranche *a c e e* (*Fig.* 2), qui n'est presque que de l'aubier. On nomme cette latte, *latte blanche*; elle sert à latter les parties qui doivent être recouvertes de plâtre, comme plafonds, cloisons, &c: les Maçons prétendent que la latte de cœur de Chêne tache le plâtre; mais ce peut être un prétexte pour employer la latte blanche qui leur coûte moins que l'autre. Dans la forêt d'Orléans, on fait des échalas avec cette tranche. Les lattes à ardoise se fendent comme celles pour la tuile; elles ont de même quatre pieds de longueur, environ deux lignes & demie d'épaisseur; mais comme elles doivent avoir 3 pouces & demi ou 4 pouces de largeur, il faut que la tranche *fgde* (*Fig. 3*), ait 4 pouces d'épaisseur, ce qui oblige de choisir des arbres plus gros, & souvent on renonce à faire des échalas au-dessus de la tranche *fg*, & en ce cas la ligne *fg*; est placée au bord de l'aubier, & l'on tire de la latte de la tranche *de*, *ab* : les bottes de lattes voliches ne sont que de 25 lattes.

A l'égard du triangle *hikl*, (*Fig. 3*), on a coutume d'en faire des échalas : nous remarquerons en passant, que les lattes qu'on emploie en échalas sont peu estimées, non-seulement parce qu'elles sont d'un demi-pied plus courtes que les autres, mais encore parce que celles qui sont prises dans la tranche *acee* (*Fig. 2*), ne sont presque entiérement que de l'aubier.

§. 9. *Comment on fend le douvain, le merrain ou traversin, c'est-à-dire, les douves ou douelles de fond, & celles de long pour les futailles.*

La maniere de fendre les douves ou douelles pour les futailles, differe peu de celle que nous avons expliqué pour les lattes.

Il faut choisir du bois de belle fente qui ne soit point trop gras : il est nécessaire que les rondines soient d'autant plus grosses, qu'on a à faire des douves pour de plus grosses pieces, parce que celles qui sont destinées pour de grosses futailles, sont ordinairement plus larges que celles qu'on doit employer pour des barrils, & qu'on prend toujours la largeur des douves dans le même sens que les lattes de la *Figure* 3 ; il est évident que la largeur des lattes quarrées, étant de 15, 16 ou au plus 18 lignes, elles peuvent être prises dans un arbre moins gros, que les douves qui ont 4, 5 & même 6 & 7 pouces de largeur.

Les Tonneliers ne trouvent jamais le merrain trop large, parce qu'il avance d'autant plus leur ouvrage; néanmoins plus les douves de long sont étroites, meilleures en sont les futailles; & j'en ai vu de très-belles dont les douves n'avoient que 2 pouces, 2 pouces & demi ou 3 pouces de largeur.

J'ai dit qu'il falloit choisir pour le merrain des arbres de belle fente : on en sentira la nécessité, quand on fera attention que les futailles qui ne sont assemblées qu'à plat-joint, doivent contenir des liqueurs précieuses, assez exactement pour ne point courir risque qu'il s'en perde dans les transports : or des nœuds qui donneroient aux douves des contours irréguliers, ou qui occasionneroient un défaut de bois, ne conviendroient point à un assemblage exact à plat-joint, surtout pour des planches qui n'ont qu'une petite épaisseur.

Les futailles qui seroient faites avec du bois perméable aux liqueurs, occasionneroient un grand coulage; c'est pour cela qu'on n'y emploie aucuns bois blancs, tels que Saule, Tremble, Peuplier, Tilleul, &c : on n'emploie communément pour les futailles qui doivent contenir du vin ou de l'eau-de-vie, que du Chêne.

Dans le Limousin, l'Angoumois, &c, on fait de très-bonnes futailles avec le jeune Châtaigner; j'ai vu de grosses tonnes faites avec de l'Acacia; enfin dans les Provinces méridionales du Royaume, on fait du merrain avec le Mûrier blanc.

On rebute le Chêne qui est trop gras, non-seulement parce que ce bois est perméable aux liqueurs, mais encore parce que comme il est fort cassant, quelque douve pourroit se rompre, lorsqu'on roule des pieces pleines sur un terrein dur où elles pourroient rencontrer un caillou.

Le bois de Chêne extrêmement gras, prend une couleur rousse bien différente du bon Chêne dont le bois est presque blanc; c'est pourquoi il est défendu par les Statuts des Tonneliers d'Orléans, d'employer pour les futailles où l'on renferme des liqueurs, aucunes douves de bois rouge ou vergeté, excepté la douve du bondon qu'il leur est permis de mettre de ce bois.

Dans les Ports où l'on fait de grosses recettes de douvain, outre les marques extérieures qui font juger de la qualité du bois, on éprouve les douves en les frappant le plus fortement qu'il est possible sur l'angle d'une enclume ou d'une grosse pierre fort dure : alors si elles résistent à ce coup, ou si elles se rompent, on juge de la qualité de leur bois par les éclats qu'elles forment : si elles rompent net & sans éclats, c'est signe que le bois est gras ; & quand il est trop gras, on le rebute. Il est bon que ceux qui font exploiter des bois, soient avertis des défauts qui pourroient empêcher les Tonneliers d'acheter leur merrain, afin qu'ils évitent de laisser employer à cet usage certains bois qui n'y seroient pas propres.

On fait néanmoins à dessein du merrain & du traversin avec du Chêne rouge très-gras, avec du Hêtre, ou même avec des bois blancs ; mais ces douves ne sont propres qu'à faire des tonnes pour le sucre, des barrils pour renfermer de la clincaillerie ou d'autres marchandises seches ; & pour ces objets, où l'exactitude n'est pas aussi nécessaire que quand il s'agit de contenir des liqueurs, on tient les douves fort minces.

Enfin, quand on a choisi le bois convenable à l'usage qu'on veut faire des futailles, on coupe les billes plus ou moins longues, suivant la grandeur des tonneaux qu'on se propose de construire. On fend d'abord les billes par quartiers, comme quand on veut faire de la latte ; mais comme il arrive souvent que les billes sont trop courtes pour des échalas ou des lattes, dans les parties qu'on n'emploie pas en merrain, on fait ensorte que le segment qu'on fait au-dessus de *fg*, (*Fig. 3*), emporte tout l'aubier, parce qu'il est important qu'il n'y en ait absolument point dans les douves. On leve ensuite une tranche semblable *fg de*, à laquelle on donne la largeur que les douves doivent avoir ; enfin on divise cette tranche, suivant les lignes 1, 1, 2, 2, &c, en observant de donner aux douves une épaisseur proportionnée à leur longueur.

A l'égard des tranches *h*, *i*, *k*, *l*, on peut les couper de longueur, & les fendre pour en faire des gournables ou chevilles pour la construction des Vaisseaux, supposé toutefois que ce bois soit bien sain, & ne soit pas gras; car dans les recettes des gournables, les préposés sont très-difficiles sur la qualité du bois, & ils rebutent absolument celui qui a quelque marque de retour.

Comme l'industrie du Fendeur consiste à employer utilement tout son bois; s'il ne peut pas trouver dans la tranche *d e a b*, (*Fig. 3*), des douves pour de grosses futailles, il essayera d'en débiter pour des barrils, ou des lattes voliches qu'on emploie sur les jointures des batteaux, ou pour des ouvrages de moindre conséquence; car ces sortes de billes sont trop courtes pour les débiter en lattes propres aux Couvreurs.

Quand le douvain est fendu, le Fendeur le dégauchit grossiérement avec le grand coutre à un biseau : on le vend en cet état aux Tonneliers, qui le dressent sur le plat avec la doloire, & sur le chant avec leur colombe ; ces opérations sont partie de l'art du Tonnelier dont il n'est pas ici question.

§. 10. *Tarif de la longueur, largeur & épaisseur du traversin & du merrain pour quelques futailles de différentes grandeurs.*

Pieces de 4.	*Longueur.*	*Largeur.*	*Epaisseur.*
Merrain.	51 pouces.	6 pouces.	15 lignes.
Traversin. . . .	38 pouces.	7 pouces.	18 lignes.
Pieces de 3.			
Merrain.	48 pouces.	6 pouces.	15 lignes.
Traversin. . . .	34 pouces.	7 pouces.	15 lignes.
Pieces de 2.			
Merrain.	45 pouces.	6 pouces.	12 lignes.
Traversin. . . .	30 pouces.	7 pouces.	14 lignes.
Demi-queue.			
Merrain.	36 à 37 pouc.	5 à 6 pouces.	7 à 9 lignes.
Traversin. . . .	24 à 25 pouc.	5 à 8 pouces.	7 à 9 lignes.

Les Fendeurs ont soin de mettre de côté les pieces les plus courtes ou celles qui sont échancrées par les bouts, parce qu'elles peuvent être employées à faire des chanteaux ou *accoinsons* pour les fonds.

Comme les jauges varient selon les différentes Provinces, on doit proportionner la longueur des douves à celle des futailles, qui sont le plus en usage dans le pays où l'on en doit faire la consommation.

Quand les Tonneliers n'emploient que des douves étroites, leur ouvrage en est bien meilleur; mais aussi leur prix doit être moindre que celui des plus larges, parce qu'il en entre beaucoup plus que de celles-ci dans la construction d'une futaille.

A Orléans, les Tonneliers achetent ordinairement le merrain au millier, assorti & composé de 1400 douelles ou douves de long, & 700 de douves de fond, propres à faire des maîtresses pieces & des chanteaux.

Le merrain pour les demi-queues, jauge d'Orléans, a deux pieds 6 pouces de longueur, 5 à 6 pouces de largeur; le traversin a 2 pieds de longueur sur 6 à 7 pouces de largeur; l'épaisseur de toutes ces douves, tant de long que de fond, est de 5, 6 ou 7 lignes au sortir des mains du Fendeur.

Les Tonneliers ont grande attention de flairer les douves avant de les employer, pour s'assurer si elles n'ont aucune mauvaise odeur; car comme ils répondent du vin qui contracteroit un goût de fût dans les futailles qu'ils vendent, il leur est important d'éviter cette perte. Il m'est arrivé d'avoir fait remplir de bon vin, des tierçons que j'avois fait faire avec des douves puantes que les Tonneliers avoient rebutées; & ce vin n'y a pris aucun goût: il est cependant certain qu'il y a des futailles qui gâtent le vin; mais je puis assurer que ni les Fendeurs ni les Tonneliers n'ont point de méthode sûre pour les connoître parfaitement: ils rebutent absolument les douves faites avec du bois du pied des arbres où il s'est trouvé des fourmillieres, quoiqu'il ne soit pas certain qu'elles puissent gâter le vin.

§. II. *Maniere de fendre les Cerches pour les Boisseliers.*

LES Cerches sont des planches minces, de bois de fil, & fendues comme les douves : elles servent à faire les caisses des tambours, les bordures des tamis, les seilles, les minots, les boisseaux & d'autres mesures de toutes grandeurs jusqu'au demi-litron, qui est la plus petite mesure pour les grains.

Les cerches sont toutes faites de bois de Chêne; & l'on choisit pour ces ouvrages les bois de la plus belle fente.

La cerche est plus avantageuse au Marchand que le merrain; le merrain plus que la latte; & la latte plus que les échalas.

Les Marchands vendent aux Boisseliers pour faire des seilles, des boisseaux, &c, des cerches de trois especes : celles qui retiennent le nom de *cerches* pour le corps des seaux, ont depuis 10 pouces jusqu'à un pied, ou 13 pouces de largeur sur 3 pieds, ou 3 pieds 6 pouces de longueur, & 3 à 4 lignes d'épaisseur, dressées à la plaine. Les cerches qu'on nomme *bordures*, sont de la même longueur & de la même épaisseur, mais elles n'ont que 4 à 5 ou 6 pouces de largeur. On en fournit encore qu'on nomme *garnitures* ou *Aprest-marchand* : celles-ci ne différent des *bordures*, que parce qu'elles ont 6, 7 ou 9 pouces de largeur.

Les cerches pour les minots, ont quatre pieds & demi de longueur sur 14, 15, 16 ou 17 pouces de largeur : les plus larges sont réservées pour les caisses de tambours : on vend encore aux Boisseliers des *enfonçures*; ce sont des planches fendues : celles pour les seilles ont 10 à 12 pouces en quarré, & 5 à 6 lignes d'épaisseur : il s'en fait de plus grandes pour les minots.

Les Marchands ont coutume de livrer par *assortiment* aux Boisseliers les cerches & enfonçures : un assortiment est composé de huit bottes de grandes cerches; chaque botte en contient six, en tout 48; plus, 16 bottes de garnitures ou *Aprest-marchand* : ces bottes contiennent 12 cerches, en tout 192 :

les bottes de bordures contiennent plus de 12 cerches, & leur nombre augmente à proportion qu'elles sont plus étroites; enfin pour compléter un pareil assortiment, on livre six fonds pour chaque botte de grandes cerches, en tout 48.

Dans quelques endroits, une fourniture complette est composée de 108 corps de seaux en 18 bottes; plus, 108 bordures en 9 bottes, ou 216 bordures distribuées en 18 bottes & 108 fonds.

Une bille de belle fente, de 3 pieds 6 pouces de longueur & de 4 pieds de diametre, peut fournir 200 cerches pour corps de seaux; ce qu'on retranche du cœur avant de la fendre, fournit de bons échalas. On donne à peu-près 7 liv. aux Fendeurs pour fendre un assortiment complet.

On pourroit imaginer que pour avoir des cerches d'un pied, & de 14 pouces de largeur, il faudroit fendre l'arbre par son diametre, & ensuite par des lignes paralleles pour fournir de la garniture & de la bordure, mais cela n'est pas praticable; il faut nécessairement carteler l'arbre, ainsi que nous l'avons dit pour débiter la latte, & comme nous le ferons voir encore dans le paragraphe suivant,

§. 12. *Ordre que suivent les Fendeurs dans leur travail.*

Un arbre supposé tel que celui de la Planche XXVII. (*Fig.* 6) & marqué *A*, ne pouvant être propre à faire une belle piece de charpente à cause des branches *a*, *b*, *c*, & des nœuds qui s'y rencontrent, on l'abandonne aux Fendeurs qui le scient par billes, pour les débiter en ouvrages auxquels on les juge propres, relativement à leur grosseur & à la longueur qu'il est possible de donner à chaque bille.

En supposant qu'un pareil arbre a 12 pieds de circonférence par le pied; on commence par donner un trait de scie en *e*, pour en séparer la culasse (*Fig.* 7), qu'a fourni l'abattage. On fend cette culasse en deux par la ligne *gg*; chaque moitié encore en deux par les lignes *h*, *h*, ce qui donne des quartiers comme la *Figure 8*; on ôte le bois du cœur de ces quartiers,

quartiers, représenté par le triangle ponctué *kk* (*Fig.* 8) : on fend ensuite ces quartiers par les lignes *n*, *n*, *n*, (*Fig.* 9) ; enfin on refend ces tranches par planches de demi-pouce d'épaisseur, qui servent à faire des fonds de seaux. Comme les culasses ne peuvent pas fournir tous les fonds nécessaires, on y supplée en coupant une rondelle entre les nœuds du corps de l'arbre ; comme par exemple en *a b* de la *Figure* 6, lorsqu'on peut y en trouver une de 7, 8, 9 ou 10 pouces de longueur : quelques-uns de ces fonds sont faits de deux pieces ; alors on les assujettit avec de petits gougeons de fer.

Lorsqu'on peut lever dans le même arbre, entre *a* & *e* (*Fig.* 6), une bille bien saine & sans nœuds, de 3 pieds cinq à six pouces de longueur, on la destine à faire de la cerche pour les corps de seaux.

Supposons qu'une bille telle que celle de la *Figure* 10, se trouve avoir 3 pieds 6 pouces de longueur, & 4 pieds de diametre : pour la débiter en cerches, l'Ouvrier qui doit la fendre en deux par la ligne ponctuée *r r*, place perpendiculairement le tranchant de la cognée sur cette ligne ; & frappant sur la tête de la cognée avec la mailloche *t* (*Fig.* 11), il commence une petite fente vers chaque extrémité du diametre *rr* (*Fig.* 10).

Quand ces deux ouvertures sont faites, il place dans chacune le tranchant d'un coin de bois de Charme, de Cormier ou de tout autre bois bien dur : ces coins *x* (*Fig.* 11) sont fort longs, & ils ont peu d'épaisseur ; & par cette raison, la tête de la cognée suffit pour ouvrir une fente ; souvent même il n'est pas besoin d'employer un troisieme coin pour diviser en deux une pareille bille ; néanmoins lorsque le Fendeur apperçoit quelques éclats qui tendent à interrompre le droit fil du bois, il introduit en cet endroit un troisieme coin qui procure une séparation réguliere des deux moitiés : chaque moitié est fendue ensuite en deux par la ligne *yy* (*Fig.* 12), & les quartiers de même en deux, par les lignes *z*, *z* ; puis ces chanteaux, dont le Fendeur enleve le bois du cœur qui fait un triangle, comme *k k* (*Fig.* 13), le font aussi en cartelles par les lignes &, & ; & celles-ci sont encore fendues en deux pour en former d'autres plus minces ; on porte celles-ci dans la loge où l'on travaille les cerches.

Mais en levant le triangle *kk*, il faut que le Fendeur prenne garde que la partie *m o*, *n o*, (*Fig. 14*), porte 11 à 12 pouces, qui est la largeur requise pour faire les cerches de seaux, dans un arbre de 4 pieds de diametre. Comme on se contente ordinairement de lever des cerches de 11 à 12 pouces de largeur, ce qui fait 22 à 24 pouces, le Fendeur peut emporter un prisme de 10. pouces de hauteur en *k k* (*Fig. 13*) ; & en ôtant, comme nous allons le dire, deux pouces de bois en *o*, il lui reste un madrier de 12 pouces de *m* en *o*, & de 3 pieds 5 à 6 pouces de *m* en *n* ; on porte ces madriers à la loge des Fendeurs où l'on acheve de fendre les cerches. En supposant qu'une tronce (*Fig. 10*), ait 4 pieds de diametre, c'est-à-dire, 144 pouces de circonférence, chaque tranche ou chaque seizieme de cette tronce (*Figure 14*), doit avoir 9 pouces d'épaisseur du côté de *o o* ; mais elle n'aura au plus que 3 pouces du côté de *m n*. Comme dans chacune de ces seiziemes parties, on doit lever 12 cerches, il faut partager le côté *o* en 12 parties, & aussi le côté *m n* en 12 ; & quand les cerches seront fendues, elles auront 9 lignes d'épaisseur du côté de *o*, & seulement 3 lignes du côté de *m n*. Les Fendeurs, sans prendre aucune mesure, exécutent cependant ces divisions très-exactement : reprenons l'ordre de leur travail.

Le Fendeur ayant un genou en terre, & tenant de la main droite le coutre, emporte, en hachant, le secteur *o,q,o* (*Fig. 14*) ; ainsi il équarrit la piece en emportant l'écorce avec une partie de l'aubier ; cela se fait avec un coutre à deux biseaux, dont la lame a un pied de longueur : il fend ensuite sur la fourche ou l'attelier (*Pl. XXV. fig. 1*), la tranche en 2 par la ligne *p q* (*Fig. 14*) ; il fend encore chaque moitié en 3, & chaque tiers en 2, ce qui fait les 12 cerches.

J'ai dit ci-dessus comment l'Ouvrier conduit la fente bien droite ; mais je dois faire remarquer ici que quand les arbres sont moins gros, comme les cartelles forment un coin plus aigu, il ne seroit pas possible de diviser le côté *n m* (*Fig. 14*), en autant de cerches que le côté *o*; par exemple, si l'arbre n'avoit que 36 pouces de diametre, c'est-à-dire, 108 pouces de circonférence; chaque cartelle d'un seizieme ne pourroit avoir que 6 pouces & demi d'épaisseur du côté de *n*, pendant que celle que l'on tireroit d'une rondelle de 4 pieds de diametre, auroit 9 pouces; & par conséquent si l'on vouloit conserver aux cerches la même épaisseur du côté de *n*, on n'en pourroit tirer que 8 au lieu de 12; cependant on pourroit refendre la partie *o* en 12, puisque la partie *n* de la bille de quatre pieds de diametre peut être divisée en cette quantité, quoiqu'elle n'ait que 3 pouces au plus de largeur; mais la cartelle d'une bille de 3 pieds de diametre, n'a que 18 pouces de largeur de *n* en *o* (*Fig.* 13): si en ôtant le cœur de cette cartelle, & en la pelant de son écorce, on en tiroit un pied de bois, comme on fait aux cartelles d'une bille de 4 pieds, cette cartelle ne se trouveroit plus avoir que 6 pouces de largeur, & elle ne pourroit fournir que de la bordure. Pour tirer de ces cartelles des cerches pour les seaux, on se contente de n'enlever que 5 pouces ou 5 pouces & demi du cœur, & on ne retranche qu'un pouce & demi du côté de l'écorce; alors la largeur de cette cartelle sera de 11 pouces, ce qui est suffisant pour faire des corps de seaux; mais aussi chaque cartelle n'aura que 2 pouces ou 24 lignes d'épaisseur du côté de *n* (*Fig.* 15), ce qui ne peut fournir que 8 ou 9 cerches; & comme on perdroit du bois en ne levant que 8 cerches du côté de *o*, on commence par faire deux levées *r* & *s* (*Fig.* 15), dans la partie la plus épaisse, avec lesquelles on fait des bordures ou de *l'apprêt-marchand*; reste la piece *o n*, qu'on fend en deux; puis chacune de ces moitiés encore en deux, & encore chacune de ces pieces en deux, & on aura 8 cerches pour des corps de seaux; ce qui aura été retranché du cœur, fournira de très-bons échalas, mais qui n'auront que 3 pieds 5 à 6 pouces de longueur; en tout cas on pourroit en faire des gournables.

Quand les billes n'ont que 2 pieds & demi de diametre, on ne peut tirer que 4 cerches dans la partie *o n*, & de la bordure dans les levées *r*, *s*; si les tronces sont encore moins grosses, on n'en tire que de l'*apprêt-marchand* & des bordures.

Lorsque les nœuds & les branches ne permettent de donner aux billes que 2 pieds & demi de longueur, on n'en tire que des cerches pour les quarts ou les litrons, & de la bordure pour l'assortiment de ces ouvrages.

Il arrive quelquefois qu'une cerche fendue a trop d'épaisseur du côté de l'aubier; alors le Fendeur prend le coutre à un biseau, avec lequel il enleve un *bordillon*, qui est une bordure mince & étroite qui sert à lier les bottes; & si le bois n'est pas assez épais pour permetre de faire cette levée, il n'enleve seulement que quelques copeaux, ce qui épargne de la peine au Planeur.

Quand les billes sont trop menues pour faire de la cerche, on les débite en merrain, en traversin, en lattes, ou en échalas.

Les trois Ouvriers qui sont ordinairement attachés à une loge, se réunissent pour mener le passe-par-tout & couper les billes. Chacun se distribue & se charge d'une partie de l'ouvrage: l'un cartelle & enleve le cœur du bois des billes; l'autre écorce les cartelles & fend les cerches, les bordures & les fonds. Ces fonds sortent des mains du Fendeur dans l'état où ils doivent être pour être vendus; mais les cerches doivent passer par les mains du Planeur pour être mises d'épaisseur.

Le banc à dresser (*Pl. XXVIII. fig. 1*), est composé d'une planche inclinée *a b*, de 4 pieds & demi de longueur, 8 pouces de largeur, un pouce & demi d'épaisseur: près l'un de ses bords & environ à 2 pieds du bout antérieur *b*, cette planche est percée en *g* d'un trou, pour recevoir la queue d'un mentonnet *h*; cette queue est fermement assujettie dans la planche du dessous *c d*: la planche supérieure *a b*; est soutenue à 2 pieds du terrein par 2 pieds *i i*, qui entrent d'un bon demi-pied en terre, & la partie *c* du bas de cette même planche est arrêtée par quelques piquets & chargée d'un gros tronc d'arbre *k*, qui augmente sa solidité; la planche du dessous excede par le bout *d*, de 8 à 9 pouces l'à-plomb de la planche inclinée; elle a un mouvement de charniere en *a*, où elle est retenue à l'aise par une cheville clavetée ; de forte que quand le Planeur veut changer la situation de fa cerche, il éleve le mentonnet *h*, en foulevant le bout *d* de la planche avec fon pied ; quand il a placé convenablement fur la planche fupérieure la cerche *l m*, il l'affujettit fermement en cette fituation, en appuyant fon pied fur l'extrémité *d* de la planche de deffous, qui lui fournit un levier affez long pour preffer fortement le mentonnet *h* contre la cerche *l m* : après quoi il enleve des copeaux avec fa plane, & il diminue l'épaiffeur qui eft toujours trop grande du côté de l'aubier; il retourne la cerche pour en faire autant à la partie qui étoit fous le mentonnet. Quand ce côté de la cerche eft réduit à peu-près à la même épaiffeur que le côté qui répondoit au cœur du bois, le Planeur, pour s'affurer fi cette cerche eft de l'épaiffeur convenable dans toute fa longueur, la retire du banc ; il en pofe un bout à terre, la fait ployer d'abord dans une partie, enfuite dans une autre (*Fig.* 2) ; & après avoir reconnu par la roideur de la cerche l'endroit où il y a trop de bois, il la remet fur la planche *a b*, pour enlever ce furplus avec la plane; il retire enfuite cette planche, la fait plier en aile de moulin pour voir fi l'épaiffeur eft égale vers les deux bords ; la grande habitude qu'il a contractée, lui facilite le moyen de la réduire en très-peu de temps, à l'épaiffeur convenable dans toute fa longueur ; après quoi, & afin qu'elle ne fe defféche point, il la couvre d'un tas de copeaux verds.

Le Fendeur & le Planeur continuent ainfi leur travail jufqu'au foir, & finiffent par rouler les cerches par bottes, comme nous allons l'expliquer.

Quand il eft queftion de rouler les cerches, le Fendeur & le Planeur fe réuniffent pour travailler de concert à cette opération. D'abord ils piquent en terre deux barres de fer *A A* (*Fig.* 3), qu'on nomme *chenets*, pointues par un bout, & percées par en haut de plufieurs trous, dans lefquels ils ajuftent les crochets *B B* avec des clavettes : ces crochets foutiennent à différentes hauteurs, & fuivant la longueur des cerches, la tringle de fer *CC*.

On place cet établiffement au-deffus du vent & vis-à-vis un

grand feu de copeaux *D* (*Fig. 4*), auquel on préſente les cerches *E* (*Fig. 3 & 4*).

Le bois qui eſt de bonne qualité, au lieu d'un œil rougeâtre qu'il avoit, devient blanc lorſqu'il eſt chauffé : il n'en eſt pas de même du bois roux ; celui-ci ne perd jamais cette couleur : au reſte, les cerches échauffées deviennent fort tendres & capables de ſe plier à volonté ; de temps en temps on les retire, on les retourne & on appuie le genou deſſus (*Fig. 2*), pour connoître ſi elles ont acquis de la ſoupleſſe : pendant que le bois chauffe, le Fendeur prend un battant ou une demi-bordure ou bordurette (*Fig. 5*), qui eſt une bordure manquée, étroite & mince ; il fait un trou à chaque bout ; il la plie en rond ; il paſſe dans les trous une laniere (*Fig. 6*), qui eſt faite d'un copeau de bois verd fort mince, levé avec la plane ſur une jeune branche de Charme ou de Chêne ; enſuite il fait tourner chaque bout de cette laniere autour de la bordurette ; & pour l'arrêter, il en paſſe l'extrémité entre la laniere & le bout de la bordurette ; enſorte que plus les bouts de la bordurette font d'effort pour s'écarter, plus le nœud ſe reſſerre ; ce nœud eſt repréſenté en *H* (*Fig. 8*) : le diametre total du lien que forme cette bordurette, eſt de 12 à 14 pouces.

On prépare auſſi deux gardes ou battants *I* (*Fig. 8*), qui conſiſtent en deux petites planches minces que les Fendeurs ménagent en faiſant les fonds des ſeaux : nous en expliquerons bientôt l'uſage.

Les cerches étant bien chaudes & ſuffiſamment pliantes, le Fendeur en tire trois du haloir ; il en poſe une à terre, ſur le bout de laquelle il place un rouleau (*Fig. 9*), qui a 3 pieds 4 pouces de longueur, 9 pouces & demi de diametre ; à un des points de ſa circonférence eſt une grande mortaiſe *M* (*Fig. 9 & 10*), longue d'un pied 4 pouces, & profonde de 2 pouces : la coupe de ce rouleau eſt repréſentée dans la *figure* 10, & fait voir la forme de cette mortaiſe : le Fendeur y engage le bout de la cerche (*Fig. 11*) ; & en tournant le rouleau, il fait prendre à cette cerche la courbure qui convient pour la mettre en botte ; ſur le champ il la déroule, & en met une autre à la place pour lui faire prendre le même pli. Quand ces trois cerches ont été roulées l'une après l'autre, il engage de nouveau l'extrémité de l'une d'elles dans la même mortaise ; & lorsqu'il en a plié ou roulé environ 6 pouces, il pose une seconde cerche sur celle-là ; il tourne un peu le rouleau, & place encore une troisieme cerche sur la seconde (*Fig. 11*). Comme il faut plus de force pour plier ces trois cerches, le Fendeur & le Planeur se réunissent pour mener ensemble le rouleau ; ils ont soin que ces trois cerches soient roulées & bien serrées ; ensuite un troisieme Ouvrier souleve le rouleau par un bout, un autre retire ces trois cerches & les place dans le lien (*Fig. 7*) ; comme ce lien a un peu plus de diametre que ces trois cerches roulées, elles s'y déroulent un peu, de maniere que les bouts de la cerche extérieure ne se joignent pas : ces bouts ne manqueroient pas de se rompre vers les bords, s'ils n'étoient simplement réunis que par la bordurette, parce que ce bois est de fil, & que cette cerche fait effort pour se redresser ; pour empêcher cela, on met sous le lien, les gardes *I, I* (*Fig. 8*) qui sont, comme je l'ai dit plus haut, deux petits bouts de planches minces : ces gardes appuyant sur toute la largeur des cerches, empêchent qu'elles ne se fendent.

L'Ouvrier n'a encore mis dans le lien que 3 cerches, & il en faut 6 pour faire la botte. Il tire du haloir trois autres cerches, les roule séparément, & ensuite toutes trois à la fois, ainsi que les premieres, & il les place à force dans le vuide de la botte (*Fig. 7*), qui se trouve alors complette (*Fig. 12*) : on les empile six à six les unes sur les autres, afin que les Marchands voyent plus aisément si les cerches ont la largeur qu'ils desirent.

Nous avons dit qu'on tiroit les cerches qu'on nomme *aprêt-marchand*, autrement les bordures, de billes plus menues, ou dans des levées qu'on fait au bord des cartelles, & j'en ai établi la largeur : on met celles-ci par bottes comme les cerches de seaux, avec cette différence qu'il en entre 12 dans chaque botte, & que comme elles sont étroites, on n'y met point de garde, parce qu'il n'y a point à craindre qu'elles se fendent ; on n'emploie point aussi de demi-bordures pour les lier ; on se contente de percer les deux bouts de la bordure extérieure FF (*Fig.* 7), & d'y mettre une seule laniere *H*.

Les cerches pour les quarts & les litrons, se font comme les autres, excepté qu'on les leve dans des billes plus courtes, & dans des arbres moins gros.

ARTICLE VII. *Des ouvrages de Raclerie.*

On fait dans les forêts avec du Hêtre, quantité de petits ouvrages que l'on nomme *Raclerie*. Ils s'exécutent la plupart de la même maniere que la fente des cerches, par des Ouvriers à qui on vend le bois en grume, & qui le travaillent également dans les forêts : nous allons entrer dans les détails qui leur sont particuliers.

§. 1. *Des Cerches pour Clayettes, Chaserets, Clisses ou Eclisses.*

Toutes ces dénominations sont synonymes, & signifient des cerches étroites & fort minces, dans lesquelles on dresse les fromages.

On fait quelquefois ces sortes de petites cerches minces avec du bois de Chêne ; mais le plus ordinairement on y emploie le Hêtre, parce que ce bois peut être réduit à une moindre épaisseur, & qu'il convient mieux pour les fromages ; c'est aussi par cette raison que l'on y destine les pieces de bois qui sont de la plus belle fente. Indépendamment de tout cela, l'exploitation la plus avantageuse pour les Marchands, est toujours celle qui peut fournir les pieces les plus délicates.

Les cerches pour les clayettes doivent avoir 3 pieds à 3 pieds & demi de longueur ; il suffit que celles pour les caserettes aient deux pieds ; la largeur des unes & des autres est de 3 pouces, 3 pouces & demi ou 4 pouces.

En conséquence, 1°, quand on peut lever entre deux nœuds ou entre deux branches, une bille de 3 ou 3 pieds & demi de longueur, on la destine pour en faire des clayettes ou éclisses : si la si la bille ne peut être que de 2 pieds, on se contente d'en faire des chaserets (*Fig. 16*); 2°, comme la largeur des clayettes & des chaserets n'est que de 3 à 4 pouces, on les peut prendre dans des arbres plus menus que les cerches pour les seaux, dont la largeur doit être d'un pied, ou de 6 pouces pour l'*Apprêt-marchand*.

Si l'on fait ces sortes d'ouvrages avec du bois de Chêne, il faut retrancher au moins une partie de l'aubier: dans le Hêtre, la portion de l'arbre qui est la plus précieuse, est le bois qui se trouve immédiatement sous l'écorce; c'est cette partie qui se fend le mieux, & que les Fendeurs conservent avec le plus de soin. Ces Ouvriers commencent par scier les tronçons d'une longueur convenable pour les clayettes ou les chaserets; ainsi en supposant une bille de 24 pouces de diametre & de 3 pieds de longueur, ils la fendent d'abord en deux, puis par quartiers, puis par demi-quartiers; ils emportent 8 pouces du bois du cœur, dont il seroit cependant possible de tirer de menus ouvrages; mais le plus souvent on en fait du bois à brûler: la tranche se refend en deux, puis encore en deux, comme pour les cerches à seaux, excepté qu'on ne donne à celles-ci qu'une ligne ou une ligne & demie d'épaisseur. On acheve de mettre les clayettes d'épaisseur avec la plane, sur le chevalet que nous avons décrit en parlant des cerches à seaux: on chauffe ces feuilles comme les cerches à seaux; mais comme elles sont plus minces, & par conséquent plus aisées à plier, on n'emploie point de rouleau, mais on les roule sur le moulinet (*Pl. XVIII. Fig. 14*). C'est une espece d'attelier qui consiste en une fourche semblable à celle de l'attelier des Fendeurs, mais beaucoup plus légere; les deux branches n'ont gueres que trois pouces de diametre, & elles sont assez resserrées pour qu'il n'y ait de l'une à l'autre branche, au bout où elles s'écartent le plus, que 6 pouces de distance. On soutient cette espece de fourche à quatre pieds de hauteur sur des fourchets enfoncés en terre; & le tout est assez solidement établi, pour qu'en passant une cerche toute chaude, successivement dans toute sa longueur, entre les deux branches du moulinet, & en appuyant dessus, on la force de prendre une courbure qui la dispose à être mise en botte: ayant percé une de ces cerches (*Fig. 15*), pour arrêter les deux bouts par un lien, un Ouvrier prend les cerches qui ont été pliées au moulinet 3 à 3, & en les pliant, il les force d'entrer dans celle qui sert de lien; & quand il en a mis ainsi successivement 12 les unes dans les autres, la botte (*Fig. 13*), se trouve composée de 13 écliffes, y compris celle qui sert de lien: le Marchand paye le Fendeur à raison de 10 sous du cent, & il les vend à la grosse, qui est composée de 160 bottes, 36 ou 38 livres.

Ces écliffes se vendent aussi à des Vanniers qui les garnissent d'osier pour faire des chaserets (*Fig. 16 & 17*), ou ils les vendent tout garnis d'osier aux Boisseliers: comme il y a des Provinces où l'on dresse les fromages sur des clayons (*Fig. 18*), en ce cas on ne garnit point d'osier les cerches. Les Paysans dressent leurs fromages dans des écliffes qu'ils retiennent avec un lien de ficelle ou d'osier; dans d'autres endroits on dresse les fromages dans des chaserets, dont le fond est garni d'osier (*Fig. 16 & 17*).

§. 2. *Lattes pour les fourreaux d'épée.*

Les lattes pour les fourreaux de sabre & d'épée, sont de vraies lattes de Hêtre qui ont 3 pieds 4 pouces de longueur, 3 pouces & demi de largeur par un bout, & 2 pouces & demi par l'autre: on les fait les plus minces qu'il est possible: les habiles Ouvriers en font qui n'ont qu'une ligne & demie d'épaisseur; mais, pour l'ordinaire, leur épaisseur est de deux lignes.

On destine à ces ouvrages des billes de 14 pouces de diametre ou environ. On fend ces billes par quartiers, ensuite par demi-quartiers, & l'on a soin de réserver du côté de l'écorce, une tranche de 3 pouces & demi d'épaisseur; le cœur de la bille se met avec le bois à brûler; ensuite le Fendeur réduit avec le coutre un des bouts de la tranche à deux pouces & demi environ d'épaisseur.

Il fend la tranche ainsi préparée en deux comme pour la latte; chaque morceau encore en deux, & il continue ainsi juqu'à ce que ces lattes n'aient au plus que deux lignes d'épaisseur. Comme la façon se paye au cent à l'Ouvrier, & que le Marchand les vend au compte; il est évident qu'on tire d'autant plus de profit d'un arbre, qu'on fend les lattes plus minces.

Le Fendeur remet les lattes au Planeur qui les dresse sur le chevalet, & les réduit à moins d'une demi-ligne d'épaisseur. Le Fendeur fait une table de son moulinet, en posant sur les branches de la fourche une planche épaisse; c'est sur cette planche qu'il pose les cerches pour clayettes & chaserets lorsqu'il les met en botte; c'est aussi sur cette planche que celui qui fait les lattes pour fourreaux d'épée, les pose, pour les mettre en botte de 25, liées de trois lanieres.

Les Ouvriers ne rejettent pas les lattes rompues; ils les mettent au milieu des bottes, où elles sont retenues par celles qui sont entieres; de sorte qu'il y a telles bottes où il ne se trouve de lattes entieres que celles qui font la couverture.

Le Marchand donne aux Ouvriers 10 sous du cent de lattes; & il les vend à la grosse de 3000 feuilles ou lattes, sur le pied de 36 ou 38 liv.

§. 3. *Pieces pour les Rouets.*

Les Fendeurs débitent encore des pieces qu'on vend aux Tourneurs pour faire des rouets. L'ouvrage des Fendeurs pour cet objet, est de débiter les planches qui forment le banc ou table du rouet, & les cerches qui font la jante de la roue.

On scie les billes pour faire ces cerches à 6 pieds de longueur; & comme il suffit qu'elles aient 4 pouces de largeur, on les prend dans des arbres de 18 à 20 pouces de diametre: en les écœurant, on observe de n'en ôter que le superflu, & que la tranche pour les cerches, puisse porter 4 pouces de large: on refend cette tranche en deux, & ainsi jusqu'à ce qu'on ait réduit les cerches à deux lignes ou deux lignes & demie d'épaiſſeur dans le plus mince ; on les dreſſe enſuite à la plane ſur le chevalet, on les chauffe, & on les diſpoſe ſur le moulinet à prendre la courbure qu'elles doivent avoir, ſans le ſecours du rouleau, parce que, comme les bottes ont un grand diametre, il faut peu de force pour plier ces cerches, qui d'ailleurs ſont minces : en cet état, on en forme des bottes de 12 cerches.

A l'égard des bancs, comme ils doivent avoir deux pieds & demi de longueur & 9 à 10 pouces de largeur, & 10 à 11 lignes d'épaiſſeur, on les prend dans des billes plus courtes & plus groſſes.

Les Marchands vendent ces ſortes de cerches environ 25 ſous la botte, formée de 12 pieces ; & les planches pour le banc ou table, ſur le pied de 8 livres le cent.

§. 4. *Des Layettes.*

LES Ouvriers qui s'occupent à faire des *Layettes*, s'établiſſent ordinairement aux bords des forêts de Hêtres ; c'eſt-là qu'ils font les boîtes à perruque, des coffrets qu'on nomme *layettes*, parce qu'ils ſervent à renfermer les layettes des enfants : les boîtes pour mettre des confitures ſeches, & pour une infinité d'autres uſages. Ces ouvrages ſe vendent tout aſſemblés aux Layetiers de Paris par aſſortiment de ſix, qui, diminuant toujours de grandeur, s'emboîtent les uns dans les autres. Ces boîtes ne ſont aſſemblées qu'avec des clous de fil d'archal ou de laiton, ainſi que les charnieres & les crochets qui les ferment. Nous ne nous étendrons pas davantage ſur cet art qui ſe pratique plus ſouvent dans les Villes que dans les forêts. Mais les planches que les Layetiers y emploient & qu'on nomme *hauſſes* ou *goberges*, ſont fendues au coutre dans les forêts, ou on les dreſſe auſſi à la plane, préciſément comme la cerche de ſeau ; elles ont ordinairement 3 pieds & demi de longueur, 4 à 6 pouces de largeur, & doivent avoir, dreſſées & blanchies, 3 lignes à 3 lignes & demie d'épaiſſeur ; celles qui n'ont que 2 lignes ou 2 lignes & demie, ne ſont employées que pour les petites boîtes : les hauſſes ſe vendent par bottes.

§. 5. *Des Copeaux pour les Gaîniers, & ceux dont on fait les Rapés.*

Il n'y a aucun ouvrage de fente aussi délicat à faire que les copeaux ; mais il n'y a point aussi d'exploitation plus avantageuse pour le Marchand. Ainsi, quand on peut espérer d'avoir un grand débit du copeau, on destine à cet usage les bois propres à la plus belle fente.

Comme le copeau doit être très-mince, on le vend toujours très-cher, relativement au bois qu'il consomme : si un Hêtre pouvoit être entiérement débité en copeaux, il produiroit une somme considérable, quoiqu'il coûte beaucoup de main-d'œuvre, & qu'on perde beaucoup de bois. On coupe les billes à 3 pieds & demi de longueur ; on les cartelle & on les écœure pour en former des parallélipipedes *ab* assez réguliers (*Pl. XXIX. fig. 1*); on abat dans toute la longueur les angles *a* & *b*, pour qu'ils se tiennent plus solidement sur l'établi, comme on voit en *k* (*Fig. 4*) ; enfin, par le moyen d'une machine dont nous allons donner la description, on leve les copeaux sur celle des faces, qui répond de l'écorce au cœur de l'arbre ; de sorte qu'à l'épaisseur près, les copeaux sont fendus comme les clayettes & tous les autres ouvrages de fente, c'est-à-dire, du centre à la circonférence.

Comme la feuille de copeau est trop mince pour pouvoir être enlevée avec le coutre, on emploie un gros rabot qui la leve avec précision & avec promptitude. On pense bien qu'il faudroit que l'Ouvrier eût des bras prodigieusement vigoureux pour faire agir un rabot capable d'enlever les feuilles de copeaux d'un quart de ligne d'épaisseur, de 3 pieds & demi de longueur, & de 6, 12, ou quelquefois 14 pouces de largeur ; aussi emploie-t-on la machine représentée (*Pl. XXIX. fig. 2 & 3*), qui multiplie la force : quatre hommes sont employés à la faire mouvoir. Voici la description de la machine que j'ai vu servir à cet usage : on auroit pu y retrancher une lanterne & une roue sans perdre de force.

A (*Fig.* 2 & 3), eſt une lanterne qui porte onze fuſeaux; *B* hériſſon qui a 12 dents; *C*, une autre lanterne à 8 fuſeaux & qui eſt enarbrée avec le hériſſon *B* : *D*, hériſſon qui porte 17 alluchons; *E*, une bobine que l'on voit ponctuée à la Figure 2; elle eſt enarbrée avec le hériſſon *D* : tout ce rouage eſt porté par deux jumelles paralleles *L L* : *K* eſt la piece de Hêtre qui doit être réduite en copeaux : elle eſt reçue & ſolidement affermie entre deux autres jumelles *M M* (*Fig.* 2, 3 & 4) : G eſt le rabot qui doit lever les copeaux : les jumelles *LL*, & *MM*, ſont ſoutenues par des montants *O O*, aſſemblés dans deux forts patins *N N* : *H H* eſt la corde qui communique le mouvement du rouage au rabot : *I*, eſt un rouleau qu'on peut hauſſer & baiſſer pour maintenir la corde à la hauteur convenable. Le gros & fort rabot *G* détache les copeaux de la piece de bois *K* : un homme monté ſur un gradin, ſaiſit la poignée *P* du rabot, qu'il dirige dans ſa marche, & qu'il retire en arriere quand le copeau eſt levé; & deux autres hommes ſont appliqués aux manivelles *F*, qui obligent la corde *H* de ſe rouler ſur la bobine *E*. Par cette machine, la force des hommes eſt multipliée; mais il ſeroit aiſé de l'augmenter encore davantage : on pourroit auſſi la ſimplifier en ſupprimant la roue *B* & la lanterne *A*. On met ordinairement en *Q* une bobine ſemblable à *E*, parce que celle-ci étant établie plus bas, on roule la corde ſur la bobine la plus élevée, quand le bloc de bois *K* a beaucoup d'épaiſſeur; & l'on tranſporte la corde ſur la bobine placée plus bas, quand, après avoir levé beaucoup de copeaux, le bloc eſt devenu plus mince, afin que la tirée de la corde ſoit toujours à peu-près horiſontale & parallele au plan ſupérieur de ce bloc : on conçoit que cela eſt néceſſaire pour que le rabot ſoit bien mené. Pour faciliter encore la direction de la corde, on la fait paſſer ſur le rouleau *I*, qui eſt reçu entre deux montants, & qu'on peut élever ou baiſſer à volonté.

Il eſt clair que quand on fait agir les manivelles, la corde *H*, ſe roulant ſur une des bobines, le rabot eſt tiré ſur le bloc, & en détache un large copeau; & quand le fer ou lame du rabot eſt parvenu au bord oppoſé du bloc, après en avoir détaché un copeau, les Ouvriers appliqués aux manivelles, les tournent en ſens contraire, pendant que celui qui eſt à la conduite de la poignée *P* du rabot, le rappelle en arriere pour le mettre en état de reprendre un autre copeau. Il eſt inutile de dire qu'il faut avoir des rabots de différentes grandeurs, ſuivant qu'on veut enlever des copeaux plus ou moins larges, comme depuis 6 juſqu'à 14 pouces.

Nous avons dit ci-devant, qu'il falloit quatre hommes pour ſervir cette machine; & cependant on n'en a vu juſqu'à préſent que trois occupés; ſavoir un qui conduit le rabot, & deux qui tournent les manivelles: le quatrieme eſt chargé de ramaſſer & arranger les copeaux.

Ces quatre Ouvriers travaillant enſemble font 800 feuilles de copeaux par jour; on leur paye 4 ſous de la botte, formée de 50 feuilles; & elle ſe vend environ 16 ſous.

Quand celui qui ramaſſe les feuilles de copeaux, en a raſſemblé 50, il les porte ſous une preſſe (*Fig.* 5), formée de deux fortes membrures *a b*, *c d*, qui peuvent être rapprochées l'une de l'autre par deux vis *e f*, au moyen des leviers de fer *g h*. Il arrange les feuilles entre ces plateaux, dont la longueur doit être proportionnée à celle des copeaux; & après les avoir ſerrés entre ces plateaux avec les vis, il coupe avec une plane tout ce qui déborde, à peu-près comme les Relieurs rognent les feuilles des livres: au ſortir de la preſſe, il lie chaque botte avec trois liens; c'eſt en cet état qu'on vend les copeaux.

On vend à bas prix ceux qui ſont rompus aux Marchands de vin qui en font des rapés pour éclaircir leurs vins: on prétend que les copeaux de Hêtre leur donnent de la qualité. Ces copeaux ſe raſſemblent en bottes de la même maniere qu'on le voit repréſenté par la Figure 6. Comme les Marchands trouvent un débit aſſez avantageux du bois à brûler, les Ouvriers ne ménagent point les bois qu'ils fendent pour les cerches & autres ouvrages de cette eſpece; celui qu'ils enlevent du cœur des pieces & qui pourroit ſervir à faire des lattes pour les fourreaux d'épées, eſt jetté au bois de corde: il eſt vrai que la partie de l'arbre qui ſe fend le mieux eſt toujours celle qui est plus voisine de l'écorce, & qu'on ne pourroit pas faire d'aussi belle fente du bois du cœur ; mais il y a des cas où les Ouvriers devroient être plus économes du bois. Par exemple, pour assujettir le bloc, destiné à faire des copeaux, sur les pieces qui le soutiennent, ils entaillent le dessous en chanfrain, comme on le voit en *K* (*Fig. 4*); & cette partie ne peut plus servir à faire du copeau. Il ne seroit pas difficile d'imaginer un moyen simple d'assujettir ce bloc d'une autre façon, sans en rabattre les angles inférieurs, & par conséquent on tireroit un plus grand nombre de copeaux de cette piece de bois.

Les Gaîniers emploient beaucoup de copeaux; les Miroitiers en font aussi usage pour garantir le tein des glaces.

§. 6. *Des Panneaux ou Battans de Soufflets.*

COMME on fait des soufflets de différentes grandeurs, on coupe les billes de 12, 14 & 18 pouces de longueur.

On fend ces billes par quartiers qu'on écorce souvent fort peu, afin de ménager la largeur qui est nécessaire pour les grands soufflets ; car on ne choisit ni le plus gros ni le plus beau bois pour cette sorte d'ouvrage, qui a encore l'avantage de n'exiger que des billes assez courtes.

Le Fendeur emporte avec son coutre le bois qu'il y a de trop du côté de l'écorce, pour en former des especes de planches (*Fig. 7*), qui soient à peu-près d'égale épaisseur du côté de l'écorce & du côté du cœur.

Un Ouvrier ébauche le soufflet avec une hache bien tranchante, & emporte les angles *a*, *b*, *c*, *d* ; & comme le tuyau du soufflet doit être placé du côté de *e*, il laisse les levées *a*, *b*, plus épaisses que celles *c*, *d*, ce qui commence déja à donner une losange qui fait la forme alongée au corps du soufflet.

Le soufflet dégrossi passe au Planeur qui, sur une sellette semblable à celle dont se servent les Planeurs de cerches, réduit cette losange à l'épaisseur qu'elle doit avoir ; savoir 14 à 15 lignes du côté de *e*, & 10 à 11 lignes du côté de *f*.

Il est bon de remarquer que sur la sellette à planer, il y a une planche

planche à laquelle eſt faite une entaille ou mortaiſe qui en traverſe l'épaiſſeur auprès de la ſerre; c'eſt ſur cette planche que l'on poſe verticalement le panneau que l'on veut planer ſur ſon épaiſſeur.

Quand le Planeur a mis d'épaiſſeur le panneau de ſoufflet; il le rend à celui qui l'a ébauché; celui-ci le préſente ſur un patron, & trace avec de la pierre noire la figure exacte que ce panneau doit avoir (*voy. Fig. 8*), & ſur le champ il emporte avec ſa hache tout le bois qui excede le trait de la pierre noire; & avec autant de promptitude que d'adreſſe, il forme la poignée *g* (*Fig. 8*), ainſi que tout le contour du ſoufflet juſqu'à *f*, avec aſſez de préciſion, pour que le Planeur, qui reprend enſuite ce panneau, n'ait plus qu'un coup à donner ſur le tranchant, pour perfectionner le contour, qui ſe trouve déja bien régulier au ſortir des mains du premier Ouvrier.

On ſait que les ſoufflets ſont formés de deux panneaux, dont celui de deſſous porte la ſoupape & la tuyere *a b c d* (*Fig. 9*); le panneau ſupérieur *e f g h*, eſt plus court, parce que la portion *e h c d*, qui porte la tuyere, appartient à celui de deſſous. Autrefois on travailloit à part ces deux panneaux, on conſommoit plus de bois, & les Boiſſeliers étoient alors embarraſſés à trouver des panneaux qui puſſent s'ajuſter l'un à l'autre. On a remédié à ces petits inconvénients, en levant les deux panneaux dans la même piece; ainſi, après qu'elle a été formée, comme *a b c d e* (*Fig. 9*), on paſſe un trait de ſcie par la ligne ponctuée depuis *a*, juſqu'à *h*, & pour cela, on aſſujettit pluſieurs panneaux enſemble, comme dans la *Fig. 9*, dans une *encoche*, qui eſt une piece de bois *A B* (*Fig. 10*), de 12 à 15 pouces de diametre, & d'environ 28 à 30 pouces de longueur: cette piece eſt ſoutenue à 4 pieds & demi du terrein par quatre forts pieds *c*, *c*, *c*, *c*, qui entrent en terre de quelques pouces; & pour augmenter la ſolidité de cette eſpece d'établi, on charge les pieds de derriere avec des bûches *D*, qui ſervent outre cela de degrés au Scieur pour s'élever au-deſſus de l'*encoche*.

Le devant de cette piece de bois eſt creuſé d'une grande mortaiſe longue de 9 pouces de *E* en *F*, large de 3 pouces,

& profonde de 4 pouces : c'eſt dans cette mortaiſe que l'Ouvrier met ſix ſoufflets à la fois par le bout de la tuyere ; il les y aſſujétit avec des coins aſſez fermement, pour qu'un compagnon qui poſe un de ſes pieds ſur le billot, & l'autre ſur les ſoufflets, puiſſe conjointement avec un ſecond Ouvrier placé dans une foſſe au-devant de l'encoche, paſſer tous deux le trait de ſcie entre chaque panneau pour les ſéparer. Il eſt eſſentiel que ces ſoufflets ſoient fixés dans l'encoche, de maniere que leurs ſurfaces ſoient exactement verticales ; afin que tous les panneaux ſoient d'égale épaiſſeur ; il faut encore que les Ouvriers appuient bien légérement la ſcie, quand ils refendent les poignées pour ne les pas rompre ; mais quand ils ſont à la partie évaſée du ſoufflet, ils menent la ſcie à grands traits pour avancer la beſogne : lorſque le feuillet de la ſcie eſt parvenu à la mortaiſe de l'encoche, l'ouvrage eſt fini, parce qu'il n'y a que la partie du panneau *e h d c* (*Fig. 9*), qui s'y trouve engagée, & celle-là ne doit point être ſéparée.

Ce ſont les Boiſſeliers à qui l'on vend ces panneaux ainſi préparés, qui achevent de les ſéparer, & ils n'ont plus que le trait de ſcie *e h* (*Fig. 9*) à y donner. Ce ſont auſſi les mêmes Boiſſeliers qui font faire par les Tourneurs quelques moulures ſur les panneaux des ſoufflets qu'ils veulent enjoliver.

§. 7. *Des Battoirs à leſſive.*

LES battoirs à leſſive ſont faits par les mêmes Ouvriers qui font les ſoufflets. On ſcie les billes dont on les tire, à 12 ou 13 pouces de longueur ; la partie évaſée du battoir doit avoir 12 pouces de large, & l'épaiſſeur, vers le manche, doit être d'environ 15 lignes. Quand la bille a été débitée en planches, on les dreſſe à la plane ; puis on y préſente un patron dont on trace le contour avec de la pierre noire ; enſuite un Ouvrier emporte avec la hache tout ce qui eſt hors du trait, & le Planeur acheve l'ouvrage. (*Voyez Pl. XXX. fig. 4.*)

On enfume ces battoirs de la même maniere que les ſabots.

§. 8. *Des Ecopes.*

POUR faire les *Ecopes* (*Pl. XXX. fig. 5 & 6*) dont se servent les Bateliers, pour vuider l'eau qui entre dans leurs bateaux, on coupe les billes de bois à 4 pieds de longueur, parce que le manche *a b*, a 2 pieds & demi de longueur, & la cuiller *b c*, 18 pouces. On ne fend chaque bille qu'en quatre, de sorte que chaque quartier *d d d d* (*Fig. 7*), doit faire une écope.

On dégrossit avec la hache, la cuiller & le manche de l'écope; on creuse la cuiller avec un *aceau* très-courbe & qui a le tranchant assez large (*Fig. 8*), & on finit de creuser la cuiller avec un autre outil (*Fig. 9*), qu'on nomme *tie*, qui est une acette peu recourbée, mais dont la lame n'a que 2 pouces de largeur; cet instrument qui est très-tranchant, mené à petits coups, perfectionne l'intérieur de la cuiller; enfin, on met l'écope sur la sellette, où le Planeur en perfectionne l'extérieur.

§. 9. *Des Pelles à four & autres.*

COMME les pelles des Boulangers doivent avoir des pales de 18 à 20 pouces de longueur sur 11 à 12 pouces de largeur, on est obligé d'y employer de gros arbres qui aient au moins 4 pieds de diametre; & quand le manche est de la même piece que la pale (*Fig. 10*), comme ce manche doit avoir 7 pieds de longueur, il faut des billes de 8 pieds 7 à 8 pouces de longueur, ce qui consomme beaucoup de gros bois. On équarrit l'arbre, on le fend par quartiers & on l'écorce; chaque quartier est refendu en deux autres quartiers; chacun de ces demi-quartiers l'est encore en deux, & ainsi jusqu'à ce qu'ils soient réduits en planches d'environ quatre pouces d'épaisseur qui doivent fournir deux pelles. On trace une pelle sur une face de la planche ainsi réduite (*Fig. 10*); on emporte avec la hache tout le bois superflu; on refend avec le coutre cette planche qui donne par ce moyen deux pelles, que l'on acheve de perfectionner sur le chevalet avec la plane.

On fait des pelles dont la pale eſt longue & étroite pour enfourner les pains longs, & pour certains uſages des Pâtiſſiers, (*Fig.* 11).

On conſomme néceſſairement beaucoup de bois pour les pelles, parce que leur manche eſt pris dans une tranche qui eſt de toute la largeur de la pale ; il eſt ſenſible que ſi l'on enlevoit à la ſcie les côtés *A* & *B* (*Fig.* 10), on pourroit employer ce bois à faire des petits ouvrages de fente ; mais ce n'eſt pas l'uſage.

J'ai vu des pelles dont le manche étoit rapporté (*Fig.* 12); elles ſont un peu plus lourdes, & ne ſont pas ſi ſolides que celles d'une ſeule piece ; mais auſſi elles dépenſent beaucoup moins de bois ; & comme le manche en eſt plus arrondi, il y a des Boulangers qui les préferent aux autres.

Les pelles à fumier (*Fig.* 13), & celles pour remuer les grains (*Fig.* 14), ſe font comme celles à four ; mais comme le manche de celles à fumier n'a que 2 pieds 6 pouces de longueur, & la pale, quatorze pouces de longueur ſur 10 à 11 pouces de largeur, & que le manche des pelles à grain, ainſi que la pale eſt de même longueur ſur 8 à 9 pouces de largeur, on coupe les billes plus courtes, & on y emploie des arbres moins gros. Il y a encore des pelles pour charger les terres & les gravois, qui ne different de celles à fumier, que parce que la pale en eſt plus petite. Les pelles à fumier & à gravois ſont plus épaiſſes en bois que celles à grain, & elles ſont peu creuſées dans leur face ſupérieure ; au lieu que les pelles à grain ſont minces & légeres, mais plus creuſées, ce qui exige qu'on tienne les tranches de bois un peu plus épaiſſes, afin d'y former des bords. Au reſte, quand les tranches ont été fendues & dreſſées à la plane, on y trace la figure de la pelle ; on emporte tout le bois ſuperflu avec la hache ; on forme le manche & le dos de la pale avec la plane ſur le chevalet, & on creuſe le dedans de la pale des unes & des autres avec l'aceau & la tie ; & l'on finit par les enfumer comme les ſabots.

§. 10. *Travail de l'Ouvrier Arçonneur, des Atelles de colliers de chevaux, &c.*

LES Marchands de bois font faire quelquefois par leurs Ouvriers exploitants des atelles de colliers, des bâts, des arçons de selle; mais plus ordinairement, ce sont des Ouvriers particuliers que l'on nomme *Arçonneurs* *, & qui viennent s'établir aux bords des forêts, qui travaillent ces sortes d'ouvrages pour leur propre compte, & qui en achetent le bois des Marchands.

Il faut que le bois, pour être propre à ces usages, soit sans nœuds, & qu'il puisse se fendre aisément; néanmoins il n'est pas aussi important qu'il soit de belle fente, que pour quantité d'autres ouvrages de raclerie, parce que l'*Arçonneur* exécute une partie de son travail avec la scie.

Il commence par scier ses billes à la longueur de 3 pieds 6 pouces, s'il se propose de faire les plus grandes atelles; car pour les petites atelles, ces billes doivent être plus courtes, & il se conforme à cet égard à l'usage des pays; car il y en a où les atelles portent de grandes oreilles, & d'autres où elles sont terminées par un petit crochet. Après que la bille a été fendue en quartiers & en demi-quartiers, l'Arçonneur pose une atelle sur une de ses faces, pour en tracer le contour avec la pierre noire (*Pl. XXX. fig. 1*); ensuite il retranche le cœur *A* de ce quartier, & ébauche l'ouvrage avec une hache, il s'aide aussi de l'aceau; & quand la cartelle a reçu le contour de l'atelle (*Fig. 2*), il refend à la scie la piece de bois en autant d'atelles de 10 à 11 lignes d'épaisseur qu'elle en peut fournir. L'Arçonneur assujettit perpendiculairement sur un chevalet (*Fig. 3*), les cartelles dégrossies, pour les refendre horisontalement avec une scie de long, comme font les Ebénistes, mais il est seul à mener cette scie: voici comment il assujettit les cartelles.

Cette pratique est cependant assez mal imaginée. Le chevalet *A B* (*Fig. 3*), consiste en un soliveau de 5 pieds de longueur, de 6, 8 ou 10 pouces de largeur, & de 8 à 9 pouces

* Dans les forêts, on appelle ces Ouvriers *Arcoleurs*.

d'épaiſſeur ; il eſt ſoutenu comme un banc ordinaire, par quatre pieds ſolides *C*, qui l'élevent de deux pieds & demi au-deſſus du terrein.

Au milieu eſt une coche ou entaille *DE*, de 4 à 5 pouces de profondeur. L'Ouvrier place verticalement les cartelles dans cette coche, où il la ſerre fortement avec des coins. Comme la piece a 3 pieds & demi de longueur, & qu'elle n'eſt retenue ici que par une de ſes extrémités, dans une coche qui n'a que 4 à 5 pouces de profondeur, la ſcie appliquée en *F*, a une grande puiſſance pour la déranger ; ce qui oblige l'Ouvrier de l'aſſujettir par un, deux ou trois arcboutants *G*, dont il retient ceux des côtés ſur le chevalet avec des taſſeaux, & un troiſieme qu'il appuie contre un arbre ou un mur à l'aide d'une entaille.

Si on ſe repréſente l'attitude de l'Ouvrier, tenant horizontalement une ſcie à refendre, on concevra qu'il doit être bien gêné en commençant chaque trait de ſcie à la hauteur de cinq pieds : pour plus de facilité, il incline la cartelle en arriere; & à meſure qu'il avance les traits de ſcie, il en change la poſition, ſelon ſa commodité.

Quand les atelles ont été refendues, on les finit avec la hache & l'aceau ; chaque atelle ſe travaille en particulier : on finit par les enfumer, & on les vend par paquets aux Bourreliers.

§. II. *Maniere de faire les Bâts.*

L'ARÇONNEUR ſe ſert pour faire les bâts du même chevalet (*Pl. XXX. fig. 3*) ; d'un grand couteau tout de fer (*Pl. XXXI. fig. 1*), & qui eſt fort tranchant du côté de *a*; d'un fort ciſeau en bec-d'âne (*Fig. 2*), & de la tie (*Pl. XXX. fig. 9*). Il travaille ſur un établi à peu-près ſemblable à celui du Menuiſier; ſes outils ſont pendus à des râteliers attachés au fond de ſa loge, ou à la muraille s'il travaille chez lui.

Il emploie de gros corps d'arbres qu'il refend en cartelles, comme pour faire les atelles ; mais il faut ici que les cartelles aient au moins 28 à 30 pouces de face, ſuivant la grandeur des bâts ; car ceux des Mulets doivent être beaucoup plus grands que ceux qu'on fait pour les ânes.

Un bât eſt formé de deux pieces cintrées *a*, *b* (*Pl. XXXI. fig.* 3), que l'on nomme *courbes* (*Fig.* 4); celle du devant *a*, eſt plus relevée que celle de l'arriere *b* : ces deux courbes ſont liées par deux pieces ou eſpeces de planches *c*, preſque plattes (*Fig.* 3 & 5) ; on les nomme *les lobes*. Comme les fils du bois traverſent les courbes, quand on les évuide, on coupe les fibres par le travers.

Quand la cartelle a été fendue à une épaiſſeur convenable pour en pouvoir tirer pluſieurs courbes les unes ſur les autres, comme pour les atelles ; l'Ouvrier en trace tous les contours avec un patron (*Fig.* 4) ; puis il emporte avec la hache & la tie, tout le bois qui excede le trait de la pierre noire ; enſuite il aſſujettit la cartelle ſur le chevalet (*Pl. XXX. fig.* 3), avec des coins ; il ſépare autant de courbes qu'il en peut prendre dans l'épaiſſeur de ſa piece de bois, & emploie pour cela la ſcie à refendre, de la même maniere que l'Arçonneur, & ainſi que nous l'avons expliqué dans le paragraphe précédent.

Les courbes ſciées doivent être épaiſſes ; ce qui eſt néceſſaire pour qu'on puiſſe les finir avec la plane, la tie, & même quelquefois avec une rape à bois. Les *lobes* ſe prennent, ainſi que les courbes, dans des cartelles d'environ 3 pieds & demi de longueur, que l'on diviſe ordinairement en trois ; de ſorte que ſuivant la grandeur des bâts, chaque partie doit avoir 15 à 17 pouces de long. La cartelle n'a beſoin que d'être équarrie ; & comme elle eſt ordinairement aſſez épaiſſe pour en fournir pluſieurs, on la refend ſi le bois eſt de belle fente, ou on la ſépare à la ſcie, comme les courbes ; enſuite, avec l'acette & la tie, on la creuſe un peu ſur une de ſes faces, & on donne un peu de convexité à la face oppoſée ; enfin l'Arçonneur creuſe ſur la face ſupérieure deux rainures *d*, *d* (*Fig.* 5), plus larges au fond qu'à l'entrée, pour recevoir les languettes *e*, *e*, des courbes (*Fig.* 4), qui étant plus épaiſſes au bord *e* qu'au fond, forment un aſſemblage à queue d'aronde : comme les languettes de ces courbes entrent dans les rainures des lobes, la courbe de l'avant ſe trouve liée avec la courbe de l'arriere, ce qui fait le bât monté. Ces rainures & ces languettes se font avec le couteau (*Fig. 1*), & le bec-d'âne (*Fig. 2*). Ce travail produit beaucoup de copeaux qui ne servent qu'à brûler.

Quelquefois, pour ménager le bois, on fait les courbes de deux pieces *e*, *e* (*Fig. 4 & 6*), qui s'assemblent à mi-bois, & qui sont jointes avec de la colle forte: les Bourreliers les fortifient encore avec une petite bande de fer. On enfume les courbes, les lobes & les atelles, comme nous l'expliquerons dans la suite.

§. 12. *Du travail des Arçons pour les selles.*

L'ÉTABLI de ces Ouvriers consiste en une forte table ronde qu'ils appuient contre un mur quand ils travaillent chez eux, ou contre les poteaux de leur loge lorsqu'ils travaillent dans la forêt; souvent un billot solide leur suffit.

Leurs outils sont une hache, un aceau & une tie dont le fer est creusé comme une gouge: ils manient ces instruments avec beaucoup d'adresse lorsqu'ils creusent les parties qui doivent être concaves, & qui, au sortir de l'aceau & de la tie creuse, se trouvent coupeés fort uniment, proprement & réguliérement; ils font encore grand usage de rapes à bois.

Il y a des arçons de quantité de formes différentes; celle que nous prendrons ici pour exemple (*Fig. 7*), se nomme *arçon de cavalerie*. Le dos de cet arçon est formé de trois pieces, savoir le pontet *a*, & les deux bouts *b*, *b*: le devant est également formé de trois pieces; savoir, le devant d'arçon *c*, & les deux pointes *d*, *d*; le devant est joint à l'arriere par les deux panneaux *e*, *e*. L'Ouvrier trace toutes ces pieces sur des patrons de cuir ou de carton; il les ébauche avec la hache, les perfectionne avec l'aceau & la tie; puis il les assemble toutes à mi-bois, & les joint avec de la colle forte; enfin il les finit avec la rape à bois.

L'arçon de femme, (*Fig. 8*), outre les pieces que je viens de nommer, & qui sont indiquées par les mêmes lettres, a de plus un dos *f*.

Quoique

Quoique les Arçonneurs ne consomment pas beaucoup de bois, ils ne s'embarrassent point, pour le ménager, d'entretailler les pieces les unes dans les autres. Ils prennent une bille de Hêtre qu'ils refendent & qu'ils coupent de la longueur qui leur convient; ils travaillent chaque piece en particulier, & abattent tout le bois superflu avec la hache & l'aceau. Quoique toutes les pieces soient jointes les unes avec les autres à mi-bois, savoir, les pointes avec le pontet (*Figure* 7), & que l'union de ces pieces exige de la précision, néanmoins ils ne travaillent chacune de ces pieces qu'avec l'aceau & la rape, qu'ils savent manier avec beaucoup d'adresse; ils se conduisent par leurs patrons, qu'ils présentent fréquemment sur les pieces qui doivent s'assembler à mi-bois; on ensume ces pieces.

§. 13. *Du travail des Tourneurs.*

Il y a encore des Tourneurs qui s'établissent dans les forêts où l'on exploite beaucoup de Hêtre: ces Ouvriers font avec ce bois des moules à suif, des sébilles de toutes grandeurs, des fonds & des dessus de lanternes d'écurie, des rouets de poulie, des égrugeoirs, &c.

En détaillant le travail des moules à suif & des sébilles, il sera facile de comprendre comment se font les autres ouvrages.

Le Tourneur établit son tour d'une façon très-grossiere sous une loge. Il enfonce en terre, & il assujettit solidement avec des coins, deux poteaux, *A*, *B* (*Pl. XXXI. fig.* 9), qu'il lie ensemble par les deux traverses *C*, *C*; le poteau *B*, porte une pointe & sert de poupée; en conséquence il n'y a que la poupée *D* qui soit mobile: *E*, est une piece de fer qui est représentée séparément en *E* (*Fig.* 16), & qui est attachée par un bout sur la poupée *D*, & appuyée par l'autre bout sur une des traverses *F*, qui servent à donner de la solidité au tour; car ces pieces *F*, sont appuyées sur les poteaux de la loge: *G*, est la perche à ressort à laquelle est attachée la corde *H*, qui, après avoir fait deux révolutions sur le mandrin ou la *Clouiere I*, va s'attacher à l'extrémité de la marche ou pédale *L* : la hauteur des poteaux *A*, *B*, est de 3 pieds 8 pouces ; la distance entre eux est de 3 pieds ; la poupée *D*, a 8 pouces à peu-près de hauteur, & il y a ordinairement 1 pied 6 ou 8 pouces de la poupée *D*, au poteau *B* : *M* est un billot sur lequel l'Ouvrier ébauche & dégrossit son ouvrage.

Il commence par fendre en deux une rondine (*Figure 10*), qui est d'un pied & demi de hauteur, & dont chaque moitié doit servir à faire un moule à suif ou une sébille; il trace à volonté un cercle sur la face plate du morceau fendu (*Fig. 11*) ; il en abat les angles avec sa hache, & en très-peu de temps il ébauche très-adroitement son morceau de bois, & lui donne une figure très-approchante du dehors d'un moule à suif, d'une sébille ou de tel autre ouvrage qu'il se propose de tourner.

Il pose le moule ébauché sur le billot *M*; il place pardessus un mandrin *I* (*Fig. 12*), qui est garni à un de ses bouts de pointes de clous, & qui pour cette raison est nommé *Clouiere* (*Fig. 13*) ; il frappe pour faire entrer les pointes dans sa piece de bois, qu'il met ensuite sur le tour, de façon que la pointe de la poupée *D* (*Fig. 9*), entre dans le morceau de bois qu'on travaille, & la pointe du poteau *B*, dans la clouiere, autour de laquelle s'enveloppe la corde *H*, ou plutôt la courroie ; car c'est presque toujours de cette derniere, dont se servent ces Ouvriers, au lieu que les Tourneurs ordinaires emploient une corde de boyau.

La poupée étant bien assujettie par son coin, l'Ouvrier pose le pied sur la marche pour faire aller le tour ; & en appuyant une main sur la piece qu'il tourne, il juge au tact si elle est bien ou mal centrée : si le centre est trop haut ou trop bas, il frappe sur sa piece avec sa mailloche pour qu'elle tourne plus rond ; ensuite l'Ouvrier appuyant son dos sur une planche *K*, placée derriere lui, & inclinée comme un pupitre, il prend en main un ciseau *A*, qu'on nomme *plane* (*Fig. 16*), parce qu'il a le tranchant droit ; il l'appuie sur le support *E* (*Fig. 9 & 16*), & il travaille la surface extérieure du moule.

Quand ce moule est travaillé par dehors, il l'ôte du tour, &

il le retourne de façon que la pointe de la poupée *D*, entre dans la clouiere, & la pointe du poteau *B* dans le moule; après quoi, avec l'outil *B* (*Fig.* 16), il commence à le creuser en faisant une rainure entre le noyau & le moule; il approfondit ensuite cette rainure avec les outils *C*, *D*, *F*, *G* (*Fig.* 16), dont les crochets augmentent toujours de grandeur, de sorte que le dernier *G*, porte 7 pouces: quand il juge qu'il approche de l'épaisseur que doit avoir le moule vers son fond, il gratte l'extérieur du moule avec son ongle, & il juge par le son que le bois rend, s'il y reste assez de bois. Comme la rainure est assez large pour que l'Ouvrier ait la liberté d'incliner son outil, il creuse le noyau en dessous avec ses crochets; mais à la profondeur seulement de 3 à 4 pouces, ce qui suffit pour qu'il puisse le détacher du fond du moule; il se sert pour cela de deux ciseaux courbes (*Fig.* 14), qui n'ont que 4 pouces de longueur; il enfonce un de ces ciseaux dans la rainure à différents points, & en le frappant avec un marteau dans le sens des fibres du bois, il détache aisément & proprement ce noyau.

Quand le noyau est détaché, l'Ouvrier retouche l'intérieur du moule (cette opération se réserve pour la fin de la journée); il reprend chaque moule l'un après l'autre sur le tour; il emploie une clouiere (*Figure* 13), plus longue & moins grosse que celle dont il s'étoit servi en premier lieu; il en fait entrer les clous dans le fond intérieur du moule; il remet cette piece sur le tour, & travaille l'intérieur avec les crochets; & comme il ne reste plus qu'à perfectionner l'endroit du fond où étoit attachée la clouiere, il se sert, pour finir cette partie, d'un petit aceau recourbé, ou d'une tie, & quelquefois même il se contente de gratter cet endroit. Les moules finis d'être travaillés, sont mis en tas & recouverts de copeaux pour empêcher qu'ils ne se fendent au hâle jusqu'au Samedi, jour où on les enfume.

Les noyaux que l'on a enlevés des moules, passent à d'autres Ouvriers qui en font des sébilles, que l'on travaille précisément comme les moules à suif.

Si l'on ne veut pas employer les noyaux qui sortent de ces

fébilles pour en faire de plus petites, on les réferve pour en faire du charbon. La façon des grandes & des petites fébilles fe paye un même prix l'une dans l'autre.

A chaque coup de pied que donne le Tourneur, les moules à fuif font un tour & demi : l'Ouvrier paroît travailler lentement; mais fes copeaux font bien formés, & l'ouvrage avance. Ce font ces mêmes Tourneurs qui fabriquent & qui réparent toutes les pieces de leur tour, ainfi que leurs outils pour lefquels ils emploient ordinairement de vieilles limes.

Ces Tourneurs font encore avec du Hêtre, de l'Orme & du Frêne, les rouets de poulies.

§. 14. *Des Poulies & des Cuillers à pot, des Egrugeoirs, &c.*

POUR faire les rouets de poulie, on cartelle des tronces de Hêtre, de Frêne ou d'Orme, fciés felon la longueur que doit avoir le diametre des poulies; on trace fur les planches fendues dans ces cartelles, le contour du rouet de poulie; on l'ébauche avec la hache, après quoi on la fixe fur le tour avec la clouiere, ou mandrin à pointes : enfin on les finit & on y forme la gorge par les mêmes procédés que nous avons décrits dans le paragraphe précédent.

Les cuillers à pot & les égrugeoirs font toujours faits de bois blanc; on les tourne à peu-près comme les fébilles.

§. 15. *Remarques générales.*

Dans certaines forêts, il eft d'ufage d'abandonner les copeaux aux Ouvriers qui en font leur profit; dans d'autres endroits il leur eft feulement permis pour leur ufage, d'en brûler dans leurs loges. Les Marchands qui exploitent du charbon, réfervent les gros copeaux pour mettre au centre de leurs fourneaux, ou bien ils les vendent par tas ramaffés de l'étendue d'une corde, aux Payfans des environs, ou par charretées.

Les Ouvriers qui travaillent dans les forêts, établiffent tous leurs atteliers ſous des loges faites avec des fourches enfoncées en terre, des traverſes qui ſervent de ſablieres & de filieres, par-deſſus leſquelles ils mettent des copeaux, des rames & du genêt en aſſez grande quantité, pour qu'ils puiſſent être garantis de la pluie; ils ménagent une place découverte auprès de leur loge, où ils chauffent les bois qui doivent être pliés, tels que les cerches; c'eſt auſſi dans cet endroit qu'ils enfument leurs ouvrages: ſouvent ils conſtruiſent une autre loge en pain de ſucre près de la premiere, & ſemblable à celle des Sabotiers (*Pl. XXIV. fig. 8*), au milieu de laquelle il y a toujoursdu feu allumé, & où ils couchent & font bouillir leur marmite.

§. 16. *Maniere d'enfumer les ouvrages de Raclerie.*

QUOIQUE j'aie dit ci-devant comment on enfume les ſabots, je reviens cependant ici à parler encore de cette opération, parce que les Ouvriers qui travaillent la raclerie, s'y prennent un peu différemment. Ici, comme pour les ſabots, on enfume l'ouvrage auprès de la loge: c'eſt ordinairement le Samedi au ſoir & après le ſoleil couché, qu'on enfume tout ce qui a été travaillé pendant le cours de la ſemaine; & l'on choiſit le ſoir préférablement au plein jour, parce qu'on peut mieux remarquer le progrès du feu, & le gouverner en conſéquence.

Il y a des ouvrages, tels que les moules à ſuif & les ſébilles, qu'on n'enfume que par le dehors; d'autres, comme les battoirs de leſſive, les pelles, &c, s'enfument des deux côtés.

Pour cette opération, on place ſur le chan une groſſe piece de bois équarrie *A B* (*Pl. XXXI. fig.* 17), de 9 pieds de longueur, & de 2 pieds d'épaiſſeur; on poſe ſur cette piece les deux madriers *D E*, *F G*, de ſorte que les bouts *D* & *F* poſent à terre, & les bouts *E G*, ſur le bloc de bois. Ces madriers ont 7 à 8 pieds de longueur, & ils doivent être aſſez forts pour ſupporter les pieces dont on les chargera; enfin on place ſur ces madriers à différentes hauteurs pluſieurs fortes perches *H*, *I*, *K*, *L*, ſur leſquelles on arrange les pieces qui doivent être enfumées, la face tournée vers le bas.

Quand toutes les perches font garnies, on allume au-deffous de petits copeaux humides qui rendent beaucoup de fumée & donnent peu de flamme : lorfqu'on eft obligé de fe fervir de copeaux fecs, on les mêle de gazons afin d'empêcher qu'ils ne brûlent avec trop d'ardeur. L'Ouvrier qui conduit le feu doit y veiller avec une attention continuelle, non-feulement pour que le feu ne prenne pas à l'ouvrage, mais encore pour que les pieces ne prennent pas trop de couleur, & qu'elles ne foient point noircies.

Quand les premieres pieces ont été convenablement enfumées, on en remet d'autres, & on retourne celles qui demandent à être enfumées des deux côtés.

On enfume ces ouvrages, non-feulement pour leur faire prendre une couleur qu'on trouve plus agréable que la couleur naturelle du bois, mais encore pour empêcher que les pieces ne fe fendent : malgré cette précaution, il arrive ordinairement que fur 2000 moules à fuif confervés pendant un an dans un magafin au frais, il s'en trouve 2 à 3 cents de fendus. Les bâts, les atelles & les pelles fe mettent plufieurs à la fois les unes fur les autres pour être enfumées : on n'enfume point les cuillers à pot.

ARTICLE VIII. *Du toifé des Bois en grume.*

ON vend une grande quantité de bois en grume; favoir, aux Charpentiers pour faire des pilots; aux Charrons pour la plus grande partie de leurs ouvrages; à l'Artillerie pour les affûts; aux Fendeurs; aux Tourneurs, & à ceux qui font des ouvrages de raclerie. Affez fouvent ces bois en grume ne fe toifent point : les Charrons achetent les moyeux de roues à la paire; les pieces pour limons, & les brancards à la piece; les menus bois à la toife de longueur, les gros compenfant les menus. Chaque forêt a fes ufages différemment établis, & fi bien connus des vendeurs & des acquéreurs, que les uns & les autres n'ont point de fraude à craindre. Par exemple, les bois en grume de la forêt de Compiegne fe vendent à la fomme qui eſt de huit ſolives ; mais lorſque ces pieces ſont bien équarries, elles ne produiſent que cinq ſolives ; de ſorte qu'il faut environ vingt ſommes pour faire un cent de ſolives. Le plus ſûr, tant pour l'acquéreur que pour le vendeur, eſt de toiſer les bois en grume, non pas ronds comme des cylindres, ainſi que l'on compte les mâts, mais comme s'ils avoient été équarris ; parce qu'il ne ſeroit pas juſte de payer l'écorce & l'aubier, autant que le bon bois. Il eſt vrai que l'acheteur y perd les copeaux ; mais auſſi il épargne les frais de l'équarriſſage. L'acheteur eſt encore favoriſé en ne comptant pas les pieces équarries à vive-arrête ni réduites au quarré ; il examine ſi ces pieces diminuent réguliérement de groſſeur, depuis le point de l'abattage juſqu'au menu bout, ſans qu'il y ait de déſournis conſidérables ; pour cet effet il prend avec une chaînette le pourtour ou la circonférence au milieu de la piece ; il ſouſtrait de cette longueur la dixieme partie, & il diviſe le reſtant en quatre, ce qui lui donne l'équarriſſage.

Si la piece étoit mal faite, plus groſſe au milieu que vers les extrémités, à raiſon des loupes, des nœuds trop conſidérables, &c ; il prendra la circonférence aux deux extrémités, & même en trois endroits différents ; & joignant ces ſommes, il les diviſera par deux ou par trois, ce qui lui donnera la groſſeur moyenne, ſelon laquelle il operera comme nous l'avons dit ; puis connoiſſant l'équarriſſage des pieces, il les réduira en ſolives ou en pieds-cubes, ainſi qu'il le jugera à propos.

Exemple : un arbre de belle taille aura 10 pieds de circonférence au milieu ; ſi l'on retranche un dixieme, reſte 9 pieds, qui étant diviſés par quatre, donnent pour l'équarriſſage de la piece, 2 pieds 4 pouces. Cette regle eſt aſſez équitable pour le Chêne ; mais comme le Hêtre a une écorce fort mince, & qu'il n'a point d'aubier, il paroît juſte de ne diminuer qu'un vingtieme.

Comme les Voituriers ſont chargés de voiturer l'écorce & l'aubier, on leur paye leur voiture ſans aucune diminution ; ainſi un arbre qui porte dix pieds de circonférence au milieu, eſt payé au Voiturier comme s'il portoit 2 pieds 6 pouces d'équarrissage. Nous passons légérement sur ces toisés, parce que nous aurons occasion d'en parler plus amplement dans la suite.

Si cependant on veut toiser les bois en grume avec plus de précision, on pourra suivre une méthode qui est en usage en Flandre & qui m'a été communiquée par M. Fougeroux de Blaveau, Ingénieur du Roi : je joints ici son Mémoire tel qu'il me l'a envoyé.

Article IX. *Méthode pour mesurer les Bois en grume, telle qu'elle se pratique dans les forêts de Flandre.*

On mesure les bois ronds propres à la charpente, soit sur pied, soit abattus, soit en faisceaux.

Le cent de faisceaux de bois en grume, produit ordinairement en bois équarri, 300 pieds de gîte.

Le pied de gîte a 16 pouces quarrés de base, & un pied de hauteur, & est par conséquent la neuvieme partie du pied-cube; ainsi le cent de faisceaux produit le tiers de 100 pieds-cubes, ou bien 33 $\frac{1}{3}$ pieds-cubes, ou bien 3 faisceaux font un pied-cube*.

Le faisceau est toujours de 30 pouces de hauteur; sa base doit contenir en bois équarri 19,2 pouces, pour que son cube soit égal à 576 pouces-cubes, ou au tiers d'un pied-cube; ce qui donne une piece de bois de 4,38 pouces de côté. Mais comme une piece de cette mesure doit être prise dans une piece de bois rond, il faut chercher quelle peut être la circonférence du cercle qui peut produire une piece de bois équarri de 4,38 pouces; & cette circonférence sera la longueur du premier faisceau.

Pour cela on cherchera le diametre du cercle dont le côté du quarré inscrit, seroit de 4,38 pouces, qu'on trouvera de 61,9 pouces, & la circonférence de 19,45; ainsi on pourra dire qu'une piece de bois rond, dont la circonférence a été trouvée de 19,45, donnera une piece de bois équarri de 4,38 de côté, ou une surface de 19 pouces 2 lignes, ou un faisceau multiplié par

* On s'est servi de décimales dans tous les calculs qui ne sont pas définitifs.

par 30 pouces. Cette longueur de 19,45 est donc la mesure de la circonférence d'un arbre qui produit un faisceau ; cette quantité revient à 19 pouces 5 lignes, un peu plus ; mais comme il se perd toujours une certaine quantité de bois en équarrissant, la pratique a démontré qu'il falloit lui donner 19 pouces 6 lignes.

Ainsi 19 pouces 6 lignes est la longueur du premier faisceau; maintenant, si l'on veut avoir la longueur du second faisceau, ou la circonférence du cercle, dont la surface seroit double, laquelle par conséquent multipliée par 30 pouces, donneroit deux faisceaux; les surfaces étant comme le quarré des circonférences ou des diametres, on aura : La surface qui produit un faisceau, est à une surface double, ou 1 est à 2, comme le quarré de la circonférence qui produit un faisceau, est au quarré de la circonférence qui produit deux faisceaux ; & extrayant la racine quarrée de ce nombre, on aura la circonférence du cercle qui produira une piece de bois équarrie, dont la surface multipliée par une longueur de 30 pouces, donnera deux faisceaux.

Ainsi la proportion sera $1 : 2 :: (19,5)^2 \, 2$ ou $380,25 : x^2 = 760,50$, dont la racine quarrée est 27, 57, qui sera la longueur que doit avoir la seconde mesure ou second faisceau. Par une semblable proportion, on aura la longueur du troisieme faisceau, de 33, 7, ainsi des autres. On pourroit, selon cette méthode, graduer une regle, sur laquelle on rapporteroit, par le moyen d'une ficelle, la circonférence de l'arbre, pour connoître combien elle contiendroit de faisceaux ; mais les Ouvriers se servent d'une méthode graphique pour diviser leur regle, qui est fort juste.

Ils élevent une perpendiculaire à l'extrémité d'une ligne, (*Pl. XXXII. fig. 1 & 2*), & portent sur chacune de ces deux lignes, 19 pouces & demi que nous avons trouvé être la longueur du premier faisceau, & tirent la diagonale, qui est la circonférence du cercle, dont la surface est double de celle de 19 pouces & demi ; laquelle diagonale est de 27, 57, comme nous l'avons trouvée par le calcul, & par conséquent la longueur du second faisceau. Ils portent ensuite cette diagonale *a b*, sur un des côtés, comme de *c* en *d*, & tirent la nouvelle diagonale *d b*, qui est la circonférence du cercle, dont sa surface est triple, ou la longueur du troisieme faisceau : portant ensuite cette nouvelle diagonale de *c* en *f*, ils tirent la nouvelle diagonale *f b*, qui fait la quatrieme mesure ; par ce moyen ils graduent leur regle *C G*, jusqu'à la grosseur des plus gros arbres, & mettent à côté des divisions, les chifres 1, 2, &c, qui indiquent le nombre de faisceaux toujours mesurés de la partie *c* inférieure de la regle.

DÉMONSTRATION.

La démonstration de cette méthode est évidente ; car l'angle *a c b* étant droit, la diagonale *a b* est la racine quarrée de la somme de deux quarrés *a c*, *c b*, ou d'une surface double de celle d'un faisceau ; & par conséquent le côté homologue de cette surface.

La diagonale *d b*, est la racine quarrée de la somme des deux quarrés des côtés *d c*, & *b c* ; mais le quarré du côté *d c* est double de celui du côté *c b*, donc la diagonale *d b* est le côté homologue d'une surface triple de celle qui auroit la ligne *b c* pour côté, & par conséquent la longueur du troisieme faisceau, & ainsi des autres ; & comme les surfaces des cercles sont entr'elles comme le quarré de leurs circonférences, la surface du cercle qui aura deux faisceaux de circonférence, sera double de celle du cercle qui n'aura qu'un faisceau de circonférence ; puisque le quarré qui a deux faisceaux pour côté, est double de celui qui n'a qu'un faisceau pour côté, ainsi des autres.

OPÉRATION.

On mesure avec une ficelle la grosseur d'un arbre au milieu du tronc ; on rapporte cette ficelle sur la regle, & l'on voit si elle contient 1 ou 2 faisceaux ; on multiplie ensuite ce nombre de faisceaux, par le nombre de 30 pouces que contient la longueur de l'arbre, & l'on a tout de suite la quantité de faisceaux, & par conféquent de pieds de gîte, en multipliant le nombre de faifceaux par 3, ou de pieds-cubes, en divifant le nombre de faifceaux par 3.

On pourroit s'éviter une opération, en divifant un parchemin en faifceaux en place d'une regle; par ce moyen on auroit tout de fuite le nombre de faifceaux de la circonférence.

Comme les Marchands, lorfqu'ils vont faire l'examen d'un bois fur pied, font bien aifes, avant d'en faire le marché, de favoir le produit qu'ils pourront en retirer, fur-tout des arbres un peu confidérables, ils ont befoin d'une pratique fimple pour en connoître la hauteur; chacun s'en fait une à fa mode. Celle que nous avons indiquée dans le Chapitre II du Livre III de cet ouvrage, eft une des plus fimples & des plus exactes. Voyez *page* 259.

La hauteur de l'arbre étant connue, ils en prennent la groffeur à 4 ou 5 pieds de terre, & ont, par la méthode ci-deffus détaillée, le nombre de faifceaux ou de pieds-cubes contenus dans l'arbre, qui peut être employé en charpente.

REMARQUES.

COMME la mefure en pieds de gîte & en faifceaux, n'eft pas ufitée en France, on peut fe fervir de la même méthode pour réduire tout de fuite les bois ronds, en pieds-cubes ou folives; il fuffit fimplement, partant du même principe, de changer la divifion de la regle ou du parchemin avec lequel on mefure la circonférence.

Pour cela, on remarquera :

1°, Que la folive eft égale à 3 pieds-cubes.

2°, Que la folive fe divife en 6 pieds de folives, dont chacun vaut un demi-pied cube.

Ainfi toute mefure qui donnera des folives, ou pieds de folives, fe réduira aifément en pieds-cubes, & réciproquement.

La folive fe repréfente ordinairement par une piece de bois de 6 pouces d'équarriffage & de 12 pieds de longueur; une pareille piece contient une folive ou 3 pieds-cubes; c'eft dans cette forme que je la considérerai pour servir de base à ma mesure, pour la réduction des bois ronds en pieds-cubes ou solives.

Ma premiere mesure sera la circonférence du cercle qui étant équarri, porte une piece de bois de 6 pouces quarré : cette piece, sur un pied de longueur, donnera un quart de pied-cube ou un douzieme de solive ; ainsi il en faudra 4 pieds de long pour produire un pied-cube, & 12 pieds pour faire une solive.

Cette circonférence étant la premiere mesure, ou *faisceau*, les autres en feront multiples ; c'est-à-dire, circonférences de surfaces multiples : ainsi, pour avoir le cube de l'arbre proposé ; après avoir mesuré sur la regle, ou avec le parchemin, le nombre de mesures que contient sa circonférence, on multipliera le nombre trouvé par le quart du nombre de pieds contenu dans la longueur, si c'est en pieds-cubes qu'on veut avoir le résultat ; ou par la douzieme partie, si c'est en solives qu'on veut avoir le solide de la piece.

EXEMPLE.

Soit une piece de 3 mesures un quatrieme de circonférence & de 24 pieds de longueur, dont on veut avoir le cube, en pieds & en solives.

OPÉRATION.

1°, Si c'est en pieds-cubes, on multipliera 3 faisceaux ou mesures $\frac{1}{4}$, par le quart de 24 pieds ou 6 pieds $3^{\text{mes.}}\ \frac{1}{4}$ ou $\frac{3}{12}$.

par . . . . $6^{\text{pieds.}}$

18

1 — 6

Et on aura . . . . $19^{\text{pieds.}}$ 6 pouces pour le toisé de l'arbre en pieds-cubes.

2°, Si l'on veut avoir le cube de la piece en solives, on multipliera les 3 mesures un quart de la circonférence, par le douzieme de la longueur ou de vingt-quatre pieds, & on aura . . . . $3^{mes.} \frac{1}{4}$

multiplié par . . . $2^{pieds.}$

Ce qui donnera . . . . 6 solives trois pieds pour le toisé de l'arbre en solives, ce qui revient au même que par l'opération précédente, puisque 6 solives 3 pieds font 19 pieds-cubes & demi ou 6 pouces.

Méthode pour graduer la regle, ou le parchemin.

ON cherchera la circonférence d'une piece qui puisse fournir 6 pouces d'équarrissage, & on trouvera cette circonférence de 26 pouces 8 lignes; mais on prendra 27 pouces à cause du déchet pour l'écorce; & cette longueur de 27 pouces sera la premiere mesure dont on se servira pour graduer la regle ou le parchemin, par la même méthode expliquée ci-dessus. Pour y parvenir, on élevera une perpendiculaire *AC*, (*Pl. XXXII. fig.* 2), à l'extrémité d'une ligne *AD*; du point *A*, on portera les 27 pouces que nous avons trouvés pour la longueur de la premiere mesure, sur les lignes *AC*, *AD*, aux points *B* & *E*, & *AE* sera la longueur de la premiere mesure: pour avoir la seconde mesure, on tirera la diagonale *BE*, qu'on portera de *A* en *F*, & *AF* sera la longueur de la seconde mesure: pour avoir la troisieme mesure, on tirera une nouvelle diagonale *BF*, qu'on portera de *A* en *G*; & *AG* sera la troisieme mesure. On continu a de la même façon de graduer la regle ou le parchemin *AD*, jusqu'à la longueur de la circonférence des plus gros arbres que l'on peut avoir à mesurer.

Mais comme il peut y avoir des arbres à mesurer qui aient une plus petite circonférence que 27 pouces; ou qu'il peut arriver que dans de plus gros arbres, la longueur des circonférences ne soit pas une mesure juste de faisceaux, alors il sera avantageux d'avoir des subdivisions du premier faisceau, ou d'un faisceau à l'autre. Pour avoir ces subdivisions, on menera au-dessus de la base AB de 27 pouces, qui a servi pour le tracé des mesures, une parallele ab, qui lui soit égale, afin de ne pas embrouiller la figure ; sur cette ligne, comme diametre, on décrira un demi-cercle ; puis on la divisera en autant de parties que l'on veut avoir de divisions dans le faisceau ou mesure : le mieux seroit de la diviser en douze parties, afin que la division de la mesure fût correspondante à celle du pied. De toutes les divisions faites sur le diametre, on élevera des ordonnées vers la circonférence : d'une des extrémités a du diametre, on tirera des cordes à tous les points où la circonférence est rencontrée par les ordonnées, & on les rapportera par des arcs de cercle sur le diametre ab, & par des paralleles sur la base AB, qui lui est égale, puis par des arcs sur le côté AC destiné à la division de la regle ; & ces cordes ainsi rapportées, seront les divisions de la premiere mesure, correspondantes à celles que l'on aura faites sur le diametre ab ; c'est-à-dire, que $A\frac{1}{4}$ sera la circonférence du cercle qui portera l'équarrissage d'une piece égale en superficie, au quart de celle qui a la mesure entiere pour circonférence circonscrite, ou 6 pouces de côté : $A\frac{1}{2}$ sera la mesure de l'arbre qui portera l'équarrissage d'une piece égale à la moitié de la superficie de celle de 6 pouces de côté, ou de 18 pouces quarrés, ainsi de $A\frac{3}{4}$.

Nota. Qu'au lieu de $\frac{1}{4}$, $\frac{1}{2}$, $\frac{3}{4}$, on pourroit mettre 3, 6, 9 parties, en supposant la mesure divisée en 12.

Ainsi le premier faisceau sera divisé en autant de parties que l'on aura divisé de fois le diametre ab dans la figure 2, Pl. XXXII, en 8 parties ; mais le mieux seroit de le diviser en 6 ou en 12.

Présentement, pour avoir les divisions intermédiaires, entre 1 & 2 faisceaux ou mesures, on tirera des diagonales du point E de la premiere mesure, aux divisions $\frac{1}{4}$, $\frac{1}{2}$, $\frac{3}{4}$ de la base AB ; & les distances $F\frac{1}{4}$, $E\frac{1}{2}$, $E\frac{3}{4}$, rapportées le long de la ligne AC, partant toujours du point A, donneront les points intermédiaires $\frac{1}{4}$, $\frac{1}{2}$, $\frac{3}{4}$, entre 1 & 2 mesures ou faisceaux : on en fera autant pour avoir les mesures intermédiaires entre les autres faisceaux.

Pour éviter les erreurs, il faut se souvenir :

1°, Que pour réduire une piece en pieds-cubes, il faut multiplier le nombre de mesures & de parties de mesures de la circonférence, par le $\frac{1}{4}$ de la longueur de la piece mesurée en pieds.

2°, Que pour réduire une piece en solives, il faut multiplier le nombre de mesures & parties de mesures de la circonférence, par le $\frac{1}{12}$ de la longueur de la piece mesurée en pieds.

EXPLICATION des Planches & des Figures du Livre IV.

PLANCHE XIV,

Relative à la formation des Fentes.

LA FIGURE *1* représente un cylindre de bois : *a*, *d*, *d*, *d*, les cercles annuels ; *b b*, un barreau levé dans le diametre de ce cylindre ; *c c*, barreau levé suivant la direction des fibres longitudinales ; *e*, *e*, direction des fibres longitudinales ; *f*, *f*, rayons qu'on apperçoit sur l'aire de la coupe d'un morceau de bois.

Figure 2, cylindre de glaise.

Figure 3, tranche très-mince levée sur l'aire d'un cylindre de glaise : *a f*, diametre de cette tranche : *a*, *b*, *c*, *d*, différentes couches de terre que l'on suppose être de densités inégales : *a*, 1, 2, 3, 4, *m*, *f*, &c, la circonférence de cette tranche, pendant qu'elle est humide : *e e e*, point où se réduit cette circonférence quand la glaise est devenue seche.

PLANCHE XV.

La FIGURE *1* représente une tranche fort mince d'un cylindre de bois : les couches 1, 2, 3, 4, 5, 6, &c, sont supposées être de densités inégales : *s*, lignes courbes *d ef*, & *a b*, représentent la forme que doit prendre une fente par la contraction des couches 1, 2, 3, &c.

La Figure 2 fait voir un rayon semblable à *a b* (*Fig. 1*), & fait entendre ce qui doit résulter de la contraction des rayons.

La Figure 3 sert à faire connoître ce qui doit résulter de la contraction des rayons & des couches ligneuses.

PLANCHE XVI, *relative à la pesanteur du bois de différents points du corps d'un arbre, & à la forme de certaines fentes.*

LA FIGURE 1 sert à démontrer la différence de densité du bois du cœur d'avec celui de la circonférence.

Par la *Figure* 2, on voit la différence de densité du bois du pied d'un arbre d'avec celui de la cîme.

La Figure 3, fait voir comment les couches ligneuses se séparent les unes des autres dans les *bois roulis* lorsqu'ils se dessechent.

La Figure 4, fait comprendre pourquoi les bois se fendent plus aisément dans la direction du centre à la circonférence que dans toute autre.

Figure 5, arbre en retour *cadranné* dans le cœur.

Figure 6, arbre auquel on a donné un trait de scie de *a* en *b*, pour prévenir qu'il ne s'y forme point trop de fentes.

PLANCHE XVII. *Elle fait voir comment le bois se contracte en se séchant, & ce qui en résulte.*

FIGURE 1, piece de bois dont les parties numérotées 1 & 3, sont restées en grume, & celles numérotées 2 & 4, ont été équarries.

Figure 2, exemple des fentes qui se forment entre l'écorce & le centre de l'arbre.

Figure 3, fentes qui s'étendent de la circonférence vers le centre.

La Figure 4 fait voir la quantité de fentes qui se forment sur une piece de bois qui a été équarrie aussi-tôt qu'elle a été abattue

abattue, & qu'on a laiſſé ſe deſſécher trop promptement ; il faut remarquer que le bois qui en a été retranché, a empêché que les fentes ne ſoient auſſi grandes que dans les pieces en grume.

Figure 5, corps d'arbre refendu en deux par la ligne *a b*.

Figure 6, autre corps d'arbre refendu en quatre par les lignes *c d*, & *e f*.

La *Figure 7* démontre ce qui réſulte du rapprochement des fibres de la *figure 5*.

Par la *Figure 8*, on peut voir ce qui réſulte de la contraction des fibres de la *figure 6*.

PLANCHE XVIII. *Cette Planche fait voir différentes aires de coupes de pieces de bois faites en différents points, & les fentes qui en réſultent.*

On voit par la *Figure 1*, que dans une piece de bois quarré *a c e f*, refendue à la ſcie par une ligne *d h*, les faces qui répondent au cœur deviennent convexes, & les faces oppoſées concaves.

Par la *Figure 2*, on voit ce qui arrive à une piece ronde, ſciée par une ligne *a b*, ſoit à la partie *f* dans laquelle le bois du cœur eſt compris, ſoit à la partie *g* qui ne contient pas de bois du cœur.

Les *Figures 3, 4, 5* & *7*, font voir que les pieces de bois où il ſe trouve du bois du cœur de l'arbre, ſont plus ſujettes à ſe fendre que celles où il ne ſe trouve pas de ce bois.

La *Figure 6* repréſente un tuyau de bois, & fait voir qu'il eſt peu ſujet à ſe fendre.

PLANCHE XIX. *Cette Planche fait voir qu'une piece de bois dans laquelle le cœur d'un arbre eſt compris, eſt plus expoſée aux fentes que lorſque cette partie n'y eſt pas renfermée.*

FIGURE 1, ſurface d'un cube de bois qui étant encore verd, avoit la forme que déſignent les lettres *A*, *B*, *C*, *D*, & qui étant devenu ſec a pris celle de *a b c d* : on voit en *K* où ſe trouve le cœur de l'arbre, qu'il s'y est formé de grandes fentes *L*, *L*, &c.

Figure 2, autre cube qui avoit, étant verd, la forme *EFGH*, & que la sécheresse a réduit à celle de *efgh* : le cœur du bois *K* qui se trouve hors de la piece, est très-peu fendu : ces deux Figures ont été dessinées très-exactement d'après nature.

PLANCHE XX. *Cette Planche démontre ce qui arrive aux planches sciées dans des arbres encore verds.*

FIGURE 1, corps d'arbre refendu en planches encore tout verd : ces planches devenues seches & posées les unes sur les autres, ne peuvent se toucher aux points *m*, *n*, *o*, *p*, *q*, & ont peu de fentes.

Par la *Figure* 2, on voit que la Planche *a a*, *b b*, ne s'est point bombée comme celle de la *figure* 1, & que les ouvertures *a*, *a* & *b*, *b*, sont produites par la contraction des parties extérieures de l'arbre *c c*.

PLANCHE XXI. *On voit par les Figures, que les planches se courbent à raison du racourcissement des fibres longitudinales du bois.*

FIGURE 1, tronc d'un jeune arbre fendu en quatre parties, par les lignes *a b* & *c d*.

La *Figure* 2 fait voir que chaque partie de cet arbre s'est courbée du côté de l'écorce.

La *Figure* 3 montre comment les fibres longitudinales se racourcissent à mesure que les arbres se dessechent.

Figure 4, piece de bois quarré refendue en deux parties *a*, *a*.

On voit par la *figure* 6, que les bouts d'une piece refendue s'écartent en *a a* : cet écartement a été exprimé trop considérable dans cette gravure.

Figure 7, arbre fendu en trois parties, lesquelles s'écartent les unes des autres en forme de lardoire.

Figures 8 & 9, corps d'arbres refendus en planches.

La *Figure IX* sert à démontrer pourquoi il y a des planches qui se tourmentent, & d'autres qui ne se courbent point, & encore pourquoi les unes se fendent, & d'autres ne se fendent pas.

Les *Figures 10, 11* & *12* servent à rendre raison de ces faits.

PLANCHE *XXII. Cette Planche est relative aux tentatives faites pour empêcher les bois de se fendre.*

Les *Figures 1, 2* & *3*, font voir dans quelles circonstances les fentes portent le plus de préjudice, & comment on pourroit en grande partie le prévenir.

Figure 4, numéros 1, 2, 3, 4, portions de cônes & de pyramides tronquées, qui contiennent le cœur du bois des pieces: aux numéros 5, 6, 7, 8, le cœur est hors des pieces : ces pieces, quoique cerclées & bien serrées, se sont néanmoins fendues.

PLANCHE *XXIII, relative aux bois qui se livrent en grume pour le service de l'Artillerie.*

FIGURE *1*, flasque d'un affût marin.
Figure 2, fond d'un affût marin.
Figure 3, essieu d'un affût marin.
Figure 4, roue d'un affût marin.
Figure 5, flasque d'un affût de campagne.
Figure 6, moyeu de la roue d'un affût de campagne.
Figure 7, jante d'un affût de campagne.
Figure 8, rais d'une roue d'affût.
Figure 9, essieu d'un affût de campagne.
Figure 10, moitié de la limoniere de l'avant-train d'un affût.
Figure 11, piece qui porte la cheville ouvriere aux avant-trains des affûts.

PLANCHE *XXIV. Détail du travail des Sabotiers.*

Figure 1, chevre sur laquelle les Sabotiers coupent le bois.
Figure 2, passe-par-tout ou scie dont ils se servent.

Figure 3, *h*, maſſe des Sabotiers; *i*, ciſeau qui ſert quelquefois à fendre; *k*, coutre, inſtrument bien plus commode pour fendre; *m*, rondine qui doit être fendue; *g*, coin de fer qui ſert à fendre les groſſes rondines.

Figure 4, quartier d'une rondine propre à faire un ſabot.

Figure 5, *A*, billot: *a*, ſerpe pour ébaucher les ſabots.

Figure 5 * 6, herminette avec laquelle on forme l'entrée & le talon d'un ſabot.

Figure 6 *, *E*, rondine propre à faire un ſabot; *F*, la même rondine ſur laquelle eſt ponctuée la figure d'un ſabot.

Figure 6 * *, (vers le bord oppoſé de la planche) ſabot *H* qui n'eſt qu'ébauché; & au-deſſous de la *figure* 6, *G*, ſabot paré & fini en dehors.

Figure 7, piece de bois entaillée, dans laquelle on aſſujettit avec des coins une paire de ſabots qui doit être évidée.

Figure 8, loge des Sabotiers: on voit dans cette loge la même piece en place.

Figure 9, vrille *K*, avec laquelle on commence à percer les ſabots: *h*, *i*, *l*, cuillers de différentes grandeurs pour les creuſer.

Figure 10, crochet ou *rouette*, pour polir & effacer les ſillons que les cuillers ont pu faire au-dedans du ſabot.

Figure 11, plane ou paroir pour finir les ſabots en dehors.

Figure 12, *a*, coupe d'un ſabot, ſuivant ſa longueur, pour en faire voir l'épaiſſeur: *b*, ſabot garni de ſon *emblai*: *c*, *d*, ſabots en uſage dans le Limoſin; ils ont une grande entrée & ſont garnis d'une courroie: *e*, ſabot garni d'un *miton* de peau de mouton; *f*, petit fer dont on arme quelquefois le deſſous du talon; *g*, autre petit fer qui s'attache ſous le fort du pied.

Figure 13, *A*, Ouvrier qui ébauche un ſabot: *B*, autre Ouvrier qui perce; *C*, autre qui creuſe: *D*, autre qui pare & finit le ſabot.

Figure 14, *A*, forme de ſoulier pleine: *B*, forme briſée; *C*, ſemelle de galoche; *D*, talon pour homme; *E*, talon pour femme.

PLANCHE XXV. *Outils à l'usage du Fendeur.*

FIGURE 1, attelier du Fendeur : *A B C*, grande piece fourchue ; *D E F*, pieds qui la soutiennent ; *G H*, pieces de bois enfoncées en terre pour donner de la solidité à l'attelier : *I*, mailloche pour frapper sur le coutre : *O N*, piece disposée pour être fendue avec le coutre *P* : *K L*, piece en partie fendue : *M*, le coutre : *Q*, coin qui entretient l'ouverture de la fente.

Les *Figures* 2, 3, 4 & 5 font voir comment le Fendeur peut conduire la fente bien droite.

Figure 6, coutre à deux biseaux servant à fendre : *e*, coupe de ce coutre.

Figure 7, grand coutre à un biseau ; *e*, coupe de ce coutre : il sert à parer les pieces de bois, comme on peut le voir dans la *figure* 8.

Figure 9, grande cognée.

Figure 10, grand coin de bois.

Figure 11, *A*, scie dentelée ou passe-par-tout : *B B*, scie avec une denture ordinaire.

Figure 12, masse.

PLANCHE XXVI. *Travail du Fendeur.*

FIGURE 1, *A*, grosse tronce noueuse, qu'on veut fendre avec de la poudre : *a*, trou de tarriere rempli de poudre à canon, & fermé d'une cheville frappée à force : *b*, lance à feu pour allumer la poudre.

Figure 1 *, *B*, la même piece de bois éclatée en trois parties par l'effet de la poudre à canon.

Figure 2, Apprentif-Ouvrier occupé à fendre des chevilles de poinçon entre ses jambes.

Figure 3, cet Apprentif commence par fendre la bille en deux par la ligne 1, 1, puis par les lignes 2, 2, puis par celles 3, 3, &c.

Figure 4, ensuite il fend ces mêmes tranches, par les lignes 5, 6, 6, 7, 7 & 4, 4.

Figure 5, bille destinée à être fendue pour en faire des fusées pour les entre-voux des planchers.

Figure 6, palisson ou petite planche servant aux entre-voux des Fermes.

Figure 7, barre pour les fonds des futailles.

Figure 8, chevre servant d'attelier pour fendre les barres & les palissons.

Figure 9, bille sciée de longueur pour faire des échalas de vigne : les lignes ponctuées *A B*, *C D*, *E F*, *G H*, indiquent comment on doit diviser cette piece par quartiers.

La *Figure* 10 indique comment on doit fendre le quartier *A E C*, pour en tirer six ou sept échalas : les autres quartiers se fendent de même.

Figure 11, un échalas.

La *Figure* 12 fait voir comment on arrange les échalas entre quatre piquets pour en former des bottes.

Figure 13, une botte d'échalas liée avec des harts.

PLANCHE *XXVII. Travail du Fendeur de Lattes & de Cerches.*

La *Figure* 1 fait voir comment le Fendeur cartelle les pieces, toujours du centre à la circonférence *E A*, *E G*, *E H*, *E I*.

La *Figure* 2 représente un de ces quartiers qu'il fend d'abord par les lignes *a c*, *e e*, *d d*, *f f*; ensuite, & pour lever les lattes, par les lignes 1, 1, 2, 2, 3, 3, &c.

La *Figure* 3 indique la même opération pour la latte voliche.

Figure 4, petit attelier où l'on forme les bottes.

Figure 5, botte liée.

Figure 6, arbre abattu, & tel qu'on le délivre aux Fendeurs, qui y donnent un trait de scie en *e* pour retrancher la culasse.

Figure 7, la même culasse qui doit être cartelée par les lignes *g g*, *h h*, &c.

Figure 8, cartelle dont on doit retrancher le bois du cœur, selon la ligne ponctuée *k k*.

Figure 9, la même cartelle *écœurée*, & qui doit être refendue, suivant la direction des lignes ponctuées *n n*, pour en faire des fonds de seaux.

Figure 10, tronce de bois destinée à faire des cerches pour des corps de seaux. Elle se fend d'abord par la ligne *r r*. La fente se commence avec le tranchant de la cognée, sur la tête de laquelle on frappe avec la masse *t* (*fig.* 11), & cette premiere fente s'acheve avec les coins *x*.

La *Figure* 12 fait voir comment on cartelle chaque moitié de la tronce (*fig.* 10), d'abord par la ligne *y y*, ensuite par les lignes *z*, *z*, enfin par les lignes *&*, *&*.

La *figure* 13 indique la partie du bois du cœur qui doit être enlevée d'une cartelle, selon la ligne ponctuée *k k*.

La *Figure* 14 fait voir comment on écorce cette même cartelle, dont on enleve la portion *o q o*.

Figure 15, portions de bois *r s*, qui s'enlevent par le Fendeur, & dont il fait des bordures ou de *l'Aprêt-marchand*.

PLANCHE XXVIII. *Suite du travail du Fendeur.*

FIGURE 1, selle à planer, avec l'Ouvrier en attitude, pour dresser les cerches avec la plane.

Figure 2, Ouvrier qui plie les cerches en différents sens, pour connoître si elles sont par-tout d'égale épaisseur.

Figure 3, cerches présentées au feu, appuyées sur une barre de fer, soutenue par deux chenets.

Figure 4, profil d'une cerche *E*, & des chenets qui la soutiennent vis-à-vis le feu.

Figure 5, bordure préparée pour lier les bottes.

Figure 6, laniere de bois qui attache la bordure des bottes,

Figure 7, bordure garnie de cette laniere.

Figure 8, petites planches qui servent de *gardes* pour empêcher que les bords de la bordure ne se fendent.

Figure 9, rouleau servant à plier les cerches.

Figure 10, coupe de ce rouleau.

La *Figure* 11 fait voir la disposition de trois cerches qui doivent être roulées.

Figure 12, botte de cerches : *a a* bordure qui assujettit cette botte ; *b*, laniere qui lie la bordure ; *c c*, gardes ; *d*, cerches.

Figure 13, botte d'écliffes.

Figure 14, moulinet qui fert à plier les écliffes & les cerches de rouet, pour les difpofer à être mifes en bottes.

Figure 15, écliffe liée, préparée à recevoir celles qui doivent former une botte.

Figure 16, chaferet garni d'ofier, le fond mis en bas.

Figure 17, chaferet garni d'ofier, le fond mis en en haut.

Figure 18, écliffe à fromage pofée fur un clayon, ou tournette d'ofier.

PLANCHE XXIX. *Maniere de faire des Copeaux & des Panneaux de foufflets.*

FIGURE 1, piece parallélipipede de Hêtre, ébauchée pour en faire des copeaux.

Figure 2, machine pour former les copeaux, vue en élévation.

Figure 3, la même machine vue en plan. *A, B, C, D*, rouages qui augmentent la force des Ouvriers qui font tourner les manivelles; *FH*, corde qui communique le mouvement des rouages au rabot *G*: *I*, rouleau qui fe hauffe, ou qui fe baiffe, pour que la tirée de la corde foit horizontale: *K*, piece de bois fur laquelle on leve les copeaux: le graveur a fait cette piece trop forte par proportion avec le rabot: *L L*, *M M*, *N N*, bâti de forte charpente.

Figure 4, coupe tranfverfale de la même machine, par le milieu du rabot: *M M*, bâti de charpente: *K*, piece de bois fur laquelle on leve les copeaux: *G*, corps du rabot, au-deffus duquel paroît le fer taillant de ce rabot.

Figure 5, preffe où l'on dreffe & où l'on rogne les copeaux.

Figure 6, copeaux tels qu'on les vend en paquet.

Figure 7, cartelle de Hêtre, deftinée à faire des panneaux de foufflets.

Figure 8, panneau de foufflet groffiérement ébauché.

Figure 9, le même panneau fini & plané.

Figure 10, encoche, ou établi dans lequel on affujettit les panneaux

panneaux de soufflets, pour les séparer chacun en deux parties, dont celle du dessous doit être la plus longue.

EXPLICATION *de la Planche XXX, qui contient en détail, la façon de faire les Ecopes, les Pelles à four, à bled & à fumier, les Battoirs de lessive, & les Attelles de collier de Chevaux & de Mulets.*

Figure 1, cartelle destinée à faire des attelles.

Figure 2, la même cartelle figurée en attelles, & qu'il n'est plus question que de séparer par des traits de scie pour en avoir plusieurs semblables à *B*.

Figure 3, encoche où l'on assujettit les attelles de la figure 2, pour les séparer ensuite par un trait de scie.

Figure 4, battoir pour la lessive.

Figure 5, écope vue de côté.

Figure 6, écope vue par-dessus.

Figure 7, coupe d'un rondin dans lequel on doit lever quatre écopes.

Figure 8, aceau.

Figure 9, tie.

Figure 10, piece de bois préparée pour faire des pelles à four.

Figure 11, pelle à four pour les Pâtissiers.

Figure 12, pelle à four pour les Boulangers.

Figure 13, pelle à fumier.

Figure 14, pelle pour remuer les grains.

EXPLICATION *de la Planche XXXI, qui expose le travail de l'Arçonneur; & celui des Tourneurs qui font les Sébilles & les Moules à suif.*

Figure 1, ciseau de fer.

Figure 2, bec d'âne.

Figure 3, bât de mulet, monté,

Figure 4, courbe d'un bât.

Figure 5, lobe d'un bât.

Figure 6, moitié d'une courbe faite de deux pieces.

Figure 7, arçon de Cavalerie : *a*, le pontet : *b*, *b*, les deux bouts : *c*, le devant d'arçon : *d*, *d*, les pointes : *e*, *e*, les panneaux.

Figure 8, arçon de femme garni de son dossier *f*.

Figure 9, tour tel qu'on l'établit dans les forêts pour tourner les moules à suif, les sébilles, les rouets de poulies, &c : *A*, *B*, deux forts poteaux : *C*, *C*, deux pieces horizontales qui les assemblent : *D*, poupée mobile : *E*, crosse ou support : *F*, pieces servant à donner de la solidité aux poteaux *A*, *B*, & qui servent outre cela à appuyer le support, & à porter la planche inclinée *K*, sur laquelle s'appuie l'Ouvrier quand il travaille : *G*, perche à ressort : *H*, corde : *I*, mandrin : *L*, pédale : *M*, billot sur lequel on ébauche les pieces.

Figure 10, rondine qui doit être fendue en deux pour faire deux moules à suif.

Figure 11, moitié de rondine sur laquelle est tracé un moule.

Figure 12, sébille travaillée, posée sur sa clouiere ou mandrin à pointes *I*.

Figure 13, clouiere.

Figure 14, ciseaux courbes qui servent à détacher le noyau de bois que l'Ouvrier enleve de l'intérieur du moule qu'il tourne.

Figure 15, moule à suif sortant des mains du Tourneur.

Figure 16, outils du Tourneur.

Figure 17, disposition du chevalet pour enfumer les pieces travaillées.

PLANCHE XXXII.

Les FIGURES de cette Planche servent à l'explication de la méthode qui se pratique en Flandre pour toiser les bois ronds.

Fin du quatrieme Livre.

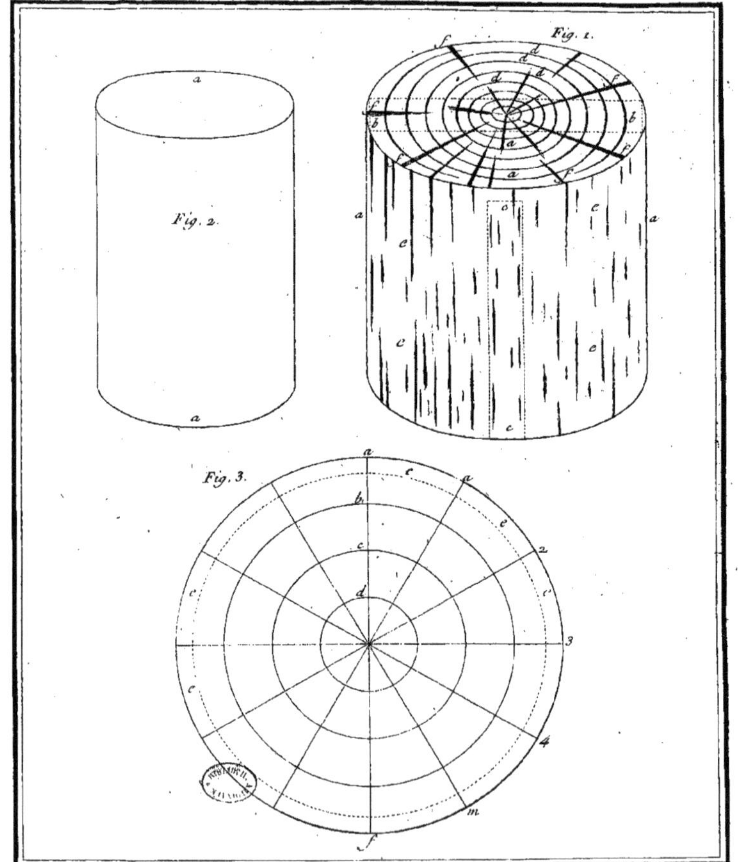
Fig. 1.
Fig. 2.
Fig. 3.

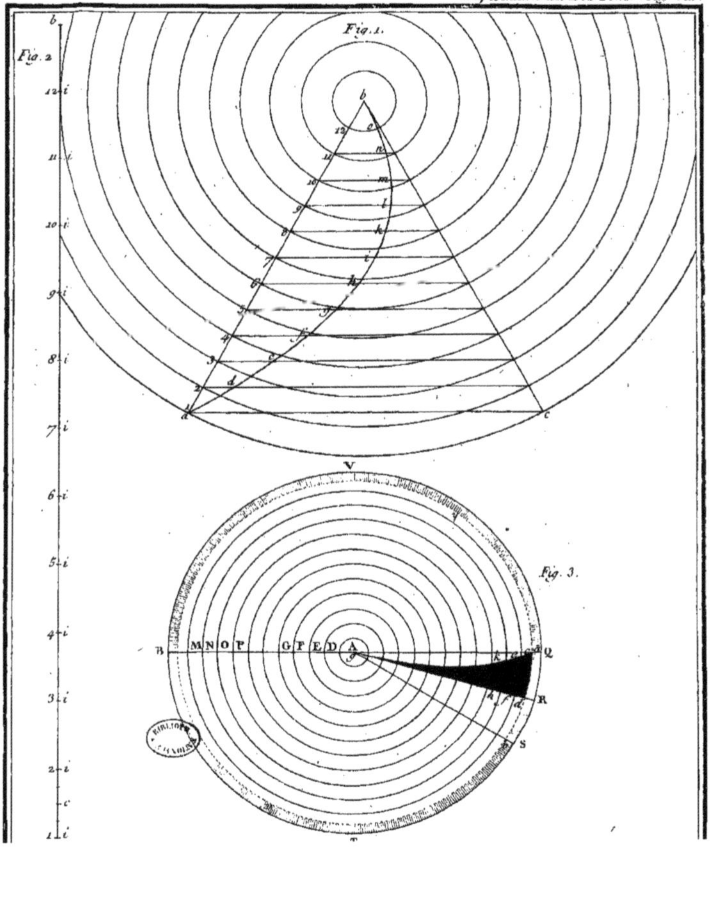

Fig. 1.

Fig. 2

Fig. 3.

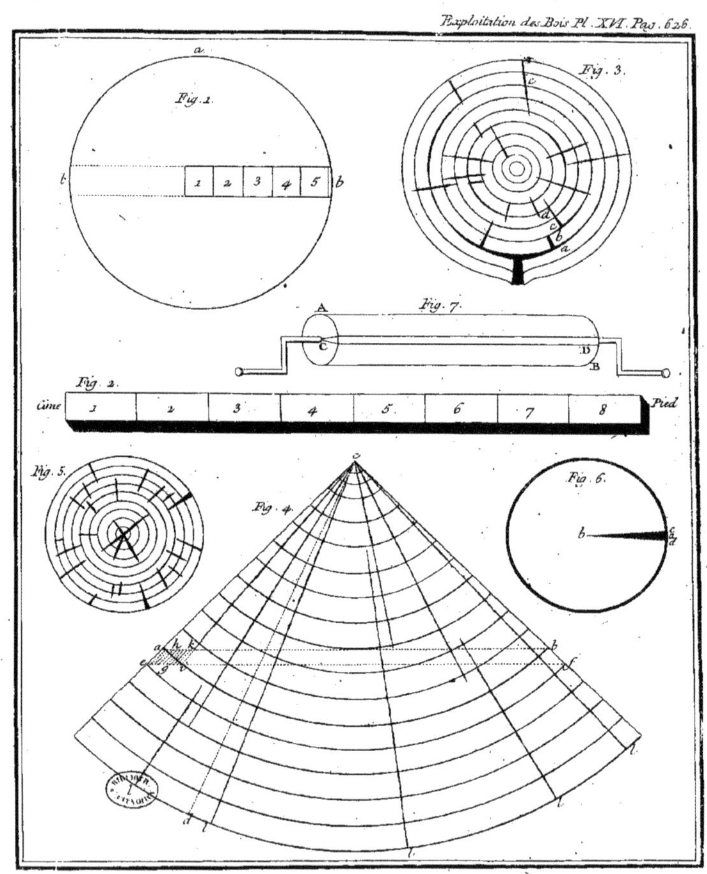

Fig. 1.
Fig. 2.
Cime
1
2
3
4
5
6
7
8
Pied
Fig. 3.
Fig. 4.
Fig. 5.
Fig. 6.
Fig. 7.

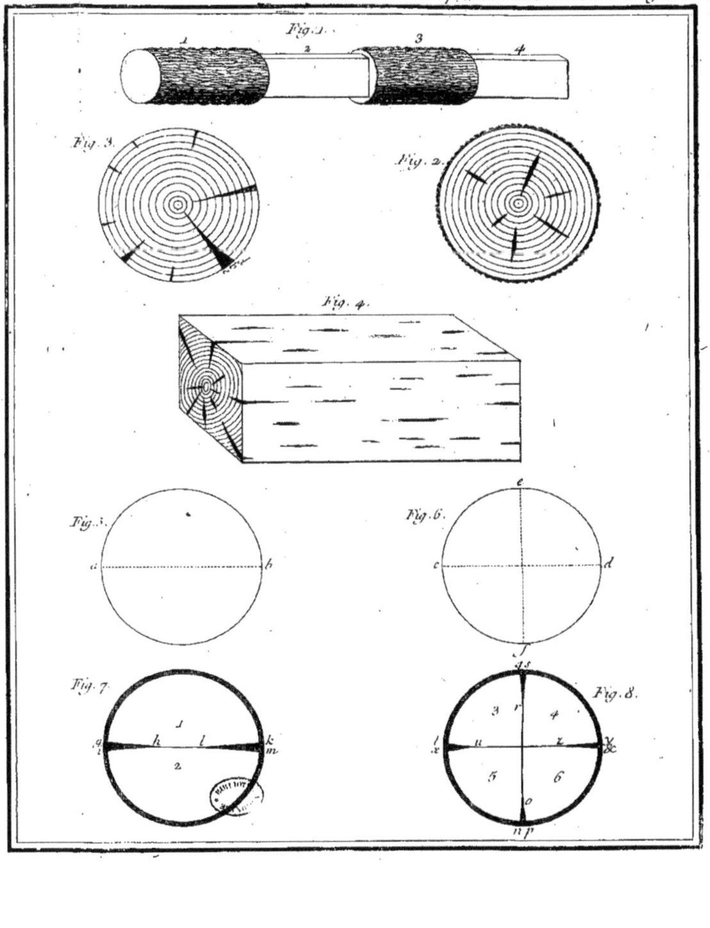

Fig. 1.

1 2 3 4

Fig. 3.

Fig. 2.

Fig. 4.

Fig. 5.

a b

Fig. 6.

e c d f

Fig. 7.

1 q i h l k m 2

Fig. 8.

q s 3 r 4 t x u z y & 5 6 o n p

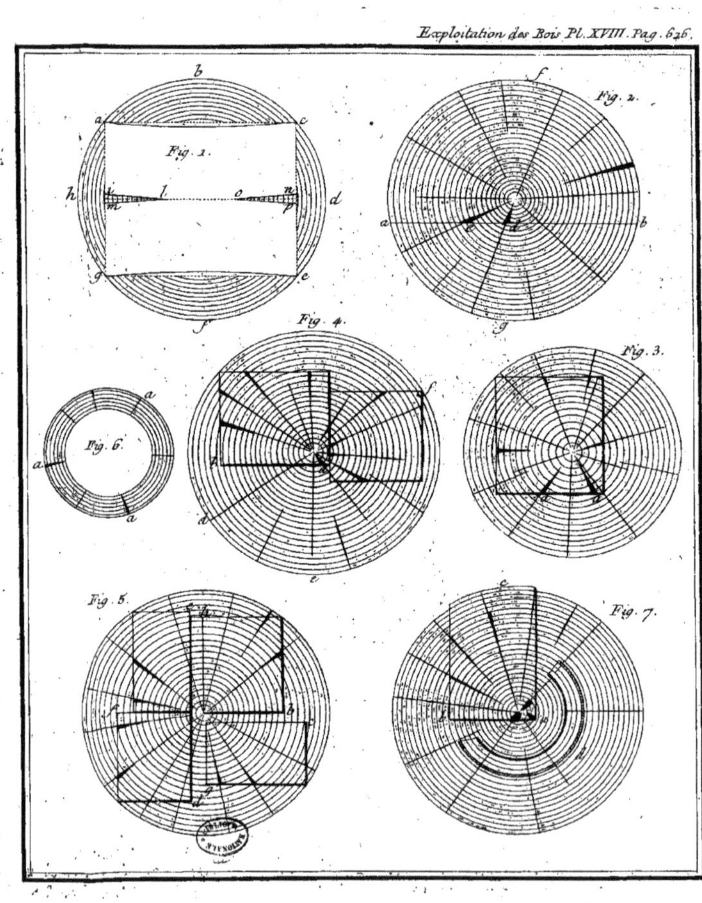
Fig. 1.
b
a
c
h
i
l
o
n
d
m
p
g
e
f
Fig. 2.
f
a
e
d
b
g
Fig. 4.
f
b
d
e
Fig. 3.
d
d
Fig. 6.
a
a
a
Fig. 5.
c
h
h
f
d
g
Fig. 7.
c
b

Fig. 1.

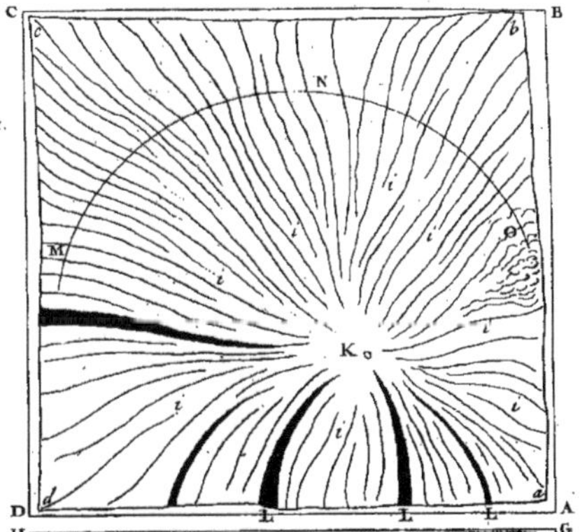

Fig. 2.

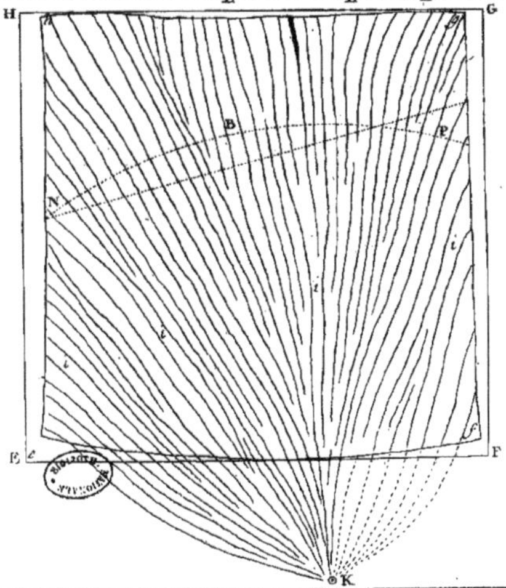

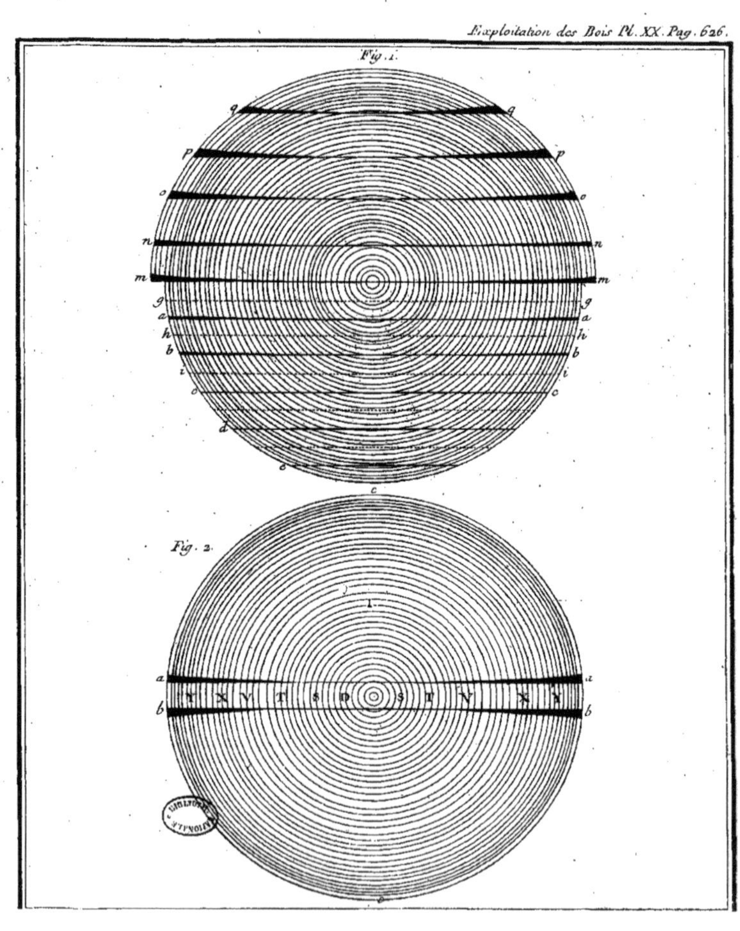
Exploitation des Bois Pl. XX. Pag. 626.
Fig. 1.
q q
p p
o o
n n
m m
g g
a a
h h
b b
i i
c c
d
e
c
Fig. 2.
a a
b b
T X V T S O S T V X T

Exploitation des Bois Pl. XXI. Pag. 626.

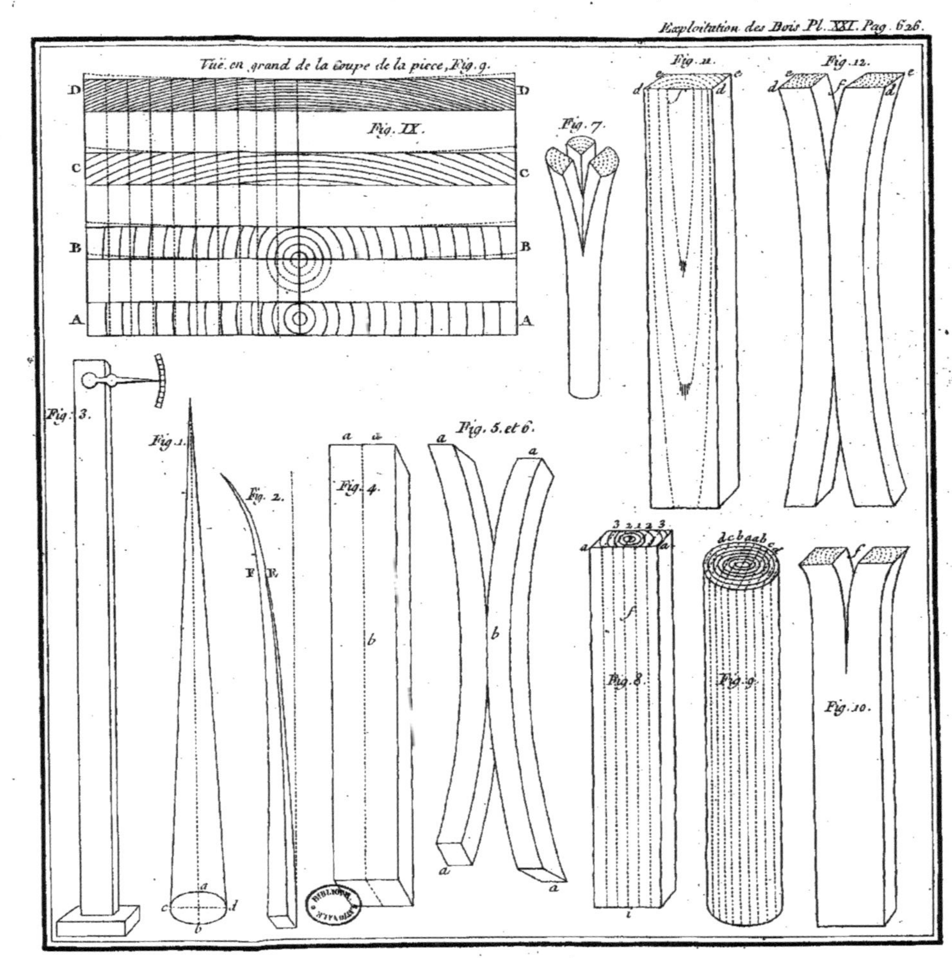

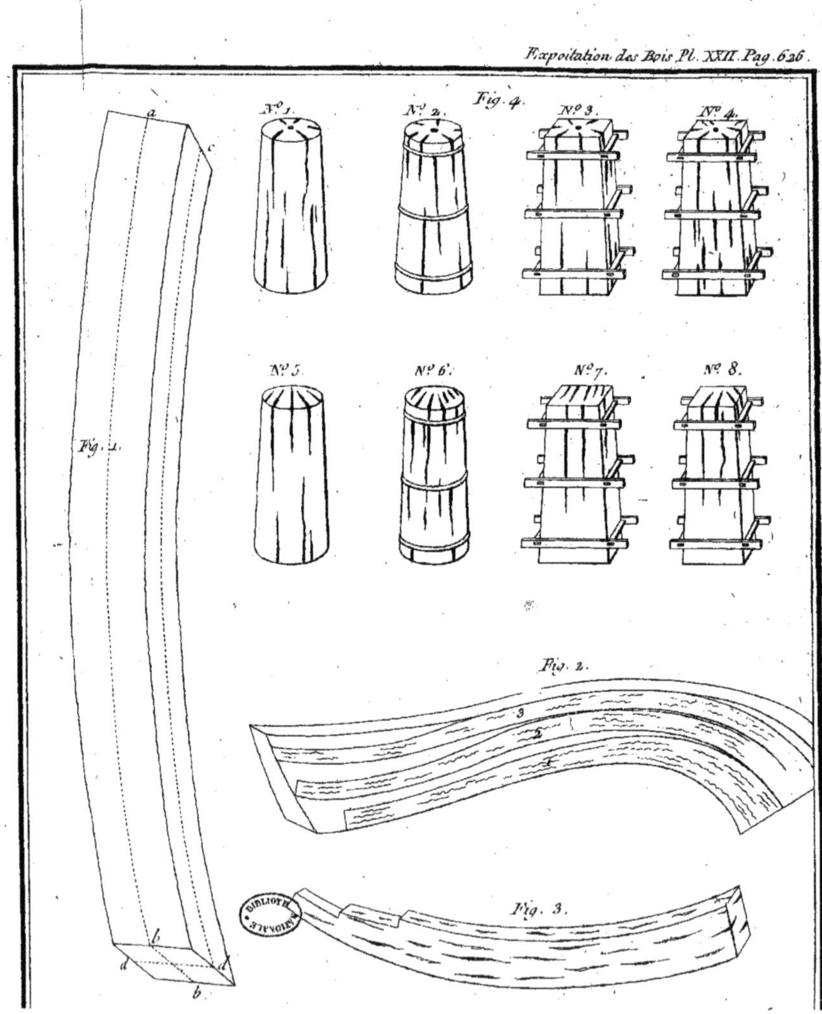
Fig. 1.
a
c
b
d
d
b
Fig. 4.
N.º 1.
N.º 2.
N.º 3.
N.º 4.
N.º 5.
N.º 6.
N.º 7.
N.º 8.
Fig. 2.
3
2
1
Fig. 3.

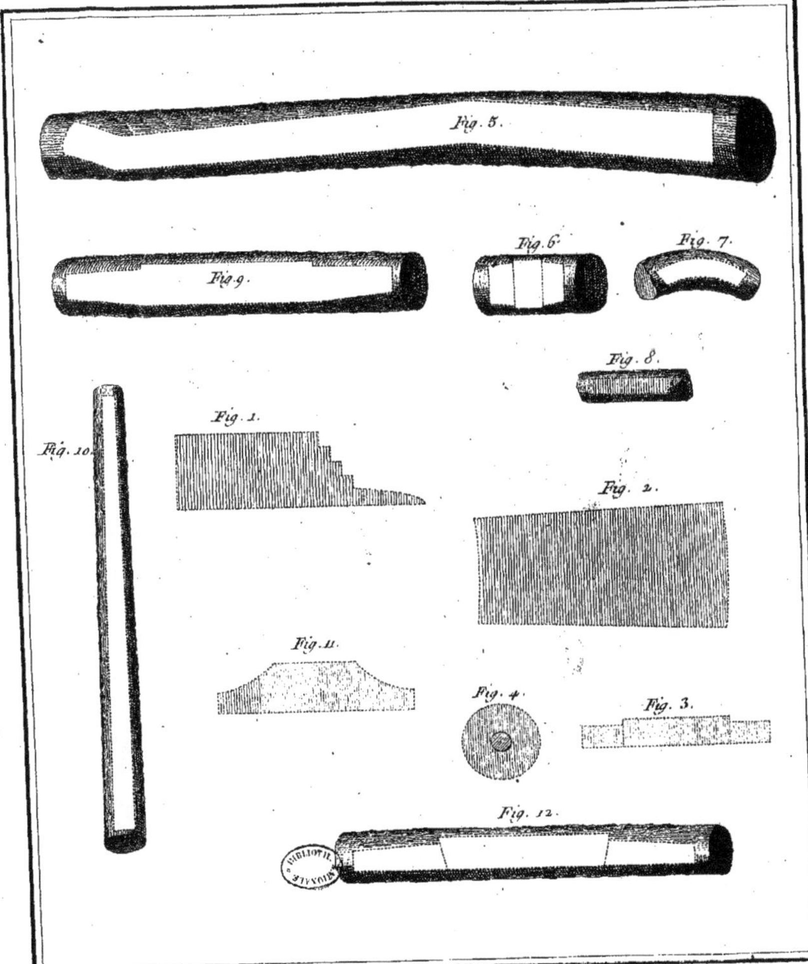
Fig. 5.
Fig. 9.
Fig. 6.
Fig. 7.
Fig. 8.
Fig. 1.
Fig. 10.
Fig. 2.
Fig. 11.
Fig. 4.
Fig. 3.
Fig. 12.

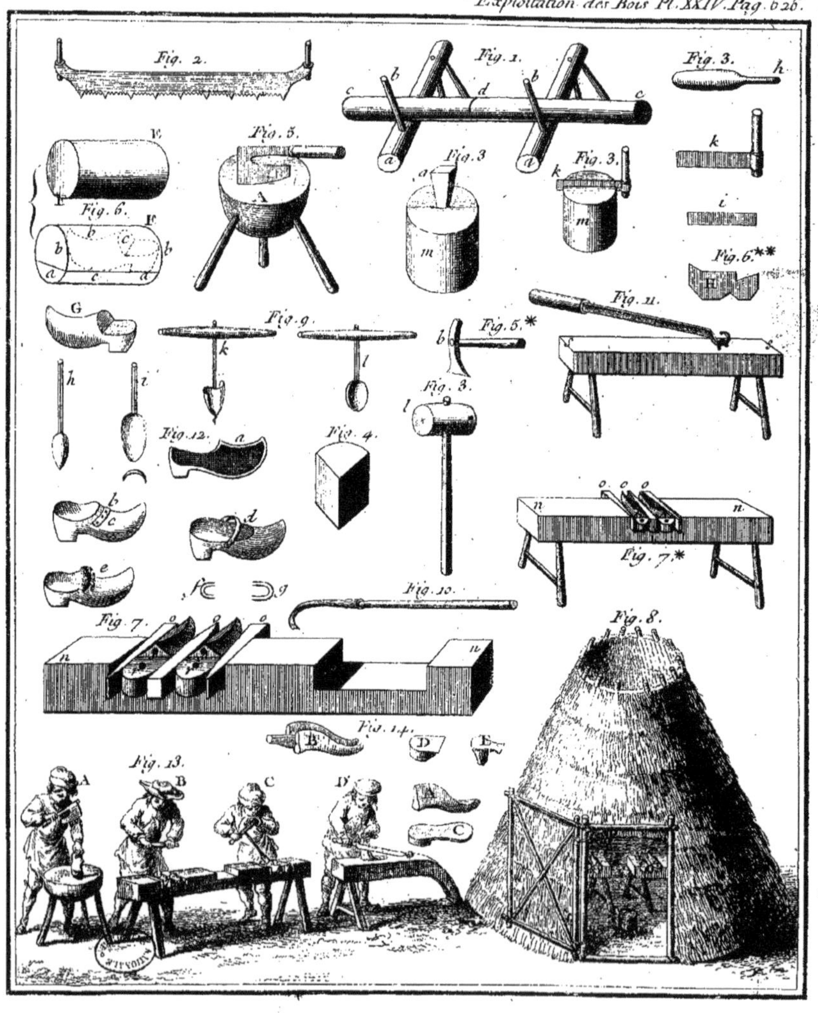
Fig. 2.
Fig. 1.
Fig. 3.
Fig. 5.
Fig. 3
Fig. 3.
Fig. 6.
Fig. 6.**
Fig. 9.
Fig. 5.*
Fig. 11.
Fig. 3.
Fig. 12.
Fig. 4.
Fig. 7.*
Fig. 10.
Fig. 7.
Fig. 8.
Fig. 14.
Fig. 13.

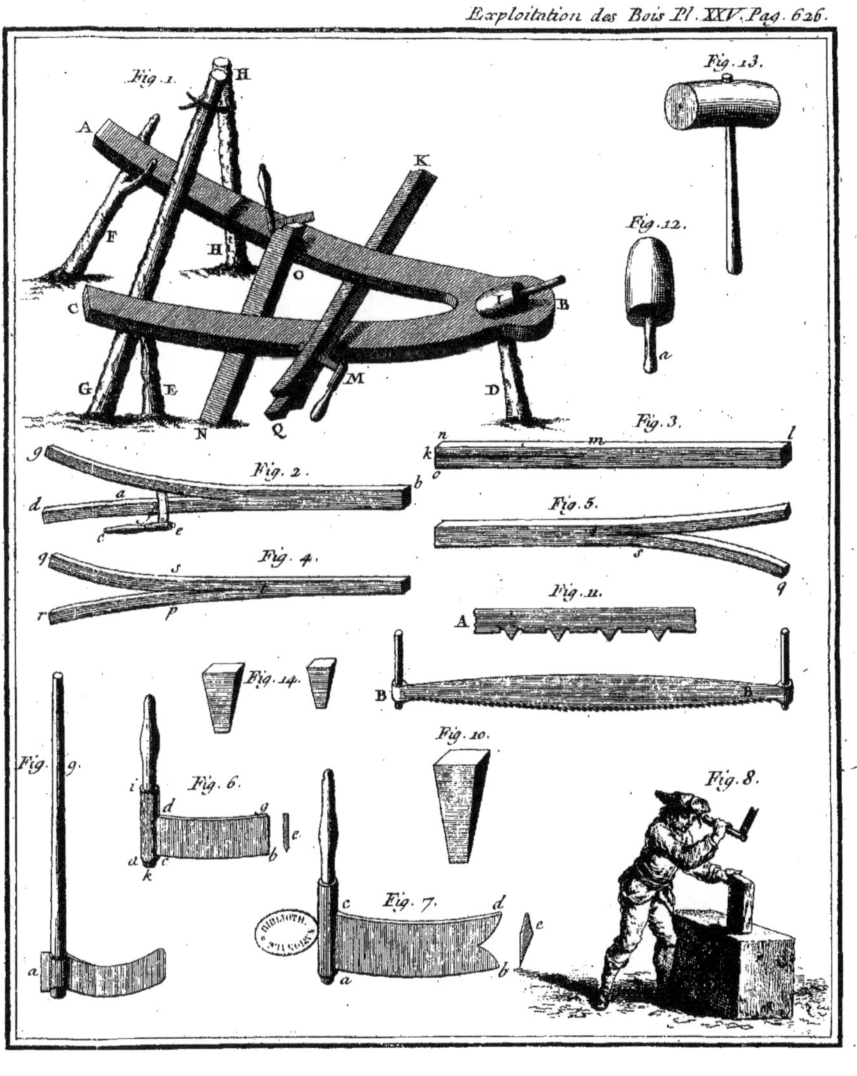
Fig. 1.
A
H
F
H
K
O
C
L
B
G
E
N
Q
M
D
Fig. 13.
Fig. 12.
a
Fig. 3.
n
m
l
k
o
Fig. 2.
g
b
d
a
c
e
Fig. 5.
s
q
Fig. 4.
q
s
r
p
Fig. 11.
A
B
B
Fig. 14.
Fig. 9.
Fig. 6.
i
d
g
e
d
k
c
b
Fig. 10.
Fig. 8.
Fig. 7.
c
d
e
a
b
a

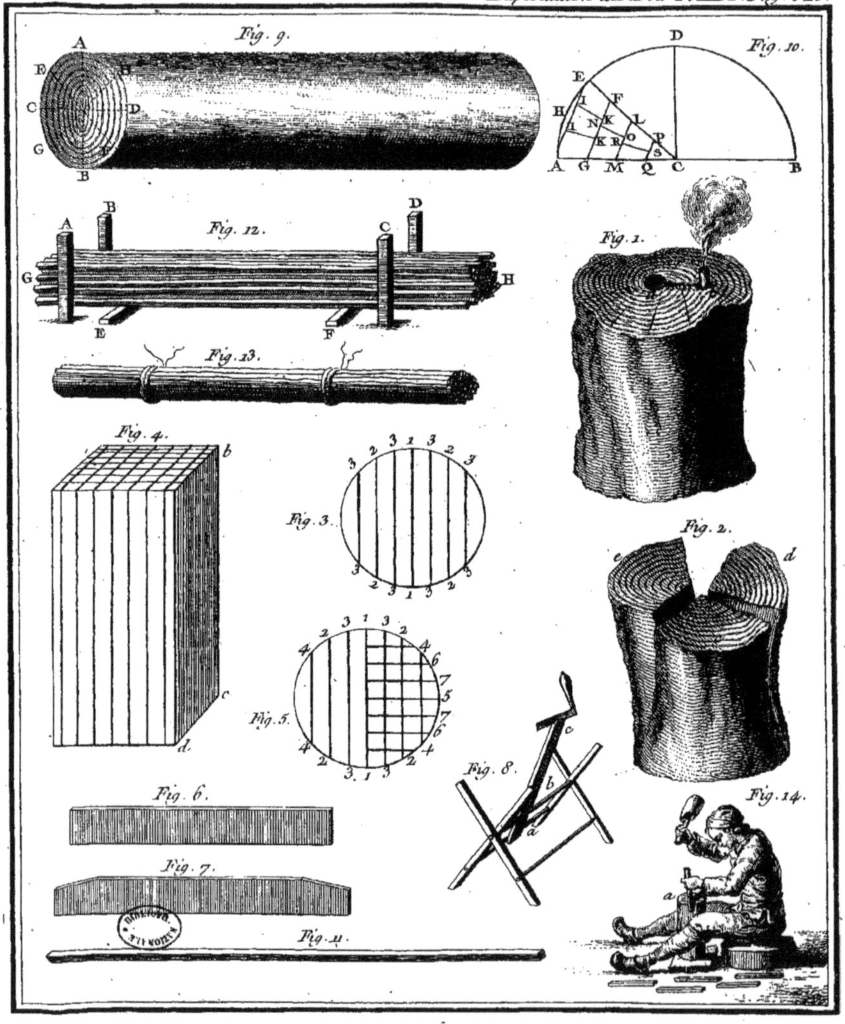

Fig. 9.

Fig. 10.

Fig. 12.

Fig. 1.

Fig. 13.

Fig. 4.

Fig. 3.

Fig. 2.

Fig. 5.

Fig. 8.

Fig. 6.

Fig. 14.

Fig. 7.

Fig. 11.

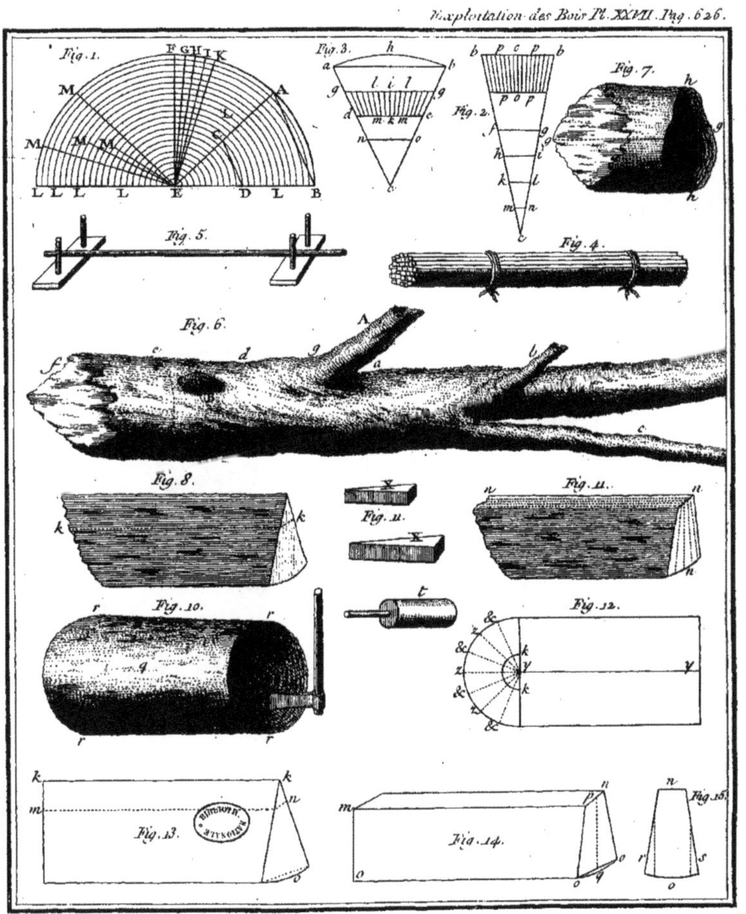
Fig. 1.
F G H I K
M
A
M M M
L
C
L L L L E D L B
Fig. 3.
h
a b
g l i l g
d m k m e
n o
c
b p c p b
p o p
Fig. 2.
f g
h i
k l
m n
c
Fig. 7.
h
g
h
Fig. 5.
Fig. 4.
Fig. 6.
A
e d g
f a b
c
Fig. 8.
k k
Fig. 11.
n n
Fig. 11.
n
Fig. 10.
r r
q
r r
t
Fig. 12.
&
z
& k
z y y
& k
z
&
k k
m n
Fig. 13.
o
Fig. 14.
m p n
o o q o
Fig. 15.
n
r s
o

Exploitation des Bois Pl. XXVIII. Pag. 626.

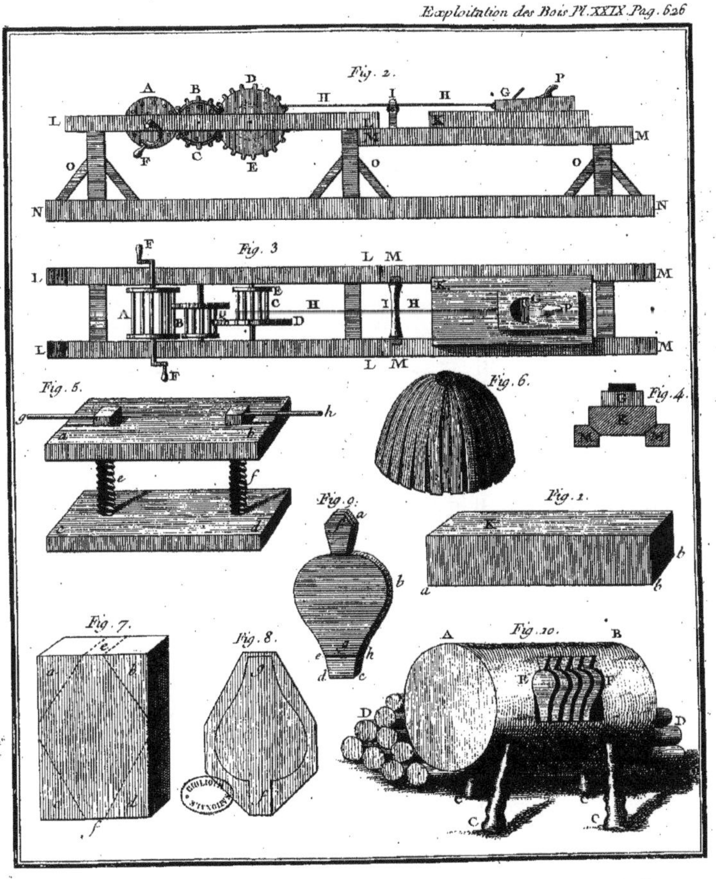
Fig. 2.
Fig. 3
Fig. 5.
Fig. 6.
Fig. 4.
Fig. 9.
Fig. 1.
Fig. 7.
Fig. 8.
Fig. 10.

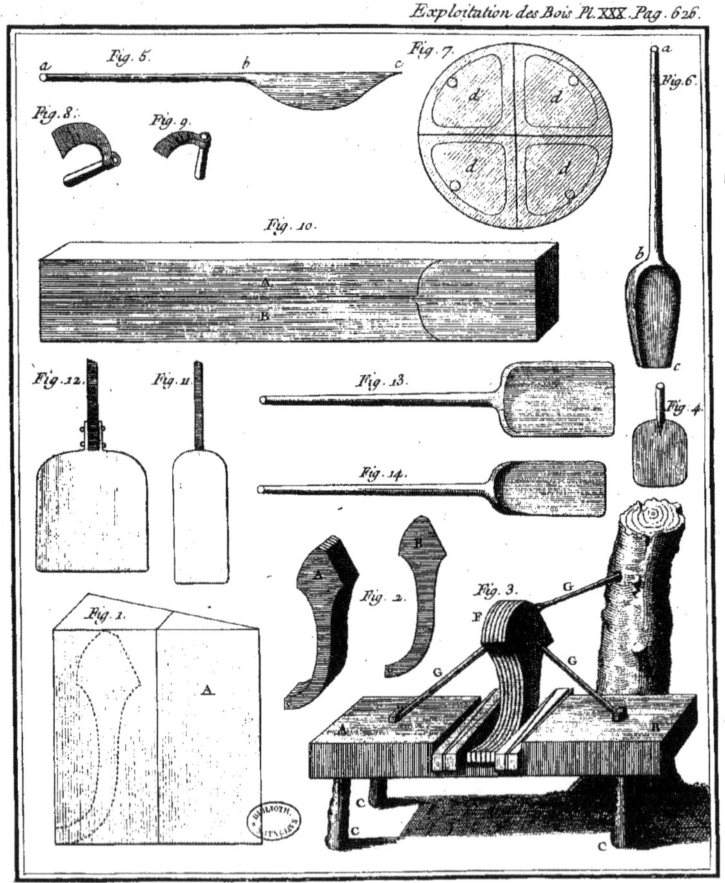
Fig. 5.
a
b
c
Fig. 7.
d
d
d
d
Fig. 6.
a
b
c
Fig. 8.
Fig. 9.
Fig. 10.
A
B
Fig. 12.
Fig. 11.
Fig. 13.
Fig. 14.
Fig. 4.
A
B
Fig. 2.
Fig. 3.
G
F
G
G
A
B
C
C
C
Fig. 1.
A

Exploitation des Bois Pl. XXXI. Pag. 626.

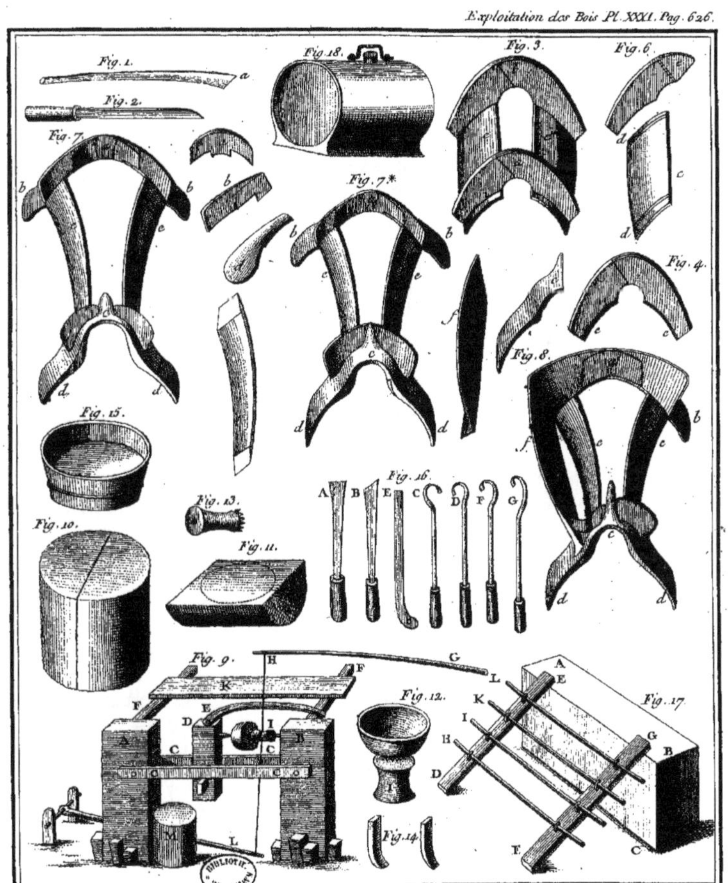

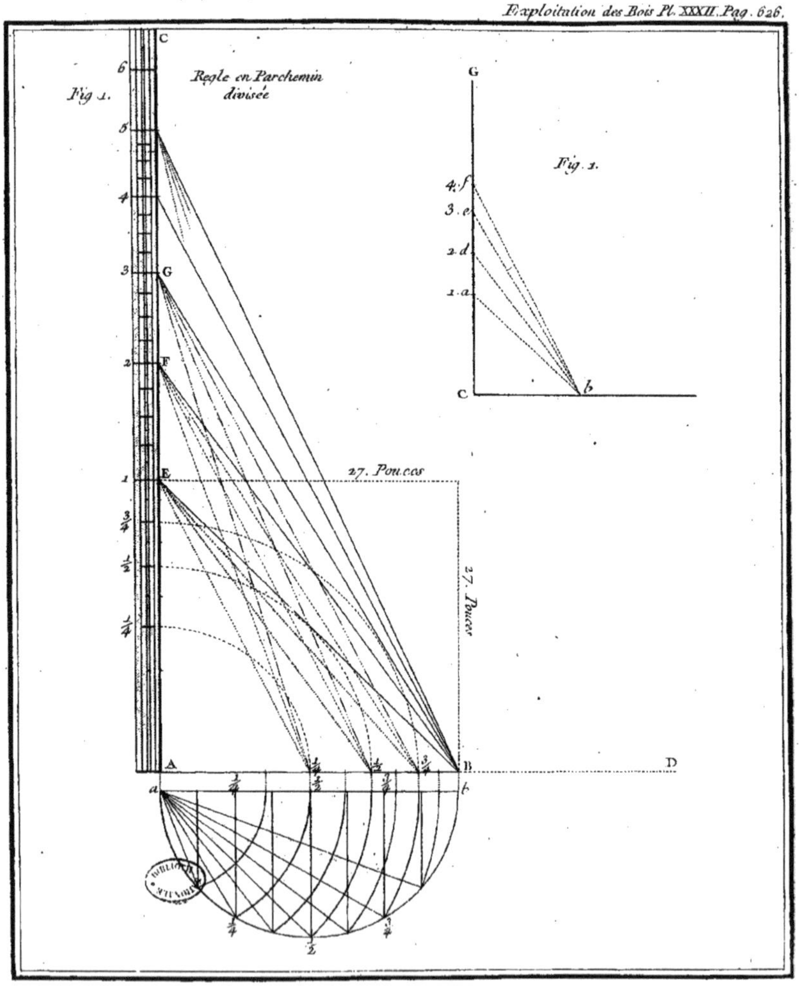

Fig. 1.

Regle en Parchemin divisée

27. Pouces

27. Pouces

Fig. 2.

LIVRE CINQUIEME.

De l'exploitation des Bois quarrés.

COMME les ouvrages de Charpenterie, tant pour les Bâtiments civils, que pour les Vaiſſeaux, conſomment beaucoup de bois quarrés, on doit, quand on exploite une forêt, mettre à part toutes les belles & grandes pieces pour les équarrir. Ce n'eſt cependant pas toujours la pratique des Marchands de bois: quand ils apperçoivent qu'ils trouveront un débit plus avantageux du bois de fente, ils font débiter en billons les plus belles pieces, & ils les réduiſent, pour ainſi dire, en copeaux pour en faire de la latte, du merrain, & ſur-tout de la cerche. Comme toutes ces choſes & autres peuvent ſe trouver dans des arbres de moyenne groſſeur, & qu'on peut y employer des bois qui commencent à être gras; on ſacrifie rarement de beaux & grands arbres pour ces ſortes d'ouvrages : mais je ſuis toujours fâché de voir couper par morceaux les plus belles pieces pour les débiter en cerches ; car ſi l'on ſe rappelle ce que nous avons dit ſur l'art du Fendeur, on comprend qu'on ne peut lever de belles & grandes cerches que dans de fort gros arbres, ſains, exempts de nœuds, & dont le bois n'eſt point fort gras. Il ſeroit à deſirer qu'on ne fît de la cerche qu'avec les billes courtes qui peuvent ſe prendre entre deux nœuds ; ſi ces pieces viciées ne fourniſſoient pas autant de cerches qu'on en conſomme, il n'y auroit pas grand mal, puiſqu'il eſt poſſible de faire de petits ſeaux aſſez légers avec du merrain de bois blanc cerclé de fer très-mince : la rareté des beaux bois de charpente devroit déterminer les

Marchands de bois à prendre ce parti, excepté dans les cas où la difficulté des chemins les obligeroit de réduire les bois par petites pieces, pour pouvoir être enlevées à dos de bêtes de somme.

Je suppose que les Bûcherons ont abattu les arbres ainsi que nous l'avons expliqué; qu'ils les ont ébranchés; qu'ils ont converti en bois de corde les branches qui ne sont propres qu'à cet usage; qu'ils ont fait des fagots & des bourrées avec les rames; & qu'enfin le menu bois a été converti en charbon. Je suppose encore qu'on a délivré aux Fendeurs les bois qui sont propres à faire de la fente & de la raclerie; enfin qu'on a vendu aux Charrons & aux Fournisseurs de l'Artillerie, les pieces qui se vendent en grume; & aux Charpentiers celles qui sont propres à faire des pilots. Après l'enlevement de tous ces bois, il ne doit plus rester dans la vente que les pieces qui doivent être équarries; alors les Marchands doivent connoître à peu-près ce qu'ils pourront avoir de bois quarré, suivant les regles d'approximation que nous allons rapporter.

§. 1. *De la réduction des bois ronds en bois quarrés.*

Si la circonférence d'un arbre est moindre que deux toises, on défalque la neuvieme partie, & on divise le restant en quatre, ce qui donne son équarrissage. Par exemple, si la circonférence est de 12 pieds, ou 144 pouces, cette somme étant divisée par 9, il vient 16 au quotient; lesquels soustraits de 144, il reste 128, qui divisés par 4, feront connoître que la piece aura 23 pouces d'équarrissage.

Si l'arbre avoit 3 ou 3 toises & demie de circonférence, il faudroit soustraire sept parties : s'il avoit 4 ou 4 toises & demie, on ôteroit 7 parties, & du restant, une vingtieme partie : s'il avoit 6 ou 6 toises & demie, on ôteroit la cinquieme partie, & du restant, la vingtieme partie : s'il avoit 7 ou 7 toises & demie, on ôteroit la quatrieme partie, & du reste, la seizieme. Si l'arbre avoit 9 toises, on ôteroit la quatrieme partie, & du reste, la sixieme. Les soustractions étant faites, on divise la somme restante par quatre, pour avoir la valeur de chaque face.

Par ces approximations, les Marchands pourront faire un inventaire suffisamment exact des bois quarrés qu'ils pourront tirer des arbres de leurs ventes, afin de se rendre compte à eux-mêmes.

§. 2. *Distinction des bois droits & des bois courbes.*

LES bois droits sont les plus précieux pour le sciage & pour les charpentes des bâtiments civils; car je comprends dans ce que j'appelle *bois droits*, des pieces qui n'ont qu'un peu de courbure, & que les Charpentiers savent employer pour faire des jambes de force, & plusieurs autres pieces qui n'exigent absolument pas que les bois soient parfaitement droits. Mais les bois fort courbes sont très-recherchés pour différents ouvrages, comme pour les roues des moulins, les ceintres des voûtes, pour la construction des bateaux, & sur-tout pour celle des Vaisseaux; car on peut dire que la Marine emploie toute sorte de bois droits ou courbes, pourvu qu'ils soient de bonne qualité & d'un échantillon convenable; les courbes mêmes sont souvent plus précieuses que les pieces droites. Il est donc à propos d'expliquer comment on doit équarrir toutes sortes de pieces de bois droits ou courbes, & détailler comment les *Chabins*, (c'est ainsi qu'on nomme les Ouvriers la plupart Auvergnats, chargés d'équarrir les bois), doivent s'y prendre pour tirer tout le parti possible des bois qu'ils doivent travailler. Je vais d'abord parler des bois qui sont droits & alignés sur toutes leurs faces.

CHAPITRE PREMIER.

Méthode pour équarrir les Bois droits.

ON peut dire en général que les pieces de bois droites ne peuvent jamais être trop longues, à moins que la grosseur de la tête ne differe trop de celle du pied. Ainsi, avant de rogner ces pieces, il faut les bien examiner & tâcher de leur faire porter le plus de longueur qu'il est possible suivant une ligne droite, & sans trop trancher le fil du bois ; si la piece est un tant soit peu courbe dans un sens, il vaut presque toujours mieux suivre cette courbure que de l'affamer vers la partie convexe.

Pour ménager toute la longueur que l'arbre peut porter, il faut, avant de le couper de longueur, le faire rouler sur le terrein, en examiner avec soin tous les côtés, & voir celui qui s'aligne le plus droit, afin de juger par le coup d'œil, jusqu'où cette ligne peut s'étendre; quand on a décidé cette longueur, on fait couper l'arbre à la scie par l'extrémité d'en haut qui est le plus menu de la piece.

On fait ensuite tourner l'arbre sur chacune de ses faces avec le secours des leviers, jusqu'à ce qu'on ait trouvé le côté qui s'alignera le mieux dans toute sa longueur; puis on le cale solidement, & on l'appuie fermement pour qu'il ne puisse changer de situation.

On prend ensuite le diametre du petit bout avec une regle divisée en pouces ; la moitié de la moyenne proportionnelle du tiers & du quart, indiquera de combien de pouces il faut charger la ligne sur le corps d'arbre que l'on a dessein d'équarrir, d'abord sur deux faces opposées : donnons un exemple.

Je suppose un arbre d'environ 30 pieds de longueur, & qui ait au petit bout *A B* (*Pl. XXXIV. fig.* 1), où il a été rogné, 24 pouces de diametre, franc d'écorce; il faut prendre le tiers de ce diametre, qui est 8 pouces; puis prendre le quart qui est

6 pouces ; lesquels, ajoutés aux huit précédents, feront 14 pouces, dont la moitié est 7 ; c'est la quantité de bois qu'il faut retrancher de cet arbre, moitié du côté *A*, & moitié du côté *B*, pour son premier équarrissage, ou pour le parage des deux premieres faces : on divisera donc 7 pouces en deux, & ce sera 3 pouces & demi de bois qu'il faudra retrancher, ce qui indique de quelle quantité il faut charger la ligne *e h* & *f g*, sur chaque côté de l'arbre ; après quoi il ne restera plus à cette piece, quand elle sera travaillée sur ces deux faces opposées, que 17 pouces vers la tête, au lieu de 24 qu'elle avoit en grume. A l'égard du pied, on doit avoir attention de lui laisser 2 à 3 pouces de plus qu'au petit bout : ce surcroît de dimension sert à redresser les pieces quand elles se sont déjettées ; d'ailleurs, il arrive souvent que dans un bâtiment, une piece de charpente est plus chargée à un de ses bouts qu'à l'autre, ou qu'elle doit être soutenue du côté du petit bout par une cloison ; dans ces cas, on place le gros bout vers le côté qui doit supporter une plus grande charge.

Les deux coups de lignes *e h* & *f g*, étant jettés sur toute la longueur de la piece, & tracés bien à plomb sur les bouts, doivent être exactement suivies par l'Ouvrier dans toute leur longueur.

Pour bien dresser ces deux premieres faces, l'Ouvrier commence par faire de distance en distance des entailles *d d* (*Planch. XXXIII. fig.* 2), qu'il approfondit jusqu'aux lignes *c c*, & ensuite il enleve le bois *f f* qui se trouve compris entre ces entailles, ayant attention de ne point entrer plus profondément dans la piece que les lignes *c*, *c*, & de conduire ces faces bien à plomb ; c'est pour cette raison qu'il faut que les pieces soient solidement calées ; au reste, c'est le coup d'œil qui doit guider l'Ouvrier pour former ces faces bien à plomb.

Le premier parage étant fait sur les deux faces opposées, on renverse la piece sur le côté qui est le moins à vive-arrête, comme on le voit représenté (*Pl. XXXIII. fig.* 2). L'Ouvrier examine avec attention le contour que sa piece doit avoir ; il la cale de façon que les faces travaillées soient bien de niveau, c'eſt-à-dire, bien paralleles à l'horizon, afin que les quatre faces ſe coupent exactement à angle droit.

Si la piece n'a aucune courbure, on jette un coup de ligne ſur les faces qui ont été parées en premier lieu, & l'on fait enſorte qu'elles n'avivent pas trop la piece, mais qu'il paroiſſe des déſournis & un peu d'aubier aux angles, pour faire voir au Marchand que la piece n'a pas été trop frappée ſur ſes quatre faces.

Les lignes *c, c* (*Fig.* 2) étant jettées, & les entailles *dd* étant faites de diſtance en diſtance, on emporte les entre-deux *ff*, comme nous l'avons déja dit, en prenant ſoin que la cognée n'entre point trop dans la piece, & que les faces ſoient bien perpendiculaires à l'horizon; car quand un mauvais Ouvrier ne conduit pas ſes faces à plomb, les Charpentiers ſont obligés d'ôter beaucoup de bois lorſqu'ils les travaillent pour les mettre en œuvre, ce qui les affoiblit. Au reſte, il eſt facile de s'appercevoir de ce défaut, en préſentant une équerre ſur les angles de la piece équarrie.

Il arrive quelquefois qu'on a beſoin que certaines pieces ſoient beaucoup plus groſſes par un bout que par l'autre; par exemple, pour faire des meches de cabeſtans (*Fig.* 3), des arbres tournants de moulin (*Fig.* 4. *A*), des jumelles de preſſoir (*Fig.* 5), &c; dans ce cas, on fait enſorte que les lignes *c, c* (*Fig.* 2) ſe rapprochent vers le petit bout, ou bien on fait une retraite vers *a* (*Fig.* 3), & l'on équarrit ſéparément la partie *b a*, & la partie *c a*.

D'autres fois on équarrit *méplat* une piece, comme on en peut voir la coupe *a b c d* (*Pl. XXXIV. fig.* 2): on verra dans la ſuite qu'il y a des circonſtances où cette façon d'équarrir eſt très-avantageuſe; par exemple, pour les bordages & les préceintes; comme il faut que ces pieces ſoient à vive-arrête, il faut que les plançons qui doivent fournir ces pieces n'aient point de déſourni, ce qui fait qu'il eſt ſouvent avantageux de les débiter méplat. Il y a à la vérité un peu à perdre ſur le *cubage*; car en ſuppoſant que la piece quarrée *e f g h* (*Pl. XXXIV. fig.* 1), ait 16 ſur 16, la ſurface de ſa coupe ſera de 256; au lieu

lieu que la piece méplate *a b c d* (*Fig. 6*), ayant 19 sur 13, la surface de sa coupe ne sera que de 247; ce qui fait 9 pouces de moins, qui se multiplient dans toute la longueur; mais aussi on a moins de défournis, & les bordages sont plus larges; d'ailleurs, on peut lever à la scie, aux côtés en *IK*, deux bordages, & deux croûtes *L M*, qui payeront bien leur façon; enfin si cette piece étoit chargée dans le sens *LM*, elle seroit plus forte, même que la piece *e f g h* (*Fig.* 1). Nous aurons occasion de parler ailleurs plus en détail de cette façon de débiter les bois.

ARTICLE. *Façon d'équarrir les Bois courbes.*

CES sortes d'arbres exigent plus d'attention de la part des Ouvriers que les bois droits; mais comme ils sont très-précieux pour la Marine, ils méritent qu'on prenne à leur égard ces soins particuliers.

A moins que ces bois n'aient une courbure très-considérable, on doit chercher à leur en donner plus qu'ils n'en ont naturellement, ayant cependant attention d'éviter de trop trancher les fibres du bois.

Pour y parvenir, après avoir paré la piece (*Pl. XXXIII. fig.* 13) sur son droit, & lui avoir formé deux faces opposées, comme je le dirai bien-tôt, on trace sur cette piece un trait *e f g* du côté qui est convexe; on charge la ligne sur les bouts *e* & *g*, & l'on fait ensorte que son milieu *f* approche le plus qu'il est possible de l'écorce, comme on le voit dans cette figure. Pour tracer réguliérement ce trait, on pique dans la piece en différents endroits, des pointes de fer sur lesquelles on couche le cordeau, ou, encore mieux, on se sert d'une regle très-mince & flexible qu'on fait porter sur toutes ces pointes; puis on trace avec de la craie la ligne *h f i*, & l'on fait ensorte de lui donner la courbure la plus réguliere qu'il est possible.

Lorsque la courbure extérieure & convexe est bien formée, elle sert à tracer la courbure concave ou intérieure *a d b*; on a soin qu'il reste des défournis en *a* & en *b*, & que la piece soit plus frappée en *d*.

A l'égard du parage de ces pieces sur le plat, j'ai déja dit qu'il se faisoit comme aux pieces droites ; on les frappe seulement davantage comme quand on veut équarrir méplat, afin de leur donner plus de largeur pour que les Charpentiers puissent y promener leurs gabaris, & augmenter ou diminuer la courbure suivant que les circonstances l'exigent. Ainsi on peut donner comme un principe général de l'exploitation des bois courbes, qu'il faut beaucoup les frapper sur le plat, & ôter très-peu de bois aux surfaces courbes ; c'est pour cela qu'on est dans l'usage de commencer par travailler les deux surfaces droites ; les courbes en deviennent plus aisées à travailler, & l'on y emporte peu de bois : on laisse, par exemple, tout le bois *g b* & *e a* (*Fig.* 13).

Les pieces qui ne peuvent s'aligner droites dans aucun sens ne sont pas d'une grande utilité, ni pour la charpente, ni pour la construction des vaisseaux: on verra néanmoins que ces courbures sur deux sens, quand elles ne sont pas considérables, ne doivent point faire rejetter les grosses pieces ; qu'on les débite en plançons pour les bordages ; & que cette courbure en deux sens devient très-précieuse, quand elle peut servir à faire des *barres d'arcasse* ou des *lisses d'ourdi*.

Quoique les Ouvriers qui débitent les bois dans les forêts, soient supposés savoir à peu-près quelle peut être la destination des pieces qu'ils travaillent ; ce sont cependant les Charpentiers qui assignent leur véritable destination ; ainsi il ne faut regarder ce que nous allons dire sur les dimensions des pieces que comme des à-peu-près.

CHAPITRE II.

Dimensions des Pieces qu'on débite pour les Bâtiments civils.

On doit ménager aux pieces toute la longueur qu'elles peuvent porter ; cependant voici les longueurs qu'on a coutume dans les forêts, de donner aux pieces qu'on destine à la charpente, 6, 9, 12, 15, 18, 21, 24, 27 & 30 pieds, & ainsi en augmentant de 3 en 3 pieds ; rarement en fait-on au-dessus de 24 ; de même qu'on ne débite point de bois quarré au-dessous de 6 pieds.

A l'égard de leur équarrissage, ceux qui n'ont que 3 pouces & demi ou 4 pouces, sont réservés pour les chevrons de remplissage, & jambettes ou aisseliers ; on fait aussi des *jambettes* & des *aisseliers* de 4 & 6, ou de 5 & 7, pour les chevrons de ferme qui portent ce même équarrissage : ainsi que leurs *contrefiches* : on fait encore des *coyaux* & des *empanons* avec des bois de 4 pouces d'équarrissage. Les bois qui en ont 5 & 6, s'emploient pour les *entraits*, les sablieres des petits bâtiments & les cloisons.

Les plates-formes ont assez souvent 4 & 6 jusqu'à 4 & 12 pouces ; les bois qui portent 7 & 8 pouces, sont d'un grand usage : on les emploie pour les *faîtes* & *sous-faîtes* des grands bâtiments, *chevrons de crouppe*, leurs *entraits*, *pannes* & *sablieres*, *arrêtieres*, *liens*, *jambettes*, *coyaux*, *liernes*, &c.

Suivant la grandeur des appartements, on emploie des *solives*, *soliveaux* & *chevêtres*, tantôt de 4 & 6, tantôt de 5 & 7, ou même de 10 & 11 pouces, lorsqu'on y emploie de fortes solives & qu'on supprime les poutres.

On donne aux *poutres* depuis 15 pouces jusqu'à 24, suivant leur portée & la charge qu'elles doivent soutenir.

A l'égard des *limons* d'escaliers, leur force & leur longueur varient beaucoup : les Charpentiers les prennent dans les pieces qui approchent le plus des dimensions qu'ils jugent convenables.

Je ne parle point non plus des bois courbes qu'on emploïe pour les ceintres, les plafonds, &c, parce que leur courbure varie beaucoup : à l'égard des plafonds, on les forme presque toujours de pieces presque droites, que l'on taille selon les courbes requises.

Il ne faut pas croire que les bois dont je viens de donner les dimensions, soient toujours employés aux usages indiqués: un chantier qu'on garniroit de pieces de chacune de ces dimensions, seroit réputé bien assorti pour les bâtiments civils.

ARTICLE I. *Des principales Pieces pour les Pressoirs.*

DANS les bois qui se trouvent à portée des vignobles, où des endroits où l'on fait du cidre, on fera bien de conserver les principales pieces qui peuvent servir aux pressoirs.

Les anciens pressoirs étoient presque tous à arbre ou à levier; mais comme il est difficile de trouver des pieces de 42 ou 46 pouces d'équarrissage, & de 25 à 28 pieds de longueur, presque tous les pressoirs qu'on fait maintenant, sont à roue ou à étau; ainsi nous ne parlerons ici que de ceux-là. Voici quelles en sont les pieces les plus précieuses ; car les autres se peuvent prendre dans les assortiments ordinaires de bois quarrés.

Les jumelles (*Pl. XXXIII. fig.* 5), doivent être de Chêne & pivotées, parce que le bas *A* doit avoir au moins deux pieds d'équarrissage : le corps *B*, dans une longueur de 10 pieds, porte 14 à 15 pouces d'équarrissage ; & au-dessus il doit y avoir une tête *C*, de 3 à 4 pieds de longueur, & de 18 à 19 pouces de grosseur. On n'équarrit pas cette partie à vive-arrête, non plus que la culasse *A*, afin de ménager la grosseur de la piece, & souvent on profite d'un fourchet pour former cette tête : la longueur totale des jumelles doit être de 18 à 20 pieds.

Il faut des pieces de 13 à 14 pieds de longueur, & de 12 à

14 pouces d'équarriſſage, pour faire les *ſous-arbres* & *les portes-may* : on prend les pieces de *may* dans des bois quarrés de 10 pieds de longueur ſur 10 pouces d'équarriſſage.

L'écrou eſt fait d'une piece d'Orme, & doit être d'une groſſeur conſidérable ; il doit avoir 13 à 14 pieds de longueur, 28 à 30 pouces de largeur, & 24 pouces d'épaiſſeur.

Les meilleures vis ſe font de Noyer ; on en fait auſſi de Cormier & d'Orme : elles doivent avoir 6 pieds de longueur, 16 pouces d'équarriſſage vers la culaſſe, & 12 pouces au moins à l'extrémité oppoſée.

Les chanteaux de la roue ont 5 pieds de longueur, 5 pouces d'épaiſſeur, & 18 pouces de largeur : on les prend, autant qu'il eſt poſſible, dans des pieces un peu courbes, pour éviter la perte du bois en les ceintrant.

Les autres pieces ſe trouvent dans les aſſortiments de bois de charpente.

ARTICLE II. *Des Pieces les plus conſidérables pour la conſtruction des Moulins à chandelier.*

LES deux pieces de croiſée qui portent le pied du bourdon, doivent avoir 22 pieds de longueur, 16 pouces d'équarriſſage, les quatre liens, même équarriſſage, & 12 pieds de longueur.

Le *bourdon* qu'on nomme en quelques endroits l'*attache*, 20 pieds de longueur, 24 pouces d'équarriſſage dans toute ſa longueur.

Le *couillard* eſt formé de quatre pieces, de 18 pouces de largeur, 8 pouces d'épaiſſeur, trois pieds de longueur.

Les deux pieces de *charti*, 18 pieds de longueur & 14 pouces d'équarriſſage.

Le *ſommier* qui poſe ſur le bout d'en haut du bourdon, 12 pieds de longueur, 24 pouces de largeur, & 18 pouces d'épaiſſeur.

Les deux *pannes meulieres*, 18 pieds de longueur, & 8 pouces d'équarriſſage.

L'*arbre tournant*, 20 pieds de longueur, 24 pouces d'équarrissage par la tête, 9 pouces au petit bout, quatre chanteaux de bois d'Orme pour le rouet, chacun de 7 pieds de longueur, 2 pieds de largeur, 4 pouces d'épaisseur.

Les quatre *parements* qui portent les dents sont faits de bois d'Orme, ils doivent avoir chacun 8 pieds de longueur, 9 pouces de largeur, & 5 pouces d'épaisseur.

Les *plateaux* pour la *lanterne*, 2 pieds de longueur sur pareille largeur, & 5 pouces d'épaisseur.

La *prison*, 8 pieds de longueur, 12 pouces de largeur, 8 pouces d'épaisseur.

Deux *ventrieres* de 16 pieds de longueur, 12 pouces de largeur, 10 pouces d'épaisseur chacun.

Le *joug* qui porte l'arbre, 12 pieds de longueur, 12 pouces d'équarrissage.

Le *pâlier*, 8 pieds de longueur, 10 pouces d'équarrissage.

Les quatre *poteaux-corniers*, 18 pieds de longueur, 9 pouces d'équarrissage.

Les deux seaux, 12 pieds de longueur, 10 pouces d'équarrissage.

La *queue*, 25 pieds de longueur, 15 pouces d'équarrissage au gros bout, 8 pouces à l'autre : elle doit être un peu courbe.

Deux *corps de verge* de 25 pieds chacun de longueur, 10 pouces de largeur par un bout sur 8 d'épaisseur ; à l'autre bout 4 pouces d'équarrissage.

Tous les autres bois sont du colombage de 5 & 6, ou 6 & 7 pouces ; comme ils se trouvent communément dans les Chantiers, il seroit superflu de les détailler : j'en dis autant des *planches voliches* & des *bardeaux*.

Il y a des moulins à vent qui exigent de plus fortes pieces que celles dont nous venons de parler : il y en a aussi de plus petits. C'est par cette raison que nous nous sommes bornés à donner seulement les dimensions des pieces d'un moulin de grandeur moyenne.

A l'égard des moulins à eau, leur grandeur varie encore plus que celle des moulins à vent : au reste, les rouets & les lanternes sont les mêmes; la roue à *aubes* qui est quelquefois fort grande, est faite de pieces courbes de Chêne, qui se trouvent difficilement.

L'arbre-tournant a 18, 20, 22 pieds de longueur sur 15, 18, 20 pouces d'équarrissage.

ARTICLE III. *Des principales Pieces pour la construction des Bateaux de riviere.*

COMME il y a bien des sortes de bateaux pour la navigation des rivieres, il faudroit un traité particulier pour pouvoir entrer dans l'énumération de toutes les pieces dont ils sont formés; je me borne seulement ici à faire remarquer que presque tous les bois qui servent à leur construction, doivent être fort longs, & qu'ils exigent de grosses pieces très-rares à trouver, principalement des *semelles* & des *ailes*: les planches de bordage & de fond doivent être fort longues & épaisses: les *liures* qui sont des pieces courbes servant à élever les bords des bateaux, les *clans*, les *crouchaux*, les *chefs*, *plats-bords*, *masses de gouvernail*, toutes ces pieces & plusieurs autres se trouvent difficilement même dans les grandes forêts. Ainsi quand on exploite des bois à portée des grandes rivieres navigables, il faut avoir l'état des dimensions des pieces les plus rares, parce qu'on est assuré de les vendre avantageusement.

Je me propose de parler plus en détail de l'échantillon des bois propres à la construction des Vaisseaux; mais je le ferai précéder de quelques réflexions générales: quoiqu'elles regardent principalement les exploitations qu'on fait pour la Marine, elles auront cependant leur application & leur utilité pour tous les bois de gros échantillon.

CHAPITRE III.

Des Bois pour la Marine.

ARTICLE I. *Réflexions générales ſur les Bois qu'on exploite pour la Marine.*

On diſtingue les bois de Chêne qui ſervent à la conſtruction des Vaiſſeaux en *bois droits*, ou plus exactement en *bois longs*; parce qu'une partie des bois que l'on comprend dans cette claſſe, ſont un peu courbes; & en *courbans*, ou *bois courbes*, ou *bois tords*, ou *bois de gabari*: ces termes ſont tous ſynonymes.

La claſſe des *bois longs* comprend les pieces dont on fait les *quilles*, les *baux*, les *barreaux*, *les étambots*, les *ſerre-bauquieres*, les *iloirs*, les *bordages*, les *vaignes*, &c.

Les bois de gabari ſont toutes les pieces propres à faire les *étraves*, les *contre-étraves*, les *porques*, les *courbes d'étambot*, d'*arcaſſe* & autres, les *varangues de fond* & *acculées*; celles de *porques*, les *guirlandes*, les *membres*, comme *genoux-de-fond*, premiere, ſeconde & troiſieme *alonges*; les *alonges-de-revers*, celles d'*écubier*; les *pieces de tour*, *pointes de précintes*, &c.

Toutes les pieces de *gabari* doivent être droites ſur deux faces oppoſées; il n'y a que leur différente courbure qui faſſe connoître les uſages auxquels elles peuvent être employées.

Les *bois longs* qu'on livre dans les Ports, ſont, à deux ou trois pouces près, équarris à vive-arrête.

Quelquefois les bois de gabari qu'on tire des forêts de Provence pour le Port de Toulon, ont été gabariés dans les forêts mêmes; mais cela ne s'eſt pratiqué que quand ils étoient deſtinés en particulier à une conſtruction ordonnée.

Lorſqu'on a ſuivi cette pratique, on ne leur donnoit, en les façonnant dans la forêt, que l'épaiſſeur néceſſaire; & ſur la largeur

geur on faisoit seulement excéder l'équarrissage d'un ou de deux pouces, de sorte que chaque piece avoit sa destination déterminée & fixe.

Mais quand on exploitoit des bois pour les radoubs, on se contentoit de suivre la figure propre à chaque arbre, & on les équarrissoit, à deux ou trois pouces près de la vive-arrête, de sorte qu'on ne donnoit à ces pieces aucune destination déterminée.

Les bois de gabari qu'on tire de différentes Provinces pour les Ports de Brest & de Rochefort, sont tous travaillés comme ceux de Provence pour les radoubs, ou pour l'approvisionnement général de l'Arcenal; ces pieces ne sont pas entiérement équarries à vive-arrête, & on ne leur donne aucune destination marquée; leurs dimensions & leur courbure sont telles, que chaque arbre a pu les donner; on a seulement soin que ces bois aient deux ou trois pouces de plus sur la largeur que sur leur épaisseur; cependant il y a presque toujours du bois à retrancher sur l'épaisseur.

Assez communément les Anglois ne donnent aucune façon aux bois avant de les transporter dans les Ports; ils en retranchent seulement les branches inutiles & l'écorce, & souvent ils les livrent dans les Arcenaux avec deux & même plusieurs grosses branches.

Les Hollandois tiennent le milieu entre ces pratiques; ils font équarrir grossiérement le bois dans les forêts; je dis grossiérement, parce que tous les bois qui viennent dans leurs Ports ont des désournis, & leurs dimensions excedent assez considérablement les pieces de construction.

Chacune de ces pratiques a ses avantages & ses inconvénients. Il y a très-peu de déchet sur les bois longs qui ont été équarris dans les forêts à peu-près à vive-arrête: outre que leur transport occasionne moins de frais, on ne paye point, lors de la réception, le bois qu'il faudra retrancher par la suite; on épargne outre cela sur la main-d'œuvre qui est considérable, & cependant nécessaire pour réduire ces pieces à leurs dimensions. D'autre part, quand les bois n'ont été que médiocrement travaillés, on a l'avantage d'en pouvoir changer la destination,

& l'on eſt en état de ſatisfaire aux beſoins actuels, parce qu'on peut, à la faveur de leur plus grande groſſeur, & en ménageant les parties des pieces qui ne ſont point *flacheuſes*, faire, ſoit un bau ou un demi-bau avec un plançon à peu-près droit, ou bien trouver une précinte dans telle piece qui auroit été équarrie à vive-arrête, mais qui ne porteroit que la largeur ordinaire des bordages.

Il eſt vrai que ſi l'on avoit une parfaite intelligence de toutes les parties de l'exploitation, on pourroit faire cette économie dans les forêts mêmes, en y faiſant refendre les arbres en précintes, iloirs, bordages, &c : par ce moyen on préviendroit que les bois ne ſe fendiſſent, & en même-temps on rendroit leur tranſport plus facile ; on ne peut diſconvenir qu'il y auroit encore une grande économie à gabarier dans les forêts les bois deſtinés à faire des membres, parce qu'il ne ſe trouveroit preſque point de déchet lorſqu'on les emploieroit aux conſtructions; mais cette pratique ne peut avoir lieu que quand les forêts ſe trouvent à portée des Ports où l'on conſtruit, & lorſque ces forêts ont aſſez d'étendue pour qu'on puiſſe y trouver des aſſortiments complets : c'eſt ce qui ſe rencontre bien rarement.

Il y a un autre inconvénient à *gabarier* les bois dans les forêts: ſi les pieces ne doivent pas être employées promptement, elles ſe fendent, elles ſe tourmentent, leur ſuperficie s'altere; & rarement peut-on les employer ſuivant leur deſtination, parce qu'on leur laiſſe très-peu de bois à retrancher. On pourroit bien remédier à une partie de ces inconvénients, ſi l'on conſervoit les bois dans l'eau; mais peut-être auſſi leur cauſeroit-on d'autres dommages : c'eſt ce que je me propoſe d'examiner dans la ſuite.

Comme il eſt toujours très-difficile, & ſouvent même abſolument impoſſible de porter les gabaris dans les forêts, on a dreſſé des tarifs où ſont énoncées les dimenſions des pieces & leur courbure. Si l'on ne conſidere ces tarifs que comme des à-peu-près qui ne doivent ſervir que pour dénommer proviſionnellement les pieces dans les inventaires, à la bonne heure; mais dans les exploitations, il faut bien ſe garder de réduire exactement les pieces selon les dimensions des tarifs ; car il arriveroit que par la suite plusieurs de ces pieces perdroient une partie de leur mérite : je vais le prouver.

Il arrive rarement qu'un Constructeur fasse plusieurs Vaisseaux de même rang, parfaitement semblables dans toutes leurs parties ; à plus forte raison se trouve-t-il plus de différence, lorsque plusieurs Vaisseaux ne sont pas construits par les mêmes Constructeurs : de plus, il est sensible que la courbure des pieces change nécessairement pour les Vaisseaux de différents rangs. Il faudroit donc faire un tarif immense pour fixer, même à peu-près, la courbure que les pieces de gabari doivent avoir dans différentes circonstances : un pareil ouvrage seroit difficile à exécuter. Mais supposons-en la possibilité, il deviendroit inutile ; car qui sont ceux qui, chargés du prodigieux détail de l'exploitation des bois, pourroient se mettre les calculs d'un tel ouvrage dans la tête ? Disons plus, quand même on se le seroit rendu bien familier, on ne pourroit travailler avec l'exactitude que donne la méthode de porter les gabaris dans les forêts, qui est sans contredit la plus exacte ; & malheureusement cette méthode n'est praticable que dans des cas particuliers ; outre cela, je vais faire voir qu'elle est sujette à des inconvénients.

Un Charpentier qui, muni de ses gabaris, va faire une exploitation, s'occupe entiérement de la recherche des pieces qui lui sont demandées ; il diminue celles qui sont trop grosses, & les réduit aux foibles dimensions qu'exigent ses gabaris ; il redresse à la hache & aux dépens du bois celles qui sont trop courbes ; il racourcit celles qui sont trop longues ; en un mot, le Charpentier uniquement occupé de remplir l'état que le Constructeur lui a donné, ne s'embarrasse en aucune façon d'économiser les bois ni de ménager les pieces rares.

Pour faire sentir jusqu'où peut s'étendre une pareille déprédation, supposons qu'un arbre puisse fournir quatre pieces précieuses, & qu'on n'ait besoin que d'une de ces pieces pour le Vaisseau dont on porte les gabaris, le Charpentier commencera par exploiter celle-là, puis il travaillera le reste du corps de l'arbre suivant les autres gabaris dont il aura besoin ; en conséquence il fera tomber les trois autres pieces dans des qualités inférieures : voilà donc trois pieces perdues, & qu'on auroit dû ménager, soit pour la construction d'autres Vaisseaux, soit pour des radoubs.

Un Armateur qui n'auroit qu'un Vaisseau à construire, pourroit chercher le bois dont il auroit besoin dans un bouquet qu'il auroit acheté, parce que son unique but est de construire ce Vaisseau ; encore cet Armateur se gardera-t-il de détruire les pieces rares qui ne pourroient servir à cette construction; il préférera de les vendre un prix avantageux, plutôt que de les dégrader pour les employer à son Vaisseau.

Mais dans les Arcenaux du Roi où il y a des *pontons*, des *rats*, des *gabares*, des *chattes*, des *canots*, des chaloupes, des frégates, des flûtes, de gros Vaisseaux à construire ou à radouber, il convient d'être assorti en bois de toutes especes ; & le meilleur parti qu'on puisse prendre, est de tirer de chaque arbre autant de pieces qu'il en peut fournir ; parce que dans de pareils Arcenaux, on trouve toujours à les employer selon la destination où ils peuvent être propres ; & l'on ne doit se déterminer à faire de grands déchets, que dans les circonstances où la nécessité en fait un besoin absolu : en pareil cas forcé, on est obligé de travailler un arbre, comme l'on dit, *à la demande du gabari*, & quelquefois un même arbre peut fournir une *courbe Capucine*, ou un *ringeot*, ou un *genou de fond*, ou une *varangue acculée*, ou une *alonge* ; on choisit entre toutes ces destinations, les pieces dont on se trouve avoir actuellement besoin, & celles qui peuvent occasionner le moins de perte.

Quand on se borne à façonner les bois dans les forêts, selon la figure des arbres, & la grosseur qu'ils peuvent fournir, ainsi que nous venons de le dire, on ne peut éviter qu'il n'y ait plus ou moins de déchet selon que l'épaisseur des pieces differe plus ou moins de la largeur ; mais aussi, plus on aura laissé de bois à retrancher, plus on trouvera de ressources pour l'équerrage, & pour varier les destinations.

Nous avons dit que les Anglois ne donnent dans les forêts

aucune façon à leurs bois : par cette méthode ils augmentent beaucoup le prix des transports ; mais aussi il y a dans cette pratique une si grande économie de matiere, qu'elle peut dédommager de la dépense du transport. Il y a certaines pieces qui se rencontrent si rarement, & qui sont néanmoins si essentielles aux constructions, qu'on ne peut apporter trop d'attention à les ménager. Cependant quand les transports se font par terre, on ne peut prendre toutes ces précautions que pour les pieces qui sont fort rares & précieuses ; mais on peut les étendre à un plus grand nombre, lorsque la plus grande partie du transport se peut faire par eau ; dans ce cas, & quand le transport des bois devient facile, je crois qu'on doit suivre la méthode des Anglois, parce que toutes les parties d'un arbre peuvent être employées à leur vraie destination. Par exemple, un arbre de 24 pouces de diametre, dans lequel on trouveroit, suivant la pratique de nos Ports, un plançon de 16 à 17 pouces d'équarrissage, pourroit encore produire, en suivant la méthode Angloise, quatre bordages de deux, trois ou quatre pouces d'épaisseur, aux endroits marqués *IK* (*Planche XXXIV. fig. 6*). Mais pour tirer de cette économie le meilleur parti possible, il faudroit avoir dans les Ports des moulins à scies pour lever les dosses avec le moins de frais possible : nous ferons voir dans la suite que ces moulins produiroient encore d'autres avantages.

Une utilité assez importante de la méthode Angloise & dont je n'ai point encore parlé, c'est de tirer de chaque arbre les pieces les plus précieuses que l'arbre puisse fournir par ses dimensions & sa figure, & de se les procurer selon le besoin qu'on en peut avoir, bien plus avantageusement qu'on ne pourroit faire, si l'on alloit chercher des arbres sur pied dans les forêts, comme on fait quelquefois lorsque les besoins sont pressants.

J'ajoute, comme nous l'avons déja dit en rapportant le détail des recherches que nous avons faites sur ce qui peut produire les fentes, que les arbres qui ne doivent point être refendus à la scie, se conservent mieux dans les Ports, lorsqu'ils restent enveloppés de leur aubier, que quand ils ont été équarris ; parce que l'aubier ralentit la diſſipation de la ſeve, & qu'il empêche que le bois ne ſe fende beaucoup.

Les Hollandois, en ſe contentant d'équarrir groſſiérement leurs arbres, ſe procurent une partie des avantages de la méthode Angloiſe, quant à l'économie de la matiere, & aux reſſources qu'ils ſe ménagent relativement à la deſtination des pieces ; & ils évitent en partie l'inconvénient de la difficulté du tranſport.

Chacune de ces méthodes a donc ſes avantages & ſes inconvénients. On ne peut gueres ſe diſpenſer de réduire, le plus exactement qu'il eſt poſſible, à leurs juſtes dimenſions, les grandes pieces qu'on eſt obligé de tirer des forêts éloignées ; tout ce qu'on doit exiger des Fourniſſeurs, c'eſt qu'ils ne coupent pas en deux les belles pieces, dans la vue d'en rendre le tranſport plus aiſé ; mais on fera bien de ne faire équarrir que groſſiérement, ſur-tout les bois courbes, lorſqu'on les tirera des forêts voiſines des Ports où ſe font les conſtructions, ou de ceux où l'on peut les embarquer ſur des rivieres navigables ; parce que dans ce cas la matiere eſt plus importante à conſerver que la voiture à ménager. On pourroit même alors livrer les arbres ſimplement écorcés, ſi l'on prévoyoit que les bois duſſent y reſter long-temps avant d'être employés. Quand on doit garder long-temps les pieces avant de les employer, on eſt obligé de retrancher un peu de bois de la ſuperficie ; il convient alors de les tenir un peu plus groſſes que les dimenſions préciſes qu'elles doivent avoir pour être miſes en place.

Enfin, en toute occaſion, il faut avoir ſoin de prendre, préciſément pour chaque piece, l'arbre qui lui convient & qui ne peut être propre qu'à cette deſtination : en s'écartant de cette regle, il arrive ſouvent qu'on coupe pour des beſoins preſſants, des Chênes qui ſeroient mieux employés à des pieces beaucoup plus importantes. C'eſt par cette raiſon qu'il faut défendre aux Ouvriers de former le gabari des pieces aux dépens du bois.

Nous avons déja dit qu'à l'égard des bois de gabari, il les falloit tenir toujours *méplats*, & de maniere que leur largeur excede de 4, 5 ou 6 pouces leur épaiſſeur, afin de fournir les

Ports de pieces qui puiſſent être employées à différentes deſtinations. Il eſt vrai que les pieces exploitées ſuivant ces principes, ne paroîtront pas fort contournées lors de la livraiſon; mais on pourra leur donner autant de courbure que le Conſtructeur en aura beſoin : cette méthode s'éloigne moins de celle où on livre les bois en grume.

On voit qu'il faut varier l'exploitation des bois ſuivant les circonſtances : dans les cas où les bois ſont rares & les voitures commodes, on ne doit que dégroſſir les arbres & même les livrer en grume, ſimplement dépouillés de leur écorce. Quand les bois ſont communs & les voitures difficiles, on eſt obligé de gabarier les pieces dans les forêts, & de leur donner à peu-près les dimenſions qu'elles doivent avoir quand on les mettra en place.

Si l'on fait une exploitation pour une conſtruction qu'il importe d'exécuter promptement, & que la forêt ſoit voiſine du Port, il conviendra de gabarier les bois dans la forêt même; mais s'il ne s'agit que de faire des approviſionnements de bois, il ſera mieux de les tirer groſſiérement équarris.

Je paſſe à une conſidération qui, pour être d'un autre genre, n'en eſt pas moins digne d'attention.

ARTICLE II. *Qu'il eſt très-avantageux de prendre dans les arbres les moins gros, les membres de conſtruction relatifs à leurs échantillons.*

ON deſire toujours dans les Ports d'avoir de très-gros Vaiſſeaux; & dans cette idée on ne ceſſe de demander aux Fourniſſeurs de fort groſſes pieces, ſauf à les réduire ſi l'on n'a que des Vaiſſeaux de moindre rang à conſtruire.

Je dis que les dimenſions qui excedent celle des membres des Vaiſſeaux qu'on conſtruit, telles qu'on a coutume de les fixer aux Fourniſſeurs & aux Officiers commis aux recettes, ſont un préjudice conſidérable au ſervice de la Marine.

Je prie qu'on faſſe attention qu'il ne s'agit pas ici de pieces dont on pourroit retrancher du bois dans les forêts; je ne prétends rien changer à ce que je viens de dire à ce ſujet; mais je me plains de ce qu'en suivant les regles auxquelles on assujettit les Fournisseurs, on se met dans le cas, pour avoir la satisfaction de tailler, comme l'on dit, en plein drap, de prendre des membres d'une grosseur médiocre dans de très-gros arbres; je me plains encore de ce qu'on exige des Constructeurs, que tous les membres qu'ils font mettre en place, soient équarris à vive-arrête, & sans qu'on puisse voir aux angles ni flaches ni défournis : je vais tâcher de faire connoître combien cette pratique est contraire au bien du service.

Il est constamment vrai que plus les pieces pour les membres sont grosses, plus elles renferment de défauts & de principes de corruption. Il est encore vrai que les gros & vieux arbres qui fournissent les pieces d'un si gros échantillon, ont été presque tous rebutés par ceux qui long-temps avant les avoient déja jugés d'une qualité médiocre, ou d'un transport trop difficile: le temps où ces arbres ont depuis resté sur pied, les a rendus encore plus défectueux; ils ont continué à s'user de plus en plus; & peut-être que dans cet état ils ont encore éprouvé les rigueurs de l'Hiver de 1709 qui aura achevé de les gâter, & de les rendre non-seulement inutiles, mais même dangereux pour le service. Si l'on se rappelle ce que j'ai dit dans cet ouvrage sur l'âge des arbres, & les expériences que nous avons faites pour parvenir à connoître quelle pouvoit être la saison la plus favorable pour les abattre; on conviendra que tous ceux de cette espece sont sur le retour, que leur cœur est affecté d'une corruption commencée ou prochaine : cependant quand on travaille dans les Ports les pieces de gros échantillon, pour les réduire aux dimensions qu'elles doivent avoir, on ôte le bois de la circonférence qui dans ce cas est le meilleur, & l'on conserve la partie déja altérée; de-là vient le peu de durée de tous les ouvrages qu'on construit avec de fort gros bois : souvent c'est à tort qu'on s'en prend à la nature du terrein où ces arbres ont crû, ou bien à la saison dans laquelle ils ont été abattus.

Comme je crois avoir suffisamment prouvé que tous les arbres de gros échantillon sont en retour, & que tous les arbres en en retour, ont dans leur intérieur un principe de corruption, on doit en conclure qu'il faut donner la préférence aux arbres qui n'ont que la grosseur précise & convenable à l'échantillon des Vaisseaux qu'on veut construire : le Roi ne seroit pas tenu de payer aux Fournisseurs le bois qu'il faut retrancher, ni les journées d'Ouvriers qu'il faut employer pour réduire les grosses pieces aux dimensions requises : au lieu de mettre en œuvre des bois usés, & qui ont un commencement de pourriture, on emploieroit du bois vif & moins chargé de défauts. En conséquence de ces principes, il ne faudroit pas rejetter des membres qui auroient des défournis ; car pourvu que dans ces membres les faces qui se touchent, puissent se joindre exactement, il est fort indifférent que celles qui répondent aux mailles soient flacheuses ou non.

Pour éviter toute équivoque, il est bon de se rappeller que j'ai dit dans le Livre précédent, que le bois du centre des arbres en crûe est le plus parfait. Ainsi, dans les circonstances où l'on emploie du jeune bois, c'est celui du cœur qu'on doit ménager avec le plus de soin. Mais j'ai prouvé aussi que, dans les bois fort gros, & par conséquent très-vieux, le bois du centre a presque toujours contracté un commencement d'altération qui se manifeste bien-tôt par la pourriture. Si l'on pouvoit dans ce cas retrancher le bois du cœur, pour n'employer que celui de la circonférence, on supprimeroit la partie déja viciée, & ce qui resteroit seroit le moins mauvais ; mais cela ne se peut pratiquer pour les membres des gros Vaisseaux, ni pour les poutres des bâtiments civils ; & c'est en partie pour cette raison que les Frégates & les Vaisseaux Marchands, qu'on construit avec du bois de petit échantillon, durent plus long-temps que les gros Vaisseaux. Cependant on peut faire une application de ce que je viens de dire, pour avoir de meilleurs bordages ; car si l'on leve au milieu d'un plançon (*Pl. XXXIV. fig.* 8), une tranche *A B*, qu'on pourroit employer à des ouvrages de peu de conséquence, on supprimeroit le centre de ce plançon qui est ordinairement la partie viciée ; & le bois des bordages *CC*, *DD* en seroit d'un meilleur emploi : j'ai vu suivre cette pratique avec succès.

Je me suis trouvé dans l'occasion de vérifier ce que je viens de dire, lorsque j'étois présent à la visite que l'on faisoit de plusieurs gros Vaisseaux, pour reconnoître s'ils étoient en état de faire campagne. J'annonçois alors, avant qu'on eût délivré les bordages, que la pourriture des membres se trouveroit ou à leur superficie ou dans leur intérieur. Voici ce qui me guidoit dans mon jugement.

Si je voyois par le contour des membres, que le cœur de la piece se devoit trouver à l'extérieur du membre, j'annonçois que la pourriture se manifesteroit au dehors du membre, aussi-tôt qu'on auroit levé le bordage; si au contraire le cœur de l'arbre se devoit trouver à l'intérieur du membre, j'assurois que quand on auroit levé le bordage, l'extérieur du membre paroîtroit sain; mais qu'en le perçant avec une tariere, on reconnoîtroit bien-tôt que l'intérieur étoit pourri. Cette observation justifie ce que j'ai dit dans le Chapitre de l'âge des arbres, pour rendre raison de ce que la plupart des grosses poutres pourrissent dans l'intérieur.

Ces réflexions, quoique présentées uniquement ici pour les bois de Marine, peuvent donc avoir leur application à tous les bois de gros échantillon qui s'emploient dans les bâtiments civils. Mais comme je ferai obligé de revenir sur ce même objet, je termine cette digression pour reprendre le fil de mon objet; en conséquence, je vais donner les dimensions des principales pieces qui entrent dans la construction des Vaisseaux.

ARTICLE III. *Dimensions des principales pieces qui entrent dans la construction des Vaisseaux de Guerre.*

J'AI dit qu'on distinguoit en général tous les bois servant à la construction des Vaisseaux, en *bois droits*, & *bois courbes*. En me conformant à cette division, je ferai un paragraphe particulier de chacun de ces bois.

Je représenterai en figures quelques membres tracés sur les arbres même, pour faire mieux comprendre la façon de les exploiter; mais comme par cette méthode je craindrois de trop multiplier les figures, je me bornerai pour plusieurs de ces pieces, à en marquer à peu-près le contour.

§. 1. *Des Bois droits.*

LES pieces de quille (*Pl. XXXIII. fig. 9*), doivent être des plus fortes dimensions ; elles ne peuvent être jamais trop longues ; & autant qu'il est possible, elles doivent être bien droites sur tous les sens. Leur longueur est ordinairement entre 30 & 40 pieds, & leur équarrissage de 20 pouces sur 18, ou de 17 sur 16, ou de 16 sur 15, ou de 15 sur 14, &c, suivant la force des bâtiments pour lesquels on les destine.

Les pieces pour les *baux* & les *barreaux* (*Fig. 10*) *B*, sont à l'égard des Vaisseaux, ce que les *Pontons* sont aux bâtiments civils : on laisse à ces pieces toute la longueur qu'elles peuvent porter ; elles doivent être droites & bien alignées sur deux faces opposées ; & dans l'autre sens, elles doivent être un peu courbes : la longueur ordinaire des baux est depuis 28 pieds jusqu'à 40, & plus s'il se peut : on les fait souvent de deux pieces ; & en ce cas il suffit que chaque piece porte depuis 24 jusqu'à 28 pieds de longueur ; leur équarrissage doit être de 18 pouces sur 17, ou de 17 sur 16, ou de 16 sur 15, ou de 15 sur 14. Comme les baux des Vaisseaux de différents rangs, sont de différente grosseur ; & comme tous ceux d'un même Vaisseau ne doivent pas être d'une pareille force, le Constructeur choisit dans les pieces de cette espece qui se trouvent dans l'Arcenal, ceux qui conviennent le mieux au bâtiment qu'il construit.

Quant à la courbure des baux, elle varie depuis 7 pouces jusqu'à 10 ; c'est-à-dire, qu'en tendant une ligne dans toute la longueur de la piece, comme le représente la ligne ponctuée *a b* (*Fig. 13*), la longueur de la fleche *d c*, doit être de 7 à 10 pouces, c'est-à-dire, de deux à trois lignes par pied selon la longueur du bau.

Les pieces d'*étambot* (*Fig. 11*), doivent être d'égale épaisseur dans toute leur longueur ; mais on doit les tenir plus larges par le bas que par le bout supérieur : leur longueur varie depuis 25 jusqu'à 35 pieds ; leur largeur depuis 18 pouces jusqu'à 20 ; & leur épaisseur depuis 14 pouces jusqu'à dix-huit:

tout cela doit être entendu relativement au rang des Vaisseaux.

Les *bittes* dont on peut prendre une idée (*Fig. 4*), sont alignées droites sur leurs quatre faces; mais elles sont environ d'un tiers plus menues par un bout que par l'autre; elles doivent avoir depuis 19 jusqu'à 25 pieds de longueur; & d'équarrissage, 15 pouces sur 16, ou 13 sur 14 vers le gros bout.

Il faut, outre les bois dont nous venons de parler, avoir un assortiment de plançons, & d'autres bois droits auxquels on assigne différentes destinations, suivant les besoins : on ne peut se passer d'avoir beaucoup de plançons à refendre à la scie, pour en faire des *iloirs*, des *précintes*, des *bordages*, des *vaignes*; on y trouve encore des *barrots*, des *barottins*, des *contre-quilles*, des *contre-étambots*, des *barres* de Gouvernail, des *serres*, des *gouttieres*, &c.

Exemple d'un assortiment de Bois longs.

Longueur en pieds.	*Equarrissage en pouces.*
35 . . à . . 40	16 . . . sur . . 15
32 . . à . . 40	15 . . . sur . . 14
30 . . à . . 36	14 . . . sur . . 13
28 . . à . . 34	13 . . . sur . . 12
25 . . à . . 30	11 . . . sur . . 12
24 . . à . . 27	11 . . . sur . . 11
22 . . à . . 27	10 . . . sur . . 11
22 . . à . . 26	9 . . . sur . . 10
18 . . à . . 21	10 . . . sur . . 11
16 . . à . . 20	9 . . . sur . . 10
20 . . à . . 24	8 . . . sur . . 8
16 . . à . . 22	7 . . . sur . . 7
10 . . à . . 16	6 . . . sur . . 6
8 . . à . . 12	7 . . . sur . . 7

Enfin des *chevrons* de différente longueur, & de trois sur quatre.

§. 2. *Bois courbes, Bois tords ou Bois de Gabari.*

Ces bois doivent être tous bien frappés sur le droit; leur largeur, dans le sens de la courbure, doit être d'un tiers plus forte que leur épaisseur: ceci doit être regardé comme une regle générale.

Les *ringeots* ou *brions* (*Pl. XXXIII. Fig. 12*), font partie de la *quille*, & de l'étrave; ainsi ces pieces doivent former les deux branches d'une équerre fort ouverte; la branche *b d* qui fait la prolongée de la quille, doit être plus longue que celle *b c* qui se joint à l'*étrave*, & de sorte qu'elle soit à l'autre à-peu-près comme 3 est à 5 $\frac{1}{2}$: pour connoître l'ouverture de l'angle de ces branches, on prolonge la ligne ponctuée *b a*; & il faut, pour les gros Vaisseaux, qu'il y ait autant de fois 7 lignes de *a* en *c*, qu'il y a de pieds de *b* en *c*; à l'égard des moyens, six lignes suffisent. Quoique ces regles varient suivant les intentions des Constructeurs, cependant les à-peu-près que nous venons de donner, pourront être utiles à ceux qui font des exploitations de bois: au reste, il y a des *ringeots* qui ont, de *a* en *d*, 16 pieds de longueur; d'autres 26, & dont l'équarrissage est de 21 pouces sur 18, ou 19 sur 16, ou 15 sur 18, ou 14 sur 17.

Les pieces d'*étrave* représentées en grume (*Fig. 7*), doivent avoir le plus de largeur qu'il est possible de leur donner; elle doit excéder d'un tiers leur épaisseur; leur courbure doit être de 12, 14, 15 lignes par pieds de leur longueur; en sorte qu'une pareille piece qui auroit 24 pieds de longueur, doit avoir une fleche de 24 à 26 pouces; ainsi la ponctuée *a c b*, faisant la corde de la piece d'étrave (*Fig. 13*), la fleche *c d* doit avoir 24 à 26 pouces. L'équarrissage de ces pieces est de 20 sur 16, ou de 19 sur 15, ou de 18 sur 14.

Les pieces pour *contre-étraves* doivent être travaillées comme les *étraves*: leur longueur doit être au moins de 15 pieds, leur largeur d'un cinquieme plus fort que leur épaisseur: elles doivent avoir plus de courbure que les pieces d'étrave, de sorte que la fleche d'une piece qui auroit 15 pieds de longueur, devroit être au moins de 20 pouces.

On peut faire avec les pieces d'*étrave* & de *contre-étrave*, des *genoux de fond* & de *porques*, pourvu que ces pieces aient depuis 13 jusqu'à 18 pieds de longueur, & d'équarissage 18 sur 16, ou 17 sur 15.

Les *varangues de fond A* (*Fig. 14*), ont depuis 13 jusqu'à 24 pieds de longueur, & d'équarrissage 15 pouces sur 14, ou 14 sur 12, ou 13 sur 12 : leur courbure doit être d'un douzieme de leur longueur.

On prend dans les mêmes pieces des *varangues*, des *porcs*, des *alonges d'écubier*, des *pieces de tour*, quelques *guirlandes*, des *marsouins*, &c. Il est bon que certaines pieces, telles que celles (*Fig. 15*), soient courbes, principalement par un de leurs bouts, & que quelques autres pieces aient leur principale courbure dans le milieu de leur longueur.

Les *guirlandes B* du fond des Vaisseaux (*Fig. 14*), celles (*Pl. XXXIV. fig. 16*) ; les *courbes de pont* (*Fig. 17*) ; les *courbes d'arcasse* (*Fig. 18*) ; les *courbâtons* (*Fig. 19*), les *varangues acculées*, & les *fourcats* (*Fig. 20, 21 & 22*), toutes ces pieces doivent être bien travaillées sur le droit : leur largeur doit être au moins d'un quart plus considérable que leur épaisseur.

A l'égard des *courbes*, il faut que le bras qui forme la courbe, ait au moins les deux tiers de la longueur du corps ; & il ne faut point les rogner : de plus, la grosseur du bras doit être proportionnée à celle du corps ; enfin les bras de ces sortes de pieces doivent faire, avec leur corps, un angle de 80, 90, 100, 110 ou 120 degrés au plus ; passé ce terme, on ne peut plus les considérer comme des courbes ; elles ne peuvent être employées que pour des *genoux de fond*, des troisiemes *alonges*, ou pour quelques *varangues acculées*, lorsqu'elles sont bien fournies dans leur colet : il faut pour cela que ces pieces aient au moins 13 à 14 pieds de longueur ; & leur courbure doit être depuis 12 jusqu'à 18 & 20 lignes d'arc par pieds de leur longueur ; ensorte qu'un *genou* ou une troisieme alonge qui auroit 12 pieds de longueur, doit avoir au moins 12 pouces de fleche ; ceux qui porteroient 15, 18, ou même 20 pieds, feroient beaucoup plus utiles pour les constructions.

Les premieres & secondes alonges, ainsi que celles de revers (*Figures 23, 24 & 25*), se trouvent aisément dans les forêts, & les Fournisseurs en livrent en plus grande quantité qu'on ne leur en demande ; de sorte qu'il en reste toujours beaucoup d'inutiles & qui pourrissent dans les Ports. Les plus courtes de ces pieces doivent avoir 12 à 14 pieds de longueur : plus leur courbure est considérable, plus elles sont avantageuses pour les constructions & les radoubs.

Les *lisses d'ourdi* ou *barres-d'arcasse*, doivent avoir deux courbures, ce qui les rend difficiles à rencontrer ; leur longueur ordinaire est depuis 24 pieds jusqu'à 34 ; & leur équarrissage, de 16 à 21 pouces : il faut que la courbure soit dans un sens, de 3 lignes par pied de la longueur de la piece, & dans l'autre sens de quatre lignes.

Pour travailler ces pieces après qu'elles ont été coupées de longueur, on les met en chantier, de façon qu'une ligne droite tirée d'un bout à l'autre, puisse rentrer au milieu de la piece d'un quart de sa longueur réduite en pouces, pour pouvoir tracer une ligne courbe dont la fleche ait cette valeur.

Supposons, par exemple, qu'on ait à travailler une *lisse d'ourdi* de 24 pieds de longueur, & de 24 pouces de diametre vers son petit bout ; il faut faire charger la ligne sur chaque bout de 3 pouces & demi pour le premier parage ; la ligne droite étant bien tendue, on la marque d'aplomb sur toute la longueur de la piece, & on examine s'il se trouve au milieu 6 pouces de plus de bois, que sur les bouts ; ces 6 pouces servent à donner à cette piece la rondeur requise sur le premier sens ; car 6 pouces est le produit du quart de 24 pieds, qu'il faut réduire en pouces, ou bien en prendre le douzieme qui fait 6 pouces.

Si dans cet alignement, les 6 pouces ne se trouvoient pas à l'extérieur de la ligne vers le milieu, il faudroit tourner la piece jusqu'à ce qu'ils pussent s'y rencontrer ; ou recharger la ligne droite ſur la piece, ſi ſon épaiſſeur le permettoit, juſqu'à ce qu'on ait trouvé une fleche de 6 pouces.

On diviſera enſuite la longueur de la piece ſur la ligne droite, en autant de parties égales qu'on voudra, par exemple, en 6; & on portera ſur la diviſion du milieu, 6 pouces, ce qui doit faire la plus grande courbure; ſur celle des côtés, 5 pouces; ſur celles qui ſuivent, 4 pouces; & de même, on marque ſur chaque diviſion la courbure que la piece doit avoir, & on la fait enſuite parer d'aplomb ſuivant cette courbure.

Quand la piece a été ainſi parée ſur ſes deux premieres faces, on la renverſe ſur le côté paré, qu'on doit mettre bien parallele à l'horizon; quand elle a été bien calée, on préſente la ligne, de façon qu'elle ſe charge ſur le milieu, d'un tiers de ſa longueur, diviſé par douze, ou réduit en pouces; c'eſt-à-dire, pour l'exemple préſent, de 8 pouces, parce qu'on a ſuppoſé que cette liſſe avoit 24 pieds de longueur. On opere enſuite ſur cette ſeconde face, comme on a fait pour la premiere; mais ſa courbure doit être plus grande que celle de la premiere, puiſqu'elle eſt d'un douzieme du tiers de la longueur de la piece, au lieu que l'autre n'étoit que d'un douzieme du quart de cette même longueur.

On pourroit ſuivre la méthode que je viens d'indiquer pour le parage des autres bois courbes, avec cette différence qu'on commenceroit par aligner bien droit deux faces oppoſées, & que l'on opéreroit ſur la face courbe, comme je viens de l'expliquer; mais comme il faut peu travailler les pieces courbes ſur le tors, on ſe diſpenſe de prendre tant de précautions.

Nous avons dit qu'il falloit être bien aſſorti dans les Ports de toutes ſortes de bois droits; il n'eſt pas moins important d'avoir un bon aſſortiment de bois tors bien alignés, & frappés ſur le plat, & qui n'aient point été *affamés* dans l'intérieur de leurs courbes, pour la faire paroître plus conſidérable.

J'ai déja averti qu'on ne doit entendre toutes les meſures que j'ai données que comme des à-peu-près, que je crois ſuffiſants pour guider ceux qui ſont chargés de l'exploitation des bois dans les forêts. Si néanmoins on deſiroit opérer avec plus de de précision sur cet objet, on doit consulter le premier Chapitre, & les Tables de mes *Eléments d'Architecture Navale.*

CHAPITRE IV.

Des Bois de sciage.

APRÉS avoir parlé des bois qu'on équarrit à la cognée, & qu'on nomme assez communément les *Bois quarrés*, je dois parler de ceux qu'on refend avec la scie de long, & qu'on nomme *Bois de sciage*, lors même qu'ils ressemblent par la forme aux bois quarrés ou équarris. Ainsi une solive ou un chevron est compris dans les bois quarrés, quand il a été équarri à la cognée; & lorsque ces mêmes pieces ont été refendues avec la scie de long, elles sont réputées bois de sciage.

Par l'opération de la scie de long, on ménage beaucoup de bois, & l'ouvrage s'expédie assez promptement, sur-tout quand on fait agir plusieurs scies par des moulins à eau ou à vent.

On a coutume de commencer par équarrir à la cognée les bois qu'on destine à être refendus à la scie; cependant il y a des cas où il paroît plus convenable de refendre à la scie les bois, sans les avoir auparavant équarris; c'est ce que je ferai connoître, après que j'aurai expliqué en peu de mots le travail du Scieur de long.

ARTICLE I. *De la maniere de refendre les Bois avec la scie de long.*

LES Scieurs de long ne peuvent être moins de deux Ouvriers pour exécuter leur travail; communément ils sont trois, & ce n'est pas trop pour monter de grosses pieces sur leur chevalet. Quand une pareille piece a été mise en place, un Ouvrier *A* (*Pl. XXXV. fig.* 1 & 2), monté sur cette piece, releve la scie & la dirige sur le trait; un ou deux autres *B*, placés au-dessous de la piece, tirent la scie en en-bas; & comme les dents de la scie ne mordent qu'en descendant, il faut plus de force pour la faire descendre que pour la remonter; c'est pour cette raison qu'il y a ordinairement deux Ouvriers en bas. Je dis que les dents de la scie ne mordent dans le bois qu'en descendant, non-seulement parce que ces dents qui sont crochues dans ce sens ne mordent point en montant, mais encore parce que les Scieurs de long écartent la scie du bois, quand ils la remontent, & qu'ils l'appuient sur le bois en descendant.

La premiere opération des Scieurs de long, consiste à établir la piece qu'ils doivent travailler sur un chevalet (*Fig.* 2), ou sur des treteaux (*Fig.* 1); car cette piece doit être assez élevée, pour que les deux Scieurs qui restent en bas, puissent être placés dessous.

Lorsqu'ils travaillent dans des Chantiers où ils trouvent ordinairement du secours pour élever les pieces fort pesantes; ils ont coutume de se servir de deux forts treteaux *CD* (*Fig.* 1); & quand ils ont scié un bout de la piece, comme, par exemple, en *E*, ils écartent le treteau *C* du treteau *D*, & ils travaillent entre ces deux treteaux qui sont fort commodes pour cette opération toutes les fois qu'on peut avoir du secours pour monter les pieces dessus. Mais comme il arrive souvent que les Scieurs se trouvent seuls dans les ventes, il leur seroit impossible d'élever de lourdes pieces sur de pareils treteaux; en ce cas ils établissent eux-mêmes un chevalet qui a un treteau fort simple & néanmoins très-solide.

Ils prennent pour cet effet un rondin de bois (*Fig.* 3); ils y font avec leurs cognées les entailles *a b*, *f g*, un peu obliques à l'axe du rondin, afin que les pieds du treteau s'écartent par le bas: les entailles sont plus étroites par le haut du côté de *a* & *b*, que du côté de *f* & de *g*, c'est-à-dire, par le bas, afin que les pieds ne puissent entrer plus avant qu'on ne les y a chassés.

Ces entailles sont aussi plus larges par le fond que par leur entrée, afin que les pieds qui forment par leurs bouts d'en-haut, une espece de queue d'aronde, ne puissent sortir de l'entaille.

On fait trois entailles pareilles, une en *a*, l'autre en *b* &

la troisieme en *d*; celle-ci n'est que ponctuée dans la figure, parce que comme elle est cachée derriere la partie du rondin qui fait le dessus du treteau, on ne la peut pas voir ici.

Les pieds de ce treteau sont formés par trois pieces de bois semblables à celle marquée *c e*; elles sont rondes dans toute leur longueur, excepté au bout supérieur *c* qui est équarri, de façon que la face qui doit remplir le fond de l'entaille, soit plus large que celle de devant. On comprend que quand ces pieds ont été chassés à grands coups de masse, de façon que le bout *c* qui est en forme de coin, entre à force dans l'entaille *a*; ils y sont solidement assujettis par un assemblage à queue d'aronde : ces trois pieds mis en place, forment le treteau solide *C* (*Fig.* 2).

Il est question ensuite d'élever sur ce tréteau ou chevalet, la piece de bois qui doit être refendue à la scie, telle, par exemple, que celle cotée *D*; & comme ces sortes de pieces sont ordinairement assez grosses & pesantes, les trois Scieurs de long doivent user d'adresse & de force pour y réussir. En ce cas ils établissent un plan incliné composé de deux longues membrures de bois, dont ils posent un bout sur le chevalet & l'autre à terre; ensuite ils font couler, sur ce plan incliné, la piece à refendre; ils la tournent, & après l'avoir mise de travers & en équilibre sur le chevalet, ils la lient sur les membrures *G H*, avec des cordes *E*, *F*. Lorsqu'ils ont scié la piece au-delà de la moitié de sa longueur, ils la retournent, & l'entretenant toujours en équilibre sur le chevalet, ils lient la moitié sciée sur les mêmes membrures, & achevent de scier l'autre partie de cette piece.

Quand ils ont à scier une très-grosse piece & trop pesante pour pouvoir être élevée sur le chevalet, ou lorsqu'ils ne veulent pas en prendre la peine, ils fouillent un trou en terre, dans lequel descendent les deux Ouvriers qui doivent rabattre la scie.

Avant de monter la piece qui doit être refendue, soit sur les treteaux, soit sur le chevalet, les Ouvriers tracent les traits qu'ils doivent suivre en la débitant (*voyez fig.* 4) : ces traits se marquent avec une ligne ou cordeau frotté dans du charbon de paille délayé dans de l'eau; ensuite on cale la piece avec beaucoup d'attention, & bien à plomb sur le chevalet; & pour cela on tient vis-à-vis de l'œil un fil à plomb, qu'on bornoye sur les deux faces verticales de la piece: après quoi le Maître Scieur *A* monte sur la piece, & commence le sciage avec ses deux Aides *B*.

Comme c'est l'Ouvrier d'en haut qui dirige la scie suivant le trait, il doit être plus attentif que les deux autres; son travail est aussi très-pénible, parce que c'est lui qui releve la scie.

A chaque coup de scie, les Scieurs d'enbas la tiennent d'abord perpendiculairement, & à mesure qu'elle descend, ils tirent le bas de la scie vers eux; celui d'en haut attire en même temps à lui le haut de la scie; de sorte que le tranchant de cette scie décrit une courbe nécessaire pour dégager de dessus le trait la poussiere que la scie a détachée du bois. Toutes les fois que l'Ouvrier remonte la scie, il la recule un peu, afin que les dents ne frottent point contre le bois, ce qui le fatigueroit beaucoup, parce que ses bras ne sont point en force, quand ils remontent la scie. Pour rendre encore la scie plus coulante, on en frotte de temps en temps le feuillet avec de la graisse, & l'on enfonce un coin dans l'ouverture du trait déja commencée, ce qui, joint à la voie que l'on donne aux dents de la scie, lui donne beaucoup de jeu pour aller & venir. Quand les Scieurs enfoncent trop leurs coins, ils forcent les fibres du bois, ce qui souvent occasionne des éclats qui endommagent les pieces: les Menuisiers rencontrent ces éclats lorsqu'ils travaillent les bois de sciage à la varlope.

Les feuillets pour les scies de long sont de différentes épaisseurs: les uns sont fort épais, & ils résistent plus que les autres; mais aussi ils font des traits fort larges dans le bois: d'autres sont plus minces & mieux dressés, ceux-ci font des traits plus fins, & ils passent plus aisément dans le bois; mais il faut bien les ménager, sur-tout quand on travaille du bois rebours & rustique: on s'en sert ordinairement pour refendre les bois dans les chantiers, & les plus épaisses feuilles de scie servent à travailler le bois dans les forêts: on en emploie encore de plus fortes pour les scies qui se meuvent par le moyen de l'eau.

Quoiqu'on refende presque toujours à la scie des bois droits (*Pl. XXXV. fig. 4*), on refend aussi quelquefois des bois courbes, soit dans le sens de leur courbure (*fig. 5*), pour en faire des bordages, soit perpendiculairement à la courbure (*fig. 6*), pour en faire des pieces de tour.

M. le Normand qui a été Intendant de la Marine, a établi à Rochefort une police admirable sur les travaux de la construction des Vaisseaux : il est parvenu à faire lever à la scie presque tout ce qu'on réduisoit autrefois en copeaux avec la cognée, & il en a résulté une assez grande économie, puisque le bois ainsi débité à la scie, dédommage amplement de la main-d'œuvre ; les Charpentiers y trouvent aussi leur compte, parce qu'ils viennent à bout, en variant l'établissement des pieces sur les chevalets, de former si bien avec la scie l'équerrage de leurs pieces, que j'ai vu des membres qui avoient été ainsi refendues en aile de moulin. Comme ces sortes de pratiques ne peuvent avoir leur application que dans des cas particuliers, je ne m'étendrai pas davantage sur cet objet; mais je vais entrer dans quelques détails sur la façon de débiter les bois droits avec la scie de long.

ARTICLE II. *Différentes méthodes qu'on emploie pour débiter les bois de sciage.*

COMME les gros bois étoient autrefois très-communs, on commençoit par équarrir une piece, comme on le peut voir (*Pl. XXXV. fig. 7*); ensuite on la refendoit en quatre *a*, *b*, *c*, *d*, dont on faisoit quatre solives de sciage fort propres, & peu sujettes à se fendre par les raisons que nous avons amplement détaillées dans le Livre précédent. Mais aujourd'hui que les gros bois sont rares, on emploie beaucoup de solives de brin mal équarries, qu'on recouvre de plâtre ou avec du plaque en bourre, pour former des plafonds qui couvrent toutes les défectuosités du bois.

On cartelle encore à la scie les bois dans les forêts éloignées où il se trouve de gros arbres; mais on destine ceux-ci à faire des planches; en conséquence on refend ces cartelles en planches, tantôt comme le représente la cartelle *A A* (*Pl. XXXVI. fig. 1*); d'autres fois suivant les lignes *B B*. En suivant l'une ou l'autre méthode, le cœur de l'arbre ne se trouve point au milieu des planches, & elles sont moins sujettes à se fendre que quand on refend par le diametre *C D*, ainsi qu'on le pratique souvent, sur-tout à l'égard du bois de Sapin, & quand on cherche à donner plus de largeur aux planches. Mais en gagnant de ce côté-là, je vais faire voir que l'on perd beaucoup à d'autres égards.

Pour comprendre qu'il n'est point indifférent de scier les arbres suivant leur diametre, ni même dans toutes sortes de directions, il faut faire attention, qu'après qu'ils ont été cartelés, l'on apperçoit sur certaines planches de Chêne, des taches brillantes, qui ressemblent assez à la couche intérieure d'un noyau de pêche. Comme ces taches sont brillantes, quelques personnes les ont nommées *Miroirs*; à Paris, on les appelle plus à propos *Mailles*; & l'on estime les bois qui en portent beaucoup, sur-tout ceux dont on fait les panneaux de menuiserie, parce qu'ils se retirent moins que les autres, & qu'ils sont peu sujets à se tourmenter & à se fendre.

Reste à savoir d'où dépendent ces taches brillantes qu'on nomme *les mailles*. Si l'on s'adresse aux Menuisiers, la plupart diront que c'est la nature de certains bois; & en effet il se trouve des planches qui ont beaucoup de mailles, & d'autres qui n'en ont presque point. Je ne nie pas qu'il y a des bois qui ont essentiellement plus de mailles que d'autres, mais il est certain que, suivant la façon de les refendre, on peut faire paroître beaucoup ou peu de mailles. Je me suis assuré de ce fait par des expériences exactes; & pour rendre clairement ma pensée, je renvoie à la *Figure 1 de la Planche XXXVI*, qui représente l'aire de la coupe d'un rondin de Chêne. On y apperçoit des cercles concentriques qui se montrent sur la cartelle *E F*; on y voit outre cela des rayons qui s'étendent du centre à la circonférence: ces rayons que Grew a nommés *insertions*, sont des prolongements du tissu cellulaire ou vésiculaire. Ce sont les cercles concentriques, qui marquent sur les planches les traces qu'on voit en *B* (*Figure* 2) ; & ce sont les lignes rayonnées qui font les mailles ou marques brillantes qu'on voit en *A*, (*même figure*). Il s'ensuit que quand on refend un arbre par son diametre, c'est-à-dire, parallélement à la ligne *C D* (*Fig.* 1), comme on scie ordinairement les planches de Sapin, on apperçoit sur leur plat des traces semblables à *B* (*Fig.* 2), & que ces traces seront d'autant plus larges, que les planches approcheront plus de la circonférence *F* (*Fig.* 1), principalement, parce que les traits de la scie sont presque paralleles aux couches annuelles; & que comme elles sont coupées très-obliquement, elles se montrent plus larges.

Il en sera autrement si l'on refend la cartelle *A* (*Fig.* 1), suivant la direction *A A*, ou suivant des rayons qui s'étendroient du centre à la circonférence; car on y appercevra quantité de mailles, comme en *A* (*Fig.* 2), parce qu'alors on divise le bois suivant la direction des insertions, ainsi que les appelle Grew; & comme par cette méthode on coupe la plupart de ces insertions très-obliquement, les mailles se montrent fort larges & en grande quantité: on en voit beaucoup sur le merrain qui est toujours refendu dans le sens du centre à la circonférence, c'est-à-dire, selon la direction de ces insertions; c'est ce qu'on appelle refendre les bois à la maille; & c'est de cette maniere qu'on débite en Hollande les bois pour la Menuiserie.

Si, comme le pratiquent les Scieurs de long dans nos forêts, on scie les bois suivant la direction *B B* & *G G* (*Fig.* 1), on appercevra quantité de mailles sur les planches qui seront levées du côté *B B*, & fort peu sur celles qui le seront du côté *G G*; parce que dans celles-ci les traits ont été dirigés presque perpendiculairement aux insertions, au lieu que pour les planches *B B*, les traits ont coupé les insertions fort obliquement. Et si l'on refend une cartelle, comme nous l'avons fait à dessein, suivant la direction *H H* (*Fig.* 1), on n'appercevra point de mailles.

Tout ce que je dis ici, je l'ai très-exactement vérifié: j'ai fait refendre une grosse piece de Chêne dans toutes les directions qui sont marquées sur la *Figure 1*. J'ai apperçu quantité de mailles sur les planches levées, suivant la direction marquée à la cartelle *A A*; il y en avoit aussi sur les planches *B B*, très-peu & même point sur les planches *G G*, & aucune sur les planches de la cartelle *H H*.

Ces observations qui prouvent que l'abondance des mailles dépend de la direction qu'on donne au trait de la scie, sont dans certains cas fort importantes; car les planches qui ont beaucoup de mailles ne se gersent & ne se tourmentent presque pas; au lieu que celles qui n'en ont point, se tourmentent & se couvrent d'une infinité de petites fentes d'un tiers de ligne d'ouverture; ce qui est très-désagréable pour les ouvrages de menuiserie, & particuliérement dans les bois des panneaux. J'ai vérifié toutes ces choses dans le Chantier de M. Moreau, Marchand de bois, Fauxbourg S. Antoine, qui fait débiter une grande quantité de bois pour la menuiserie.

On porte en Hollande beaucoup de bois de Lorraine & des rives du Rhin, fendus en cartelles, comme pour en faire du bois de fente. Les Hollandois, à l'aide de leurs moulins à scies construits avec beaucoup de précision, refendent ces bois sur la maille, comme en *A A* (*Figure 1*); ils savent tirer parti du prisme triangulaire du bois qui se trouve au centre, & mettre tout à profit. Ces bois ainsi refendus sont les meilleurs de tous pour faire les panneaux des belles menuiseries; au lieu que les bois des Vauges qui ne sont presque jamais refendus sur la maille, ne font pas à beaucoup près d'aussi bon & bel ouvrage, Je ne pense pas cependant qu'il soit également avantageux de débiter toutes sortes de bois sur la maille; car, en conséquence de ce que j'ai démontré, en parlant, dans le Livre précédent, du travail des Fendeurs, que tous les bois ont une grande disposition à se fendre suivant la direction des insertions, & qu'ils s'éclatent naturellement suivant celle de la maille; il me paroît clair qu'une mortaise que l'on feroit dans un battant refendu, suivant la direction de la maille du bois, doit être plus exposée à s'éclater, que celle qui seroit faite dans un battant refendu dans un autre sens.

Il

Il n'eſt gueres poſſible de prêter cette attention à l'égard des bois qu'on refend à la ſcie pour les pieces de charpente, telles que les chevrons, les ſolives, &c, non plus que pour celles qui ſont deſtinées aux conſtructions de la Marine, *pré-cintes*, bordages, *vaigres*, &c.

J'ai ſeulement dit, & je le répete, que dans beaucoup de cas il ſeroit très-avantageux de lever dans le milieu des plançons deſtinés pour des bordages, une tranche telle que *A B* (*Pl. XXXIV. fig. 8*), afin que le cœur du bois qui, dans les groſſes pieces, a très-ſouvent contracté un commencement d'altération, ne ſe trouvât pas dans les bordages ou précintes *CC*, *D D*; & qu'il ſeroit ſouvent plus à propos de refendre les pieces preſque rondes & ſans être équarries, comme le repréſente la *Figure 6*, *Planche XXXIV*, pour y lever de larges planches de *L* en *M*; & pour ſe procurer dans les parties *I* & *K*, des planches & des membrures dont on pourroit tirer un très-bon parti, au lieu qu'en ſuivant l'uſage ordinaire, on paſſe beaucoup de temps à réduire ces parties en copeaux.

Enfin on ſe ſouviendra que j'ai fait voir combien il étoit avantageux, ſi l'on veut prévenir que les bois ne ſe fendent, de refendre dans les forêts mêmes les pieces à la ſcie, long-temps avant qu'elles ſe ſoient deſſéchées.

ARTICLE III. *Echantillon du Bois de ſciage, tant pour la Charpenterie, que pour la Menuiſerie.*

QUAND on débite les bois dans les forêts, & qu'on les deſtine à quelque ouvrage projetté, on peut, pour éviter la perte du bois, ſe conformer aux états que fourniſſent les Charpentiers ou les Menuiſiers; mais comme on ſe trouve rarement dans ce cas, les Marchands font débiter leurs bois ſuivant les dimenſions conformes aux uſages les plus ordinaires, afin d'aſſortir leurs Chantiers de bois qui puiſſent ſatisfaire aux demandes des uns & des autres. Je crois devoir placer ici des états qui puiſſent mettre les Marchands en état de garnir leurs Chantiers de bois bien aſſortis.

§. I. *Bois de sciage pour la Charpenterie.*

1°, Les *contre-lattes* qu'on met sur les combles d'ardoise entre les chevrons, doivent avoir un demi pouce d'épaisseur, sur 4 à 5 pouces de largeur.

2°, Les *chanlattes* qui servent à former les égouts, doivent être fendues en biseau (*Pl. XXXV. fig. 8*), c'est-à-dire, suivant la diagonale d'une piece quarrée : elles doivent avoir 5 pouces de largeur, 9 lignes d'épaisseur sur un bord, & venir en tranchant sur l'autre.

3°, Les *chevrons* ordinaires qui servent à la couverture des bâtiments, se débitent de 3 & 4 pouces en quarré; ils doivent être francs d'aubier, & avoir peu de nœuds : il s'en fait aussi de 4 pouces d'équarrissage qu'on peut employer à plusieurs ouvrages.

4°, Les *poteaux* : ils ont ordinairement 4 & 6 pouces d'équarrissage ; ils servent à faire du colombage aux pans de bois des cloisons, &c.

5°, Les *solives* de sciage ont ordinairement 5 & 7 pouces en quarré : à l'égard des solives de brin, nous en avons parlé plus haut.

6°, Les *limons d'escalier* & les *battants de porte cochere* se débitent de plusieurs largeurs & épaisseurs : savoir de 3 & 6 pouces ; de 4 & 8 ; de 4 & 9 ; de 4 & 10 ; de 5 & 10 ; de 5 & 12, &c, sur 12 jusqu'à 18 pieds de longueur.

7°, On prend les *gouttieres* dans des pieces bien droites de 8 & 9 pouces d'équarrissage que l'on fait scier en deux diagonalement, c'est-à-dire, d'angle en angle ; le sciage fait le dessus de la gouttiere ; on le creuse & on laisse un bon pouce d'épaisseur en tout sens : il faut conserver ces pieces à couvert, si l'on veut qu'elles ne se fendent point.

8°, Les longueurs ordinaires des bois de sciage pour la charpente sont 6, 12, 18 ou 21 pieds.

Quoique les bois que je viens de nommer, soient débités principalement pour les ouvrages de charpente, les Menuisiers ne laissent pas d'en acheter pour les employer, soit dans leur entier, soit pour les refendre de nouveau; comme il arrive aussi que les Charpentiers emploient quelquefois des bois qui ont été débités pour les Menuisiers.

§. 2. *Bois de sciage pour la Menuiserie.*

1°, On débite deux especes de *membrures* pour la menuiserie : les unes ont 3 pouces d'épaisseur sur 6 de largeur ; les autres ont un pouce & un quart d'épaisseur sur 12 de largeur: la longueur des unes & des autres est de 6, 9, 12, ou 15 pieds.

2°, Les *planches* sont de différente épaisseur : celles qu'on nomme *entrevoux*, parce qu'elles servent communément à remplir l'entre-deux des solives, ont 9 lignes d'épaisseur & 9 pouces de largeur.

3°, Les planches pour les ouvrages courants, ont 13 lignes d'épaisseur, franc du trait, sur un pied de largeur; & quand elles sont seches, elles servent à faire les planchers.

4°, On débite d'autres planches de 18 lignes d'épaisseur sur 11 pouces de largeur : on emploie communément celles-ci à faire les bâtis, & des cuves pour la vendange.

5°, On refend encore des planches de 2 pouces d'épaisseur, & aussi larges que la grosseur d'un arbre peut le permettre : on s'en sert pour les bâtis des lambris à double parement, les dormants des croisées, les trappes, &c.

6°, On refend de la *voliche* de Chêne d'un demi-pouce d'épaisseur qui s'emploie aux panneaux de menuiserie, & au revêtement des moulins à vent.

La voliche d'Orme s'emploie par les Charrons pour les fonds des charrettes, pour les tombereaux, les brouettes : la voliche de bois blanc sert aux Menuisiers à faire des enfonçures d'armoire: les Layetiers en font des caisses d'emballage & plusieurs autres menus ouvrages.

7°, On refend encore à la scie des *plateaux* d'Orme & de Hêtre de 4 ou 5 pouces d'épaisseur, dont on fait les établis des Menuisiers, les tables de cuisine, les *étaux* de Bouchers &

de Chandeliers, les coquilles & les *lissoires* des équipages, *&c.*

8°, On débite dans le Noyer, l'Erable, le Hêtre, & même le Chêne, des madriers de 2 pouces & demi à 3 pouces d'épaisseur, sur 5 à 6 pouces de largeur, pour faire des meubles & des montures de fusil (*Pl. XXXV. fig. 9*). Au reste, le Noyer, le Hêtre, l'Erable se débitent aussi en planches & en voliches, de différentes épaisseurs.

On débite pour Paris le bois de Hêtre en poteaux de quatre pouces quarrés, depuis 6 jusqu'à 10 pieds de longueur; en membrures qui ont deux pouces une ligne d'épaisseur, franc scié, depuis 6 jusqu'à 8 pouces de largeur, sur 6, 9, 12 pieds de longueur; enfin en planches de 13 lignes d'épaisseur, franc du trait, 11 à 12 pouces de largeur, sur 6, 9, 12 pieds de longueur.

Il n'est pas inutile de mettre ici l'état des bois de Menuiserie, tels qu'on les trouve dans les Chantiers de Paris.

§. 3. *Bois de Chêne & de Sapin, de sciage, qu'on trouve le plus ordinairement dans les Chantiers des Marchands de Paris.*

On distingue à Paris les bois de sciage, en *Bois François* & *Bois étrangers*.

Les *Bois François* se tirent communément des forêts de Champagne, du Bourbonois & de la Bourgogne: ces bois assez rustiques, s'emploient ordinairement pour les ouvrages solides & exposés aux injures de l'air.

Les bois de la forêt de Fontainebleau sont plus tendres, plus aisés à travailler & plus beaux; on en feroit de très-belle menuiserie, si on les refendoit sur la maille; mais ils ne durent qu'autant qu'ils ne sont point exposés aux injures de l'air.

Les *Bois réputés étrangers*, se tirent des forêts de Vauge en Lorraine. Si ces bois étoient débités sur la maille, ils feroient excellents pour faire les plus belles menuiseries, car ils sont tendres, d'un grain uniforme; ils ont encore moins de nœuds & de malandres que ceux de la forêt de Fontainebleau: ils ſont preſque toujours francs d'aubier, & ils ne ſe déjettent ni ne ſe tourmentent point.

Il vient encore à Paris des planches minces, qu'on nomme *Bois de Hollande* : on en fait les panneaux des beaux lambris. Ces bois, comme nous l'avons déja dit, ſont tirés des forêts voiſines du Rhin & de la Lorraine, par les Hollandois qui les refendent avec leurs moulins à ſcie : la ſupériorité de ces bois ſur ceux du pays de Vauge, conſiſte en ce qu'ils ſont refendus très-réguliérement, & preſque tous ſur la maille. Pour donner une idée de la préciſion avec laquelle les moulins à ſcie de Hollande refendent les bois, il ſuffira de dire que j'ai vu dans le Chantier de M. Moreau, Marchand de bois, des tringles refendues en Hollande pour faire du treillage, dont cent de ces tringles réunies, ne faiſoient qu'un ſolide de 2 pouces un quart de largeur ſur 2 pouces & demi d'épaiſſeur.

On apporte encore de Lorraine du merrain de fente, qu'on nomme *Courſon*, & qui eſt aſſez grand pour faire les petits panneaux de Menuiſerie.

On trouve communément dans les Chantiers, en bois de France : 1°, des battants de portes cocheres, qui ont 3, 4 ou 5 pouces d'épaiſſeur ſur 6, & juſqu'à 10 pouces de largeur, & depuis 12 juſqu'à 15 pieds de longueur : ce ſont-là les plus grandes pieces que les Menuiſiers emploient ordinairement.

2°, Des membrures, dont les unes ont 6 pouces de largeur ſur 3 d'épaiſſeur; d'autres 11 pouces de largeur ſur 2 pouces & un quart d'épaiſſeur.

3°, Des planches qui portent ordinairement 21 lignes d'épaiſſeur, mais qui paſſent pour un pouce & demi ; leur largeur eſt de 8 pouces.

4°, Des planches dites d'un pouce d'épaiſſeur, & qui portent cependant juſqu'à 15 lignes : elles ont 9 à 10 pouces de largeur.

La longueur de toutes ces planches, eſt de 6, 9, 12 ou 15 pieds.

Le prix des bois de France eſt, ſavoir, ceux de Champagne & du Bourbonnois, 110 à 115 livres le cent de toiſes courantes, réduites à un pouce d'épaisseur; par conséquent 50 toises courantes de planches de deux pouces d'épaisseur, font un cent de toises; mais il faut cent toises courantes de planches d'un pouce & demi, pour faire le cent ordinaire de toises, à cause de leur peu de largeur.

Le bois de Fontainebleau se vend, depuis 120 jusqu'à 130 livres, le cent de toises.

Le bois que l'on amene de Vauge & de Lorraine est exactement échantillonné: il se vend au cent de toises réduites à 10 pouces de largeur sur un pouce d'épaisseur: il faut 66 toises deux tiers courantes de planches, pour faire le cent de toises, lorsque les planches ont 15 lignes d'épaisseur sur 7 pouces de largeur; de sorte que chaque toise, dont le cent fait ce qu'on nomme le cent de bois de Vauge, est composée de 720 pouces-cubes.

Le bois de Hollande n'est pas exactement échantillonné quant à la largeur; mais la longueur est exactement de 9 ou 12 pieds, &c; en conséquence, comme les planches qui passent pour avoir 6 pouces de largeur, en ont quelquefois sept, & d'autres fois cinq seulement, on forme les lots à moitié de planches larges, & moitié de planches étroites, de sorte que ce bois réduit comme celui de Vauge, à 10 pouces de largeur sur un pouce d'épaisseur, se vend 170 livres le cent de toises.

Les bois de Sapin qu'on vend à Paris, se tirent ordinairement d'Auvergne & de Lorraine: les premiers sont moins beaux, débités d'inégale épaisseur, percés de trous, & remplis de nœuds.

Les bois de sapin de Lorraine ont moins de nœuds; & ils sont en général mieux travaillés. Ceux-ci sont débités en planches de 12 pieds de longueur sur 9 à 10 pouces de largeur, & un pouce d'épaisseur.

On en trouve aussi de 12 pouces de largeur sur 10 à 11 lignes d'épaisseur; & quoique ces planches n'aient que 10 à 11 pieds de longueur, elles passent pour deux toises à cause de leur largeur: ces deux sortes se vendent 130 livres le cent de planches.

Il y en a encore qui ont 12 pouces de largeur, 15 lignes d'épaisseur, & 12 pieds de longueur : on les vend 200 livres le cent de planches.

Les planches qu'on nomme *Feuillets*, ont 8 pouces de largeur, 7 lignes d'épaisseur, 11 pieds de longueur : elles se vendent 80 livres le cent.

Les planches d'Auvergne ont 12 pieds de longueur, 12 pouces de largeur, 15 lignes d'épaisseur ; enfin la voliche a 6 pieds de longueur, 9 pouces de largeur, & 6 lignes d'épaisseur : elle se vend 40 livres le cent.

§. 4. *Des Bois de sciage qu'on emploie pour la Marine.*

1°, Les *bordages* qui sont des planches épaisses qu'on cloue sur les membres & sur les ponts pour empêcher l'eau d'entrer dans les vaisseaux, ne peuvent jamais être ni trop larges ni trop longs. Leur épaisseur varie suivant le rang des Vaisseaux, & encore suivant la place où on les met ; car dans un même Vaisseau il y a des bordages de plusieurs épaisseurs différentes, depuis 2 pouces jusqu'à 5 : au haut des œuvres-mortes, & sur les ponts, on emploie des bordages de Pin.

2°, Les *vaigres* qui sont les bordages intérieurs qui revêtent le dedans des Vaisseaux : leur épaisseur varie comme celle des bordages ; ce sont de vrais bordages placés en dedans des Vaisseaux ; mais comme on ne les calfate point, les fentes ou quelques autres défauts ne leur causent aucun préjudice.

3°, Les *précintes* sont de forts bordages plus larges & une fois plus épais que les précédents : cette épaisseur varie depuis 3 pouces jusqu'à 9.

4°, Les *serre-bauquieres*, les *serre-gouttieres*, &c, sont des pieces à peu-près semblables aux précintes ; mais on les emploie dans l'intérieur des Bâtiments.

5°, Les *iloirs* sont des pieces pareilles aux précintes ; on les place sur les ponts, dans le sens de la longueur du Vaisseau.

6°, Les *épontilles* sont des bois quarrés qui étaient & fortifient les baux & les barrots : celles de la cale sont de brin,

& simplement équarris ; celles des entre-ponts & du dessous des gaillards, sont ordinairement de Pin refendu en chevrons, de 2 pouces & demi, 3 ou 4 pouces d'équarrissage.

7°. Les *planches* pour border les soutes & faire les emménagements, varient d'épaisseur depuis 1 pouce jusqu'à 2 pouces & demi : elles sont toujours de Sapin.

Je passe légérement sur tous ces articles, parce qu'on trouve les dimensions exactes de tous les bois de sciage, au commencement de mon *Architecture Navale*.

Je ne parle point ici des bois de sciage pour le Charronnage, & pour l'Artillerie. On peut consulter ce que j'en ai dit au Chapitre précédent à l'occasion des bois en grume.

Il y a beaucoup d'économie à se servir de moulins à scie pour débiter les bois ; mais comme nos moulins sont grossiérement construits, ils consomment beaucoup de bois par la largeur du trait, & il n'est pas possible de tirer dix planches d'un pouce d'une piece qui porte un pied de largeur : il seroit très-possible d'en établir d'aussi parfaits que ceux de Hollande.

J'ai dit qu'on faisoit des visites & des martelages dans les forêts, pour marquer sur pied les arbres propres à être employés pour de grandes constructions ; mais en faisant le détail des attentions qu'il falloit apporter pour bien faire ces sortes de visites, j'ai averti qu'il n'étoit pas possible de porter un jugement aussi certain sur les bonnes ou les mauvaises qualités du bois quand les arbres sont sur pied, qu'après qu'ils ont été abattus, débités, & en partie desséchés.

Comme on envoie quelquefois dans les forêts qu'on exploite, des Charpentiers, ou autres gens connoisseurs pour faire choix, marquer & retenir les bois dont on prévoit avoir besoin pour de grandes entreprises ; je vais donner en leur faveur le détail de ce qu'il est nécessaire qu'ils observent pour bien faire ces sortes de visites.

CHAPITRE

CHAPITRE V.

Expoſition des défauts les plus conſidérables qui doivent faire rebuter les Arbres abattus.

LES ſignes que j'ai indiqués ci-devant (*Livre III*). pour connoître, à la ſeule inſpection des arbres ſur pied, les défauts qui doivent les rendre ſuſpects, ne ſont pas auſſi certains que ceux par leſquels on les peut découvrir, en examinant le bois même, après que les arbres ont été abattus & en partie débités : les défauts qu'on découvre alors, ſont ; 1°, d'être *roulis* ou *roulés* ; 2°, d'être *cadranés* & ouverts dans le cœur ; 3°, d'être *gélifs* ; 4°, d'être *gras* & *roux* ; 5°, d'avoir un *double aubier*, & le bois de différente couleur, ou *vergeté*. Je vais parler de ces défauts dans autant d'articles particuliers ; mais je dois avertir qu'ils deviennent plus ſenſibles à meſure que les arbres ſont plus ſecs, & que pluſieurs de ces défauts ſont très-difficiles à reconnoître quand les arbres ſont récemment abattus, & encore remplis de ſeve, ou quand on les retire de l'eau.

ARTICLE I. *De la Roulure.*

ON dit qu'un arbre eſt *roulis* ou *roulé*, quand il ſe trouve une fente ou une ſolution de continuité qui ſuit la direction des couches annuelles (*Pl. XXXV. fig. 10*) ; c'eſt-à-dire, quand il y a, dans l'intérieur d'un arbre, des cercles concentriques qui ne ſont pas unis & adhérants les uns aux autres. Quelquefois ces fentes ne ſont preſque pas apparentes dans les arbres pleins de ſeve ; mais elles s'ouvrent à meſure que les arbres ſe deſſechent ; & alors on remarque qu'elles n'ont aſſez ſouvent que quelques pouces d'étendue, comme en *a* (*Figure* 10) ; mais ſouvent elles en ont davantage ; elles s'étendent quelquefois dans toute la circonférence de l'arbre, comme en *b* ; enſorte qu'on eſt ſurpris de voir une couronne de bois vif qui entoure un noyau de bois mort qu'on peut faire sortir à coups de masse, & alors il ne reste plus qu'un tuyau de bois vif : quand la roulure ne s'étend pas dans toute la circonférence, le noyau de bois ainsi renfermé par la roulure, se trouve être d'un bois vif ; mais quand ce bois est mort, on le trouve quelquefois pourri, & d'autres fois très-sain & très-dur.

On juge bien, sans qu'il soit nécessaire de le dire, que la roulure endommage d'autant plus une piece de bois qu'elle a plus d'étendue, & qu'elle est plus ouverte ; mais dans tous les cas elle forme un grand défaut ; non-seulement parce qu'elle augmente à mesure que le bois se desseche ; mais encore parce que quand on vient à refendre à la scie un arbre roulé, les morceaux se séparent, & il ne reste plus que des éclats. Ce défaut tire moins à conséquence quand on emploie les arbres dans leur entier ; mais dans ce cas-là même, la roulure est un vice essentiel ; car l'eau & la seve qui s'amassent dans ces fentes, y forment un germe de pourriture ; d'ailleurs si la roulure a beaucoup d'étendue, la piece en devient considérablement plus foible.

Quand on veut employer ces arbres à faire de la fente, on peut quelquefois en tirer un parti avantageux ; cela dépend du point où la roulure se trouve placée, & de l'adresse du Fendeur qui saura tirer des lattes, des échalas, & quelquefois du merrain, du bois qui se trouve, soit dans l'intérieur, soit à l'extérieur de la roulure.

Plusieurs causes peuvent occasionner la roulure : d'abord il faut se rappeller que nous avons déja dit que les couches ligneuses se forment entre l'écorce & le bois, & que dans leur naissance elles sont très-tendres : or, il est sensible que lorsque le vent agite & plie en différents sens les jeunes arbres, leur écorce, qui n'est presque pas adhérente au bois, peut s'en séparer dans quelques points, sur-tout quand les arbres sont en seve & chargés de leurs feuilles : en Hiver le poids du givre peut produire le même effet malgré l'adhérence de l'écorce au bois ; comme il est prouvé que l'écorce ne se réunit jamais au bois quand elle en a été une fois détachée, il reste toujours une solution de continuité qui sépare les couches annuelles en tout ou en partie, suivant que la désunion de l'écorce d'avec le bois aura été plus ou moins considérable. L'écorce peut dans certains cas produire des couches ligneuses; c'est pourquoi la séparation de l'écorce d'avec le bois, quand même elle se feroit dans toute la circonférence, ne seroit pas suivie de la mort de l'arbre : on observe qu'alors il se forme de nouvelles couches ligneuses qui l'aident à subsister; mais ces couches ligneuses restent toujours séparées des anciennes, & c'est cette solution de continuité qu'on nomme *roulure*. Ce défaut peut encore être produit; 1°, par les voitures dont les moyeux endommagent l'écorce, 2°, par les animaux qui se frottent contre le tronc des jeunes arbres, ou qui en entament l'écorce avec leurs dents; ces accidents produisent des roulures partielles; 3°, par les copeaux d'écorce que les Officiers des Eaux & Forêts enlevent, pour frapper l'empreinte de leur marteau sur le corps des arbres de réserve : il est vrai que ces plaies se recouvrent par la suite; mais le bois qui se forme en ces endroits, ne peut plus s'unir parfaitement avec l'ancien, & il reste dans l'intérieur de l'arbre une roulure ou une gélivure, qui n'a pas à la vérité beaucoup d'étendue; 4°, par cette même raison, les chancres guéris & recouverts de nouveau bois & d'écorce, forment un semblable défaut, mais plus préjudiciable à l'arbre, parce qu'ordinairement le bois qui se recouvre est un bois déja carié; 5°, une des plus dangereuses roulures, est celle occasionnée par une séparation de l'écorce d'avec le bois, qui est produite par une surabondance des sucs qui doivent former les nouvelles couches ligneuses. Quand cet accident ne fait pas périr l'arbre, il fait au moins contracter à l'ancien bois un commencement de pourriture qui ne se répare jamais. J'ai vu des têtards de Saule qui avoient 3, 4 ou 5 roulures (*Pl. XXXV. figure 11*); c'est-à-dire, presque autant que le nombre de fois qu'ils avoient été étêtés. En un mot, tout ce qui peut occasionner la séparation de l'écorce d'avec le bois, ou la désunion des couches ligneuses, produit la roulure; c'est pour cela que les arbres isolés, les baliveaux élevés dans un taillis, & qui se trouvent par la suite & après les taillis abattus, exposés aux vents & aux injures de l'air, sont plus sujets à être roulés, que ceux qui ont été élevés dans un massif de bois ; & encore que ceux qui ont toujours resté exposés en plein air.

J'ai occasionné artificiellement des roulures, en détachant l'écorce du tronc d'un arbre, & en la remettant sur le champ en sa place; ce morceau d'écorce ainsi replacé, s'est greffé avec celle qui étoit restée adhérente au bois ; il s'est formé d'épaisses couches ligneuses ; mais à l'endroit où l'écorce avoit été séparée du bois, il est resté une solution de continuité, autrement dit une roulure.

ARTICLE II. *De la Gélivure.*

ON appelle *Gélivure* toute fente qui s'étend du centre du tronc d'un arbre à la circonférence, comme en *a b* (*Pl. XXXV. fig.* 12); quelle que soit la cause qui la produise. Cette dénomination vient de ce que les fortes gelées font quelquefois fendre les gros arbres ; ces fentes à la vérité se recouvrent ensuite par de nouvelles couches ligneuses;mais comme les fibres ligneuses qui ont été séparées par accident les unes des autres, ne se réunissent jamais, il reste dans l'arbre une fente, qu'on nomme *gélivure*, parce que, comme je viens de le dire, elle est ordinairement occasionnée par la gelée. On a ensuite étendu ce terme; & on a nommé *gélivures*, toutes sortes de fentes qui se trouvent dans le bois ; mais on n'y comprend pas celles qui font une séparation des couches annuelles. Ainsi une plaie recouverte, une grosse branche coupée, dont la section a été recouverte par un nouveau bois ; les fentes qu'occasionnent les coups de tonnerre, sont nommés des *gélivures*, comme si elles résultoient de l'effet des fortes gelées : les *revêtures* qui sont des plaies recouvertes, sont des gélivures quelquefois très-considérables.

Je soupçonne qu'il y a encore des gélivures formées par une trop grande abondance de la seve. Des personnes dignes de foi m'ont assuré avoir vu sortir d'un Tilleul un jet de seve par une fente qui s'étoit faite subitement à l'écorce du tronc, & avec un bruit aussi éclatant qu'un coup de pistolet, & que cet écoulement avoit duré pendant plusieurs minutes. J'ai occasionné quelques gélivures dans le corps des jeunes arbres, en les ployant, & en les forçant beaucoup, & de la même maniere que pourroit faire un grand vent, ou un poids très-considérable de givre.

Il est sensible que ces fentes intérieures qui s'ouvrent quand les arbres se desséchent, forment des défauts d'autant plus considérables qu'elles ont plus d'étendue ; & qu'elles sont bien plus nuisibles aux pieces qu'on destine au sciage & à certains ouvrages de fente, qu'à celles qu'on doit employer dans toute leur grosseur, ou qu'on destine à être fendues & débitées en petites pieces.

On pourra prendre aisément l'idée des différentes causes de la gélivure, lorsqu'on sera persuadé, comme nous l'avons démontré dans la *Physique des Arbres* (Partie II. pag. 50), que les fibres ligneuses ne se réunissent jamais lorsqu'une fois elles ont été séparées : c'est ainsi qu'en pliant bien fort de jeunes arbres, dont je voulois rompre une partie du corps ligneux, j'occasionnois dans leur intérieur des roulures & des gélivures que j'ai retrouvé quelques années après, quoique les plaies extérieures eussent été parfaitement cicatrisées.

Il arrive assez souvent que la roulure & la gélivure se trouvent réunies dans un même corps d'arbre.

ARTICLE III. *De la Cadranure.*

LA cadranure est une gélivure dans le cœur d'un arbre ; comme les fentes qu'elle occasionne, se croisent & semblent former les lignes horaires d'un cadran (*Pl. XXXV. fig. 13*) ; cela lui a fait donner le nom de *Cadranure* : il est bon de distinguer cet accident de la gélivure, parce qu'il provient d'une toute autre cause. La cadranure ne se rencontre que dans les gros & vieux arbres : elle provient de l'altération du bois du cœur dans les arbres qui sont en retour. Il faut que cette altération soit poussée à un point extrême, pour que la cadranure se manifeste dans les arbres encore remplis de seve : elle ne se déclare ordinairement que quand ils sont en partie desséchés ; & assez souvent un arbre se trouve cadrané par le bout qui répondoit aux racines, pendant qu'il ne l'est pas au bout opposé d'où partoient les branches. Ce défaut est plus redoutable que la gélivure, parce qu'il désigne une altération, & même un commencement de pourriture dans le bois du cœur, comme nous l'avons prouvé en parlant de l'âge des arbres. Au reste, il ne faut prêter aucune attention à certaines fentes qui s'apperçoivent au cœur d'un arbre, quand elles ne sont pas plus considérables que celles qu'on voit répandues dans le reste de l'aire de la coupe : la cadranure occasionne des fentes beaucoup plus ouvertes que celles-là.

On peut souvent employer en bois de fente les arbres cadranés, parce qu'en retranchant le cœur, on emporte le mauvais bois qui se trouve toujours au centre.

ARTICLE IV. *Du double Aubier.*

LES arbres venus dans des terreins maigres & secs, sont aussi sujets à avoir un double aubier ; c'est-à-dire, une couronne de bois tendre & imparfait *a* (*Fig. 14*), qui environne le cœur *d*, ou centre d'un arbre. On trouve au-dessus de ce bois tendre une couronne de bon bois *c*, & enfin l'aubier ordinaire *b*. Ce défaut est essentiel, & fait qu'un pareil arbre n'est pas même bon à être employé en entier; parce que le double aubier, qui est souvent de plus mauvaise qualité que le vrai aubier, tombe bien-tôt en pourriture; & à plus forte raison, les arbres attaqués de cette maladie, ne sont point propres à être débités en bois de sciage ou de fente.

J'ai trouvé des arbres qui avoient deux aubiers séparés l'un de l'autre par une couronne de bois de bonne qualité, & qui me paroissoit à peu-près semblable à celui du centre que l'aubier intérieur recouvroit. J'ai voulu reconnoître de quelle qualité pouvoit être ce faux aubier & le bois des arbres sujets à ce défaut ; pour cet effet, je fis tailler quatre morceaux de ce bois en parallélipipedes & d'égale pesanteur; le premier morceau étoit du bois du centre ; le second, du bois qui environnoit l'aubier extraordinaire; le troisieme, d'aubier ordinaire; & le quatrieme de cet aubier accidentel, ou bois blanc qui environnoit le bois du centre : les ayant ensuite pesés dans l'eau, j'ai remarqué que le morceau de bois blanc *a* (*Fig. 14*), étoit de beaucoup plus léger que les autres *b, c, d,* & même quelquefois plus que l'aubier ordinaire *b*; comme ce morceau avoit été taillé d'un plus gros volume que les autres, pour pouvoir égaler leur poids, & comme il avoit de grands pores, il s'étoit chargé de beaucoup plus d'eau que les autres morceaux. Voici la proportion dans laquelle ces morceaux se sont chargés d'eau :

EXPÉRIENCE.

AVRIL le matin.	*Le Bois du centre* (d) *pesoit,*	*Le Bois* (c) *au-dessus de l'aubier accidentel* (a) *pesoit,*	*L'Aubier ordinaire* (b) *pesoit,*	*L'Aubier accidentel* (a) *pesoit,*
	Avant que d'avoir été mis dans l'eau.			
20	749 grains	749	749	749
	Après avoir été tous plongés au même instant dans l'eau.			
21	763 ½	763 ½	819	950
22	779	779	831	974 ½
23	788 ½	788 ½	837	993
24	797	796	833	1001 ½
25	801 ½	802 ½	832	1009
26	808	807 ½	834 ½	1011 ½
27	813 ½	811 ½	840	1025
28	818	820 ½	847	1036
29	820 ½	822	837 ½	1032
30	827	826	838	1038
5 *MAI*	841	837 ½	847 ½	1047 ½
9	847 ½	844	836 ½	1046
17	859 ½	855 ½	840	1057
25	875 ½	866	855 ½	1076
2 *JUIN*	880	870	840	1070
10	892	877	869	1097
18	893	877 ½	846	1085
6 *JUILLET*	907	884 ½	897	1117
26	919	886	922	1137
26 *AOUST*	924 ½	885	888 ½	1137
26 *SEPTEMB.*	930	887	880	1127
26 *OCTOBRE*	935 ½	892	948 ½	1168

Cette expérience fait connoître combien la ſubſtance du double aubier eſt rare, & combien ſes pores ſont grands par la quantité d'eau qui, après avoir pris la place de l'air, a donné à ce morceau de bois une augmentation conſidérable de poids. Si j'avois continué cette expérience juſqu'à la parfaite imbibition, le bois du cœur ſeroit devenu le plus peſant, comme il arrive en bien des circonſtances, proportionnellement néanmoins au volume de l'un & de l'autre; car ce morceau de double aubier dont la ſubſtance étoit beaucoup plus légere, avoit été taillé plus gros que celui du centre, afin qu'il pût égaler ſon poids.

Le double aubier eſt produit par une maladie qui attaque les arbres, & qui ſe guérit au bout d'un certain temps; mais pendant que cette maladie ſubſiſte, elle cauſe une altération conſidérable dans toutes les couches ligneuſes qui ſe forment pendant que la maladie ſubſiſte; de ſorte que cette couronne de bois vicieux dans ſon origine, ne peut jamais ſe rétablir, quoique cette partie ne ſoit pas morte. Cette maladie peut être occaſionnée par différentes cauſes: je ſuppoſe, par exemple, que les racines aient à traverſer une très-mauvaiſe veine de terre, ou qu'elles aient été arrêtées dans leur progrès par quelque corps fort dur; l'arbre reſtera languiſſant pendant pluſieurs années, & tout le bois qui ſe ſera formé dans ce temps-là, aura ſouffert de cette diſette: en un mot, toutes les cauſes un peu durables qui pourront influer ſur la vigueur d'un arbre, & ſe réparer enſuite, occaſionneront le double aubier.

ARTICLE V. *De la Gélivure entrelardée.*

LA couronne de faux aubier s'étend rarement dans toute la circonférence d'un arbre; elle n'en occupe quelquefois que le quart ou la cinquieme partie: aſſez ſouvent on trouve cette portion de mauvais bois morte; quelquefois même elle eſt recouverte d'une écorce pareillement morte. C'eſt-là ce que les Bûcherons appellent *Gélivure entrelardée:* il ſeroit plus exacte de la nommer une *Roulure entrelardée.* Comme ce défaut ſe rencontre

contre particuliérement dans les bois plantés ſur des côteaux expoſés au Levant ou au Midi ; il eſt à préſumer qu'il eſt occaſionné, ſoit par la grande ardeur du ſoleil, qui a deſſéché l'écorce & l'aubier ſeulement du côté tourné à cette expoſition, ſoit par le verglas dans le temps des grands froids de l'Hiver ; ce verglas aura endommagé l'écorce & l'aubier, mais ſeulement du côté expoſé au ſoleil. Cette écorce & cet aubier morts auront été recouverts comme une plaie ordinaire ; mais quoiqu'enveloppés dans la ſuite par de bon bois, ils ne formeront pas moins un défaut conſidérable dans l'intérieur de l'arbre.

On pourroit regarder cette eſpece de gélivure comme un double aubier partiel, & cela eſt effectivement vrai, quand la portion viciée n'eſt pas morte ; mais comme elle eſt preſque toujours défectueuſe, j'ai cru devoir en faire une diſtinction particuliere & un article ſéparé.

ARTICLE VI. *De la différente couleur du Bois ſur l'aire de la coupe.*

ON n'eſt point ſurpris de voir l'aubier beaucoup plus blanc que le bois, parce qu'on ſait que l'aubier eſt un bois imparfait, dont l'emploi eſt mauvais, & qu'il faut le retrancher dans les pieces que l'on deſtine aux ouvrages de quelque conſéquence. Ainſi on ne tient compte de la groſſeur d'un arbre qu'après avoir fait ſouſtraction de l'aubier ; tout ce qu'on peut exiger, c'eſt que l'aubier ne ſoit pas trop épais. Je parle ici de certaines eſpeces d'arbre dont l'aubier eſt apparent ; car il n'eſt preſque pas ſenſible dans pluſieurs autres eſpeces de bois, au nombre deſquels il faut comprendre les bois blancs, quoique dans les arbres de cette eſpece, le bois de la circonférence ſoit plus tendre & moins denſe que celui du cœur. Mais cette différence de denſité paſſe par des degrés inſenſibles ; au lieu que dans le Chêne, l'Orme & autres bois durs, il y a un paſſage ſubit de l'état d'aubier à celui du bois formé, dont il eſt difficile de trouver la raiſon.

En Provence, on estime le bois de Chêne lorsqu'il est de couleur jaune-clair, c'est-à-dire, couleur de paille : en Ponent, on fait cas de celui qui, quand on le travaille avec l'herminette, montre un petit œil couleur de rose, que l'on nomme dans le pays, *couleur de guigne* : je donnerois la préférence à celui couleur de paille : par-tout on augure mal des bois qui ont la couleur jaune foncé & terne, tirant sur le roux.

Dans les arbres bien conditionnés, l'aubier à part, le bois est d'une couleur assez uniforme, qui devient seulement un peu plus foncée à mesure qu'elle approche du cœur. Dans les arbres d'une qualité parfaite, cette différence est peu sensible, & la nuance n'est point interrompue ; mais si l'on y remarque des changements subits de couleur, par exemple, des veines blanchâtres qu'on nomme *blanc de Chapon*, ou des veines rousses, qui semblent plus humides que le reste, on a lieu de soupçonner que ces bois qu'on nomme *vergettés*, ont un commencement de pourriture ou d'autres défauts qui ne tarderont pas à se manifester après qu'ils auront perdu leur seve. Ces défauts seront, ou des gouttieres, ou des gélivures, des roulures, des doubles aubiers, des veines rousses, qui marquent le retour ; en un mot, des parties où le bois a été mal formé, parce qu'il aura pu arriver que les racines qui y portoient la nourriture, seront mortes par quelque accident, ou bien que ces accidents auront été occasionnés par une succession de plusieurs années peu favorables à la végétation.

Ces différences de couleur se manifestent encore davantage quand on vient à débiter les bois en sciage, ou qu'on les quartelle pour en faire des ouvrages de fente : alors on reconnoît trop tard ces défauts, & l'on n'est plus en état d'établir la destination des pieces sur leur bonne ou mauvaise qualité.

Le Chêne qu'on nomme *Chêne noir*, parce que son bois est très-brun, a l'aubier fort épais ; son bois est très-dur ; ses feuilles sont velues. On en trouve rarement qui puissent fournir de grosses pieces, parce qu'il croît très-lentement.

Le plus dur des Chênes de toutes les especes est l'Ilex, qui ne perd point ses feuilles en Hiver ; mais il ne fournit point non plus de grosses pieces. On emploie son bois dans la Marine pour faire les essieux des poulies, & des *anspects* pour l'Artillerie.

ARTICLE VII. *De l'inégalité d'épaisseur des couches ligneuses.*

IL n'est pas possible que les couches ligneuses soient exactement d'une même épaisseur, parce qu'il y a des années beaucoup plus favorables que d'autres à la végétation. Si dans une année les arbres croissent avec force, les couches ligneuses de leur bois seront épaisses, pendant que celles qui seront formées dans une année froide & seche, seront très-minces ; nous prouverons dans peu que l'épaisseur des couches dépend de la vigueur des arbres ; au reste, cet inconvénient est peu de chose ; il est inévitable, & il existe dans tous les arbres, parce qu'il est dépendant des saisons. Mais ce défaut mérite attention quand l'inégalité d'épaisseur des couches est trop grande ; car dans les terreins maigres & arides, pour peu que l'année soit seche, les arbres n'y font que de foibles productions, & les couches ligneuses qui se forment dans ces circonstances, sont si minces, qu'à peine peut-on les distinguer les unes des autres. Quand l'inégalité d'épaisseur de ces couches est trop considérable, elles sont ordinairement mal jointes les unes aux autres ; & ce défaut doit rendre suspectes des pieces qui, par leurs dimensions, seroient d'ailleurs jugées propres à des ouvrages de service. Ce défaut dans le bois, est communément accompagné d'autres encore plus considérables, comme d'être *roulis*, *gélifs*, d'avoir un double aubier, ou d'être affecté de *gélivure entrelardée*.

ARTICLE VIII. *Des Bois dont les fibres sont trop torses.*

IL y a des arbres qui ont les fibres de leur bois très-droites, & c'est presque toujours une perfection ; dans d'autres, les fibres sont tellement torses, qu'elles décrivent des hélices autour de l'arbre, ce qui eſt un défaut, principalement dans le Chêne que l'on deſtine à des ouvrages de fente : il eſt beaucoup moins important dans l'Orme qu'on emploie à des ouvrages de Charronnage. Les Ouvriers qui fendent le Hêtre pour en faire des ouvrages de *raclerie*, ne ſont pas fâchés d'y voir les fibres un peu contournées. Au reſte, à moins que cette torſion ne ſoit bien conſidérable, on ne la craint pas beaucoup ; car, par le moyen du feu, on vient à bout de redreſſer une piece de fente qui ſe trouve un peu voilée en aile de moulin ; & cette direction des fibres ne fait aucun tort aux arbres qu'on emploie en entier.

ARTICLE IX. *Des Nœuds & des Loupes.*

COMME nous avons ſuffiſamment parlé de ces défauts dans le Chapitre où il a été queſtion des arbres étant ſur pied, nous nous bornerons ici à dire que, quand ſur une piece équarrie, on apperçoit un nœud pourri, il faut le ſonder avec une tarriere, ou un ciſeau étroit, pour s'aſſurer ſi ce nœud pénetre bien avant, ou ſi la pourriture n'eſt que ſuperficielle.

ARTICLE X. *Du Bois gras, tendre & roux.*

LES défauts que nous avons détaillés dans les précédents articles, ne ſont quelquefois pas ſi redoutables que ceux dont il eſt maintenant queſtion : un vice local occaſionne une perte de bois, parce qu'on eſt obligé de retrancher la partie qui en eſt attaquée ; mais celui dont il eſt queſtion dans cet article, ſe trouve ordinairement répandu dans toute l'habitude de l'arbre : voici en quoi il conſiſte.

Le bois de bonne qualité doit avoir ſes fibres fortes & ſouples, rapprochées les unes contre les autres, lors même qu'il eſt devenu ſec : les copeaux qu'on leve avec la cognée, ne doivent point ſe rompre quand on les plie, ou ſi on les plie au point de les rompre, ils doivent ſe ſéparer par grandes filandres ; au lieu que les bois que les Ouvriers nomment *bois gras*, & qu'on devroit plutôt appeller *bois maigres*, ſe rompent net & ſans éclats ; les copeaux qu'on leve avec la varlope, ſe rompent, au lieu de former des rubans ; & quand on les froiſſe entre les doigts, ils ſe réduiſent en petites parcelles. Le bon Chêne a les pores petits ; il ſe polit ſous la varlope, & il devient brillant ; au lieu que le Chêne gras a les pores grands & ouverts, & il reſte toujours terne. Le bon Chêne, lorſqu'on le travaille avant qu'il ſoit ſec, eſt d'une couleur rouge-pâle à peu-près comme la roſe ſimple ; cette couleur ſe paſſe quand il devient ſec, & il eſt alors couleur de paille ; au lieu que le Chêne gras eſt roux & terne ; on en voit même où cette couleur rouſſe tire ſur le fauve. Quand on examine du bois de bonne qualité, avec une forte loupe & au grand jour, on apperçoit dans les pores une eſpece de vernis, qui, joint à ce que les fibres ſont fort ſerrées, lui donne du brillant ; au lieu qu'en examinant de la même façon les bois gras, on les voit d'une aridité qui n'offre rien de ſatisfaiſant. J'ai ſurchargé des barreaux de bon bois, bien ſec, ils ont ſupporté un poids conſidérable ſans plier ; ils ont enfin rompu avec bruit & par grands éclats, pendant que des barreaux de bois gras ont rompu net ſous une petite charge, ſans preſque faire d'éclats ; &, comme diſent les Ouvriers, ils ont rompu comme un navet : voyez pour la diſpoſition de cette expérience la Planche II du Livre II.

La grandeur des pores & l'aridité des bois qui ſont gras, fait qu'ils ſont facilement pénétrés par les liqueurs : ſi l'on fait tomber une goutte d'eau ſur un morceau de bon bois, elle ne le pénetre point, elle reſte ramaſſée en gouttes ; & au contraire elle entre dans le bois gras & s'étend de toute part. Quand l'air eſt fort humide, on voit les gouttes d'eau couler ſur les bons bois ; au lieu qu'elles pénetrent aiſément les bois gras. Une futaille de bois gras conſomme beaucoup de vin ; & les douves qui en ſont faites, ſont toujours humides à l'extérieur ; au lieu que les futailles faites avec un bois de bonne qualité tiennent exactement les liqueurs, même celles qui ſont ſpiritueuſes, telles que l'eau-de-vie ; les douves ſont toujours ſeches à l'extérieur.

Il ne faut pas conclure de ce que je viens de dire, que les bois gras ne sont bons à être employés à quoi que ce soit. Les belles menuiseries sont faites avec le bois que l'on nomme improprement *Bois de Hollande*, & qui est fort gras. Le bois qui n'est pas trop gras se fend assez bien quand il est verd; & c'est par cette raison qu'on en fait de la latte, de la cerche & même du merrain : quand ce défaut est extrême, il rompt sous les outils des Fendeurs; mais comme le bois gras n'a point de force, tous les ouvrages qu'on en fait ne sont pas de longue durée; il ne vaut rien, sur-tout pour être employé en poutres, qui doivent être chargées de poids considérables, ou quand elles doivent avoir de longues portées. Et comme les fibres des bois de cette nature ont peu d'union entre elles, ils ne doivent point être employés pour en faire des arbres & des roues de moulin, ni d'autres ouvrages où il doit y avoir des assemblages qui fatiguent beaucoup. Il ne faut pas non plus les employer aux ouvrages de menuiserie ou de charpenterie qui sont exposés à l'air, particuliérement pour des portes d'écluses, pour des membres de Vaisseaux, &c; parce que, comme ces bois sont facilement pénétrés par l'eau, ils tombent promptement en pourriture. Comme ces sortes de bois ne peuvent ployer sans se rompre, ils ne sont pas propres à fournir des bordages de vaisseaux, que l'on est obligé de forcer pour les ajuster aux différents contours de la carêne. Enfin, pour ne point trop m'étendre sur ce point, comme ces bois se trouvent en partie usés, avant que d'avoir été abattus, on ne doit en faire ni gournables ni aucuns membres de Vaisseaux, parce que ces pieces qui se trouvent placées dans un lieu nécessairement chaud & humide, tomberoient promptement en pourriture : le meilleur parti qu'on en puisse tirer, est de les employer pour les menuiseries de l'intérieur des maisons.

Le bois de tout arbre qui aura crû dans un terrein sablonneux & humide, est aussi gras que celui des plus vieux arbres : de tous les bois que j'ai vu employer pour la Marine, ceux qu'on avoit tirés de Lorraine, réunissoient à la fois tous les caracteres des bois gras & en retour : leur couleur étoit d'un jaune foncé & terne; ils étoient ouverts dans le cœur, & j'en ai vu où cette ouverture régnoit dans toute l'étendue des pieces, & dont l'altération étoit sensible en plusieurs endroits : aussi la plus grande partie de ces bois étoit tombée en pourriture, avant la fin d'une construction.

ARTICLE XI. *D'un autre défaut très-considérable & qu'il est bien difficile de reconnoître.*

J'AI vu des bois dont la fibre étoit souple & pliante, dont le grain paroissoit serré, & dont les pores sembloient même être suffisamment remplis de substance gélatineuse, & qui néanmoins pourrissoient promptement : à peine étoient-ils renfermés entre les bordages & les vaigres d'un vaisseau; que si on les examinoit avec une loupe, on appercevoit dans les pores de ce bois de petites taches jaunes avant-coureurs d'une prompte pourriture; cependant au milieu d'un membre pourri, on voyoit des fibres tellement saines, que quand on les détachoit, elles pouvoient être pliées sans rompre, & même être tordues comme de la ficelle. On ne pouvoit pas dire que ces bois fussent gras; mais je pense qu'un si prompt dépérissement pouvoit venir d'une disposition particuliere à la corruption & dont il ne m'a jamais été possible de reconnoître la véritable cause : ces bois avoient été envoyés du Canada.

ARTICLE XII. *Que la grande épaisseur des couches ligneuses, est souvent un signe que le bois est de bonne qualité.*

QUAND les pores d'une piece de bois sont fort serrés, il est toujours avantageux que les couches ligneuses qui indiquent l'accroissement d'une année, se trouvent épaisses.

1°, L'épaisseur de ces couches, quand elle ne provient pas de l'humidité du terrein, est un signe infaillible que l'arbre, lorsqu'il étoit sur pied, étoit vigoureux, & qu'il végétoit avec grande force. Il est démontré que ce qui cause une plus grande épaiſſeur des couches ligneuſes, plutôt d'un côté du corps de l'arbre que de l'autre, provient de l'inſertion de quelque vigoureuſe racine qui y porte beaucoup de nourriture. Dans les arbres de liſiere, les couches ligneuſes ſont ordinairement plus minces du côté qui regarde le plein de la forêt, que du côté de l'air libre, parce qu'ils pouſſent de fortes racines dans le terrein du voiſinage qui ſe trouve libre, & que ces racines y trouvent beaucoup de nourriture, qu'elles portent à la partie du tronc où elles répondent. C'eſt pour cette même raiſon que les couches annuelles des arbres jeunes & vigoureux, ſont plus épaiſſes que celles des vieux arbres qui commencent à dépérir; & que ces couches deviennent plus épaiſſes dans un bon terrein, que dans une terre maigre.

2°, On ſait que les couches annuelles dont nous parlons, ſont ſéparées par des couches intermédiaires d'un tiſſu moins ſerré; celles-ci ſont tellement poreuſes, que ſi l'on coupe tranſverſalement une tranche fort mince de Chêne ou d'Orme, on peut voir le jour au travers. Or, toutes choſes ſuppoſées égales, il faut convenir que ces couches intermédiaires contribuent à affoiblir le bois; par conſéquent, plus il ſe trouvera de ces couches dans un même eſpace, & moins le bois aura de force; parce que la force de cohérence des couches les unes aux autres, contribue beaucoup à celle du bois; ainſi plus les couches ligneuſes ſont épaiſſes, moins il y a de couches intermédiaires dans une épaiſſeur de bois fixée.

ARTICLE XIII. *De pluſieurs autres défauts.*

IL faut ſonder attentivement les endroits où il y a eu des chancres, des loupes, des nœuds en partie pourris, comme ſont les gouttieres, les meches & yeux de bœuf, ou les croiſſances d'écorce qu'on trouve recouvertes du bois vif, & qui ſe rencontrent aſſez ſouvent avec une gélivure entrelardée; parce que quelque maladie aura affecté une partie du corps d'un arbre, & que le reſte du bois qui eſt vigoureux, l'aura recouverte. Il arrive aſſez ſouvent que vers le haut du tronc, les branches prennent

prennent de la grosseur, & qu'en se réunissant, elles enferment entr'elles une portion d'écorce: ces croissances qui sont des marques de la vigueur de l'arbre, ne lui font point de tort. Il faut examiner avec attention si quelque partie d'un arbre n'étoit point morte avant l'abattage; car quelquefois on peut profiter d'une branche morte pour faire une courbe précieuse; mais il faut examiner très-attentivement une pareille branche, parce que souvent elle se trouve être de mauvais bois.

ARTICLE XIV. *De la différente pesanteur des Bois.*

ON doit toujours préférer les bois qui, dans une même espece, sont les plus lourds, sur-tout quand ils sont secs.

Bien des causes influent sur la pesanteur des bois; le terrein & l'exposition où ils ont pris leur croissance; leur âge, leur degré de sécheresse. Il n'est donc pas aussi facile qu'il le paroît d'abord, de fixer exactement le poids des bois de même espece. Je croyois qu'il suffisoit de peser des madriers de Chêne exactement équarris, & d'en conclure le poids d'un pied-cube; mais j'en ai trouvé dans un même climat de beaucoup plus pesants les uns que les autres; & j'étois toujours en doute sur le degré de leur desséchement: je réserve cet article pour une autre occasion; je me bornerai ici à rapporter, mais comme des à-peu-près, les poids effectifs des bois de Chêne, tirés de différentes Provinces, & abattus depuis 12 ou 18 mois.

Il y a des bois de Chêne qui nouvellement abattus & encore pleins de seve, flottent sur l'eau; d'autres qui se tiennent entre deux eaux, & quelques autres qui plongent au fond.

La partie ligneuse est toujours plus pesante que l'écorce; la seve est de fort peu plus légere. Mais la grande quantité d'air qui est contenue dans les pores du bois le fait flotter, jusqu'à ce que ces pores se trouvant remplis d'eau, l'obligent à tomber au fond du fluide. Il faut donc que le tissu du bois soit bien serré pour qu'il puisse être *fondrier*; c'est ainsi qu'on appelle le bois qui tombe au fond de l'eau: il se trouve néanmoins certains bois qui plongent jusqu'au fond de l'eau, lors même qu'ils ont perdu presque toute leur seve ; d'autres qui nagent pendant quelque temps entre deux eaux & qui bien-tôt tombent au fond, & d'autres qui restent très-long-temps dans l'eau avant de devenir *fondriers*. On pourroit donc se servir de ce moyen pour juger de la densité plus ou moins grande des bois ; cependant, lorsqu'une piece saine à l'extérieur renferme un nœud pourri, ou une gouttiere, ou une roulure, &c, cette piece qui à raison de la densité de son bois, auroit dû devenir promptement *fondriere*, flottera long-temps, à cause du vuide qu'elle renferme dans son intérieur, & qui sera quelquefois long-temps à se remplir d'eau. Voici la différente pesanteur des bois, telle que j'ai pu la recueillir : il s'agira toujours d'un pied-cube.

Le bon Chêne blanc de Provence pese, étant verd, depuis 80 jusqu'à 90 livres ; & le sec, depuis 65 ou 72 jusqu'à 76.

Le Chêne blanc de Champagne pese, étant verd, depuis 68 jusqu'à 70 ; & devenu sec & presque usé, 53 livres : la plupart de ces mêmes bois abattus depuis un an, pesent 60 livres.

Je n'ai pu avoir de Bretagne le poids du pied-cube d'un Chêne nouvellement abattu ; mais dans les bois réputés secs, qu'on employoit aux constructions dans cette Province, il s'en est trouvé qui pesoient 60 livres, d'autres 58 ; un cube pris d'une piece restée depuis 7 ans dans un magasin fort sec, ne pesoit que 52 livres.

On m'a écrit de Québec que les bois nouvellement abattus pesoient aux environs de 80 livres ; mais qu'un an après, ils ne pesoient au plus que 60.

J'ai appris de Bayonne, que le pied-cube du bois de Chêne y pesoit depuis 74 jusqu'à 82 livres ; mais je n'ai pu savoir à quel degré de sécheresse pouvoit être ce bois.

Comme l'on sait que le pied-cube d'eau douce pese 70 livres, & celui d'eau de mer 72 ; on en peut conclure que les bois qui sont fondriers surpassent ce poids, & qu'ils sont d'une excellente qualité.

ARTICLE XV. *Conséquences de ce qui précede ; avec différentes remarques sur la visite & la réception des Bois dans les forêts.*

1°, QUOIQUE j'aie dit qu'il falloit rebuter les pieces tarées, j'ajoute qu'il faut excepter celles qui ne le sont que par un vice local, comme, par exemple, un nœud pourri qui procede d'une branche rompue : souvent un pareil défaut n'affecte pas le reste d'une piece qui peut se trouver de bois de bonne qualité ; en ce cas il faut retrancher l'endroit vitié ; voir si ce qui reste, sera de dimension suffisante pour être employé utilement à quelqu'ouvrage, & ne la recevoir que sur ce pied. Mais si le vice affectoit entiérement la substance de l'arbre, alors il faudroit le rebuter sans retour, quand bien même le Fournisseur offriroit de la donner à bas prix, parce que ces sortes de pieces ne peuvent, en aucun cas, être d'un bon service, & qu'elles pourroient, lorsqu'elles auroient été mises en œuvre, porter la corruption aux pieces auxquelles elles toucheroient. Ces sortes de pieces ne sont absolument pas perdues pour le Marchand ; il sait bien en tirer parti & en trouver la destination.

2°, Lorsque les pieces sont fort grosses, je ne crois pas qu'il soit toujours avantageux d'exiger qu'elles soient équarries à vive-arrête. On ne peut à la vérité se relâcher sur ce point, quand les bois doivent être apparents & placés dans des endroits qui exigent de la propreté : mais nous avons démontré que l'intérieur des grosses pieces de bois est presque toujours altéré ; & quand on frappe trop avant une piece, il arrive qu'on retranche le bon bois, & qu'on ne conserve que le mauvais. Cette réflexion a son application dans des cas particuliers ; & l'on en doit excepter les bois de sciage. Mais comme il ne seroit pas juste de payer ces pieces flacheuses comme celles qui sont à vive-arrête, les Marchands ne doivent pas faire difficulté de diminuer quelque chose sur l'équarrissage.

3°, Quoique j'aie dit très-affirmativement que les bois en

retour ſont de mauvaiſe qualité ; ſi cependant on ſe rendoit trop difficile ſur ce point, il ne ſe trouveroit aucune groſſe piece recevable ; car, d'après les expériences que j'ai rapportées, principalement dans l'endroit où il eſt queſtion de l'âge des arbres, j'oſe aſſurer qu'il eſt impoſſible de trouver de groſſes & longues poutres, des pieces de quilles, des étembots, des baux de premier pont, &c, dans d'autres arbres que ceux qui ſont ſur le retour : les dimenſions de ces pieces ſont telles, qu'on ne les peut trouver que dans les plus gros Chênes, & qui ſont par conſéquent très-vieux ; car il ne ſuffit pas que le pied puiſſe fournir l'équarriſſage requis, il faut encore que ces pieces ſoutiennent cette groſſeur dans une longueur de 35 à 40 pieds : il eſt donc probable que de pareils arbres ſont âgés de 2 ou 300 ans ; & l'on peut conclure que toutes les groſſes pieces qu'on en peut tirer, ſe trouvent affectées de marques de retour. Il eſt bien triſte qu'on ſoit réduit à une pareille extrémité ; mais que gagneroit-on à ſe faire illuſion ? J'en appelle à l'expérience des Ingénieurs qui ont été chargés de l'entretien des grandes écluſes ; aux Architectes qui ont fait mettre en place de longues & fortes poutres ; & aux Conſtructeurs de Vaiſſeaux qui ſont déſolés de voir ces bâtiments durer ſi peu : en un mot, tous ceux qui ont été chargés d'employer beaucoup de bois, doivent avoir remarqué que c'eſt toujours le cœur des pieces qui eſt le plus altéré. Après ce que j'ai répété tant de fois dans cet Ouvrage, il eſt, je crois, très-bien prouvé que la cauſe d'un ſi prompt dépériſſement vient de ce que les arbres ſe trouvoient en retour ; & j'ajoute que lorſqu'on eſt dans la néceſſité d'employer des bois vitiés intérieurement, on n'a que la ſeule reſſource de rebuter ceux où il ſe trouve des défauts trop conſidérables.

4°, Comme il eſt avantageux que les bois de gabari ſoient bien frappés ſur le plat, & qu'ils aient beaucoup de largeur ſur le tord, il eſt bon qu'ils ſoient livrés flacheux ; pour, qu'à la faveur de ces défournis, on puiſſe promener les gabaris, & varier la deſtination de ces pieces : en ce cas, comme les Fourniſſeurs perdent quelques pieds-cubes, lorſqu'ils les *châtient* beaucoup sur le plat, il seroit juste de les indemniser de cette perte, & de recevoir les pieces sur le même pied que si elles étoient à vive-arrête.

5°, Pour mieux connoître les défauts qui peuvent rendre les pieces suspectes, il faut les faire retourner sur toutes leurs faces : si l'on y apperçoit quelques défauts, on doit faire parer ces endroits avec l'herminette; & lorsqu'ils pénetrent dans la piece, on les sondera, soit avec le ciseau, soit avec une tarriere, jusqu'à ce qu'on ait atteint le fond de la carie; car quand une plaie n'est pas bien nettoyée, le vice fait du progrès, & souvent, quand on vient à travailler ces pieces, on les trouve hors d'état d'être employées. Nonobstant ces attentions, il arrive souvent qu'en travaillant les pieces, on découvre dans leur intérieur des défauts qu'on n'avoit pu découvrir avant.

6°, Comme il est important d'examiner les bouts des pieces pour connoître si elles n'ont pas de roulures, de gélivures, de cadranures, de double aubier; si la couleur du bois est uniforme, si les couches ligneuses sont épaisses, &c, il faut faire lever à la scie une tranche, pour nettoyer le bout des pieces; mais on ne doit donner chaque trait de scie qu'à une petite épaisseur, pour ne point déprécier la piece; car il y a des cas où une soustraction de longueur un peu considérable, feroit beaucoup de tort aux Fournisseurs.

7°, Quand une piece a été jugée bonne, il faut la rouler sur de gros copeaux ou sur des chantiers, pour qu'elle ne touche point immédiatement à terre : il sera bon aussi de la couvrir de copeaux, pour la garantir du hâle, ralentir son desséchement, & empêcher qu'elle ne se fende.

8°, A mesure qu'une piece de bois a été visitée & estimée bonne, celui qui est chargé de la visite, la doit marquer de l'empreinte de son marteau, & numéroter chaque piece avec une rouane : voici comme on a coutume de marquer chaque numéro :

1	2	3	4	5	6	7	8	9	10	11
I	II	III	IIII	Λ	ΛI	ΛII	ΛIII	ΛI	X	XI

12	13	14	15	16	17	18	19	20	21
XII	XIII	XIIII	XΛ	XΛI	XΛII	XΛIII	XΛ	XX	XXI

Les dixaines ſont déſignées par des croix ; pour marquer cent, on fait un O ; pour mille, on fait un 9.

9°, Celui qui fait la recette des bois, en dreſſe un inventaire à peu-près ſemblable à celui dont j'ai donné la formule dans le Livre troiſieme. Il obſervera de marquer, autant qu'il lui ſera poſſible, la nature du terrein & l'expoſition ; ſi les arbres étoient ſerrés les uns contre les autres, ou iſolés, &c.

10°, Il ſera important de prendre une connoiſſance parfaite des chemins par leſquels les grandes pieces pourront être voiturées juſqu'aux rivieres navigables les plus prochaines, ou juſqu'à la mer, & de marquer à combien de lieues les bois en ſont éloignés ; ce qu'il coûtera par pied-cube ou par ſolive pour les charrois, & ſi l'on en peut trouver facilement.

En cas qu'il y ait des difficultés pour les chemins, on propoſera les moyens de les réparer, & la dépenſe que cela exigeroit. Enſuite on détaillera les pieces qui ont été marquées, leurs dimenſions, leurs réductions en pieds-cubes ou en ſolives ; le prix dont on ſera convenu avec le Marchand & les Voituriers, ſuivant le prix courant du pays. Comme on ſuppoſe qu'on aura fait un toiſé exact des bois, ou une réduction des pieces, ſoit en pieds-cubes, ſoit en ſolives, ſuivant l'uſage des lieux, nous donnerons des méthodes pour faire ces toiſés.

11°, La viſite & le martelage qu'on fait dans les forêts, ne ſont ſouvent que des opérations proviſionnelles, parce qu'on remet à faire une recette définitive, lorſque les bois auront été rendus à leur deſtination. Mais il eſt important d'apporter autant d'attention & de ſévérité à ces recettes proviſionnelles qu'aux recettes définitives. Ordinairement les Fourniſſeurs demandent de l'indulgence à celui qui fait les premieres recettes ; & ils ſe perſuadent avoir fait un bon coup, quand ils ont fait paſſer à cette viſite une piece ſuſpecte; mais ils ſe trompent : les défauts peu ſenſibles d'abord, deviendront très-apparents quand la ſeve ſe ſera évaporée; & une piece de cette eſpece ſera infailliblement rejettée lors de la recette définitive ; d'où il arrivera que le Fourniſſeur ſe trouvera chargé de quantité de bois de rebut qui lui auront occaſionné beaucoup de frais inutiles, & dont il ſe trouvera très-embarraſſé ; au lieu que ſi ces bois avoient été rebutés dans la forêt, il en auroit pu tirer parti, en les faiſant débiter en bois de fente, en bois de ſciage ou autrement. Il eſt donc également avantageux aux Acquéreurs & aux Fourniſſeurs, que les recettes proviſionnelles ſoient faites avec exactitude & avec rigueur : ſi cela eſt ſenſible à l'égard des Fourniſſeurs, il en réſulte auſſi un avantage pour l'Acquéreur, qui ſe fait ſouvent une peine de refuſer des bois qui lui ſont livrés, & qu'il ſait avoir occaſionné beaucoup de perte aux Marchands : d'ailleurs, quand des bois de bonne qualité ſont en trop grande quantité d'un même échantillon, on ſe trouve chargé de bois inutiles; & quand il s'agit de l'approviſionnement des bois pour la Marine, comme le Roi les fait ordinairement voiturer par ſes gabares, ces frais ſont à ſa charge & abſolument inutiles.

12°, Si les Fourniſſeurs entendoient mieux leurs intérêts, ils engageroient ceux qui font les recettes dans les forêts, à ne marquer que les bois les plus parfaits; & ils ſe chargeroient par leurs marchés de livrer les bois aux Ports où ſe font les conſtructions, & dans leſquels on doit faire la recette définitive, à la charge, par le Roi, de fournir des gabares pour le tranſport par mer, à moins qu'on n'aimât mieux, au nom de Sa Majeſté, ordonner que les recettes définitives fuſſent faites à l'embouchure des grandes rivieres telles qu'Indret, le Havre, Bayonne, &c. Mais dans le cas où les Marchands & les Fourniſſeurs ſeroient tenus de livrer leurs bois dans les Ports où l'on conſtruit, il ſeroit juſte de ſtipuler qu'il y auroit des gabares affectées au tranſport des bois, afin que la livraiſon en fût faite le plus diligemment qu'il ſeroit poſſible ; car rien n'eſt ſi important aux Fourniſſeurs que de livrer promptement leurs bois. J'ai toujours vu avec peine qu'on laiſſoit au Havre ou ſur l'iſle d'Indret, une prodigieuſe quantité de bois, qu'on n'enlevoit pour les Ports du Roi qu'au bout de deux ou trois ans : les bois expoſés pendant un ſi long eſpace de temps à toutes les injures de l'air, amoncelés en groſſes piles dans un lieu preſque marécageux, continuellement rempli d'exhalaiſons & de brouillards, s'altéroient ſi prodigieuſement, que les Fourniſſeurs ne les reconnoiſſoient plus ; ils étoient en partie ruinés par les rebuts qu'on faiſoit aux recettes définitives, quoique les Commiſſaires touchés de l'injuſtice qu'on leur faiſoit, euſſent l'indulgence de recevoir des pieces qu'ils auroient rebutées dans d'autres circonſtances.

Les Fourniſſeurs doivent donc porter toute leur attention, & ne rien épargner pour ſe mettre en état de livrer leurs bois le plus promptement qu'il leur feroit poſſible, & de ne les pas abandonner, comme ils ſont ordinairement par une économie mal entendue, pendant un temps conſidérable ſur le bord des rivieres.

Comme je dois avoir également en vue le bien du ſervice & les intérêts des bons Fourniſſeurs, je conſeille pour l'un & l'autre objet, de livrer & de recevoir les bois le plus promptement qu'il eſt poſſible, aux Ports où l'on fait des conſtructions : le ſervice du Roi y trouvera ſon intérêt, parce qu'on ne préſentera pas des bois uſés ; & les Fourniſſeurs auront infiniment moins de pieces de rebut.

CHAPITRE

CHAPITRE VI.

Du Toisé des Bois quarrés.

On toise les bois de différente façon suivant les usages des lieux ; mais nous ne ferons ici mention que de deux méthodes : la premiere, celle de faire la réduction des pieces au pied & parties de pied-cube : celle-ci est en usage pour toutes les fournitures des bois de Marine, & pour les bois de charpente dont on fait les toisés dans les Ports de mer.

L'autre méthode, en usage dans plusieurs Provinces pour les fortifications, les bâtiments civils, & particuliérement à Paris, est de réduire tous les bois de charpente à la solive ou à la piece.

ARTICLE I. *Du Toisé en pieds-cubes.*

On mesure en pieds & en partie de pieds les trois dimensions d'une piece ; savoir, la longueur, la largeur & l'épaisseur ; on les multiplie l'une par l'autre, & le produit donne le nombre de pieds & parties de pieds-cubes contenus dans la piece.

Il faut donc multiplier l'épaisseur par la largeur, & le produit par la longueur ; il faut ensuite diviser le second produit par 144, ou bien prendre le douzieme de ce total, & encore le douzieme du douzieme ; les parties restantes du premier douzieme seront des lignes cubes ; & les parties restantes du second douzieme, seront des pouces-cubes.

Premier Exemple. Soit une piece de 20 pieds de longueur sur 10 pouces de largeur & 10 pouces d'épaisseur : 20 multiplié par 10 de largeur donne 200, qui multipliés par 10 d'épaisseur donne 2000 ; en la divisant par 12, il vient 166 $\frac{8}{12}$; divisant ensuite 166 par 12, il vient 13 $\frac{10}{12}$; d'où il suit que la piece en question cube 13 pieds 10 pouces 8 lignes cubes, parce que 10 douziemes de pied, est autant de pouces, & 8 douziemes de pouces est autant de lignes.

Second Exemple. Soit une piece de 50 pieds de longueur, de 15 pouces de largeur, & de pareille épaisseur: on multiplie 1 pied 3 pouces largeur, par un pied 3 pouces épaisseur; il vient pour la surface de la base 1 pied 6 pouces 9 lignes, qu'il faut multiplier par 50 pieds, longueur de la piece: il vient 78 pieds 1 pouce 6 lignes cubes, qui est le toisé de la piece.

Article II. *Du Toisé en Pieces ou Solives.*

En fait de toisé, on appelle *solive*, une piece de bois quarré de 6 pouces d'équarrissage sur 12 pieds de longueur. Ainsi ce qu'on nomme une *solive*, contient 3 pieds-cubes.

Mais comme dans tous les toisés ordinaires, la toise est la mesure principale, on réduit la solive à un parallélipipede d'une toise de longueur sur 72 pouces quarrés, ou la moitié d'un pied quarré qui est 144 pouces.

En considérant ainsi la solive, on la divise, de même que la toise, en six parties égales, qu'on nomme *pieds de solive*: ainsi un pied de solive est un parallélipipede d'un pied de hauteur sur 72 pouces quarrés de base.

Le pied de solive se divise comme le pied de Roi, d'abord en 12 pouces, & ensuite en douzieme de pouce, c'est-à-dire, en 12 lignes; ensorte que le pouce & la ligne de solive sont des parallélipipedes de 72 pouces de base sur un pouce ou sur une ligne de hauteur: ceci bien entendu, il y a plusieurs manieres de réduire les bois quarrés en solives.

§. 1. *Premiere Méthode.*

On mesurera la longueur d'une piece en toises, & sa largeur & son épaisseur en pouces; après avoir multiplié le nombre de pouces de la largeur, par le nombre de pouces de l'épaisseur, on aura le nombre de pouces quarrés contenus dans la base de la piece: on multipliera ce produit par le nombre de toises qui fait la longueur de la piece; enfin on divisera ce produit qui indique combien la piece contient de toises de barreaux d'un pouce d'équarrissage, ou, pour parler le langage des Toiseurs, des *toises pouces-pouces*; on divisera, dis-je, cette somme par 72, qui est la base ou équarrissage d'une solive; & comme 72 barreaux d'un pouce quarré & d'une toise de longueur font une solive, le quotient sera le nombre de solives contenues dans la piece : ce qui est évident, puisque la solive est un parallélipipede de 72 pouces quarrés de base sur 6 pieds de hauteur.

Exemple. Si l'on veut réduire en solives une piece de bois de 50 pieds de longueur, ou de 8 toises 2 pieds, sur 15 pouces d'équarrissage, on multiplie les deux côtés de la base l'un par l'autre : 15 pouces étant multipliés par 15 pouces, produisent 225 pouces quarrés pour la surface de la base, qu'on multipliera par 8 toises 2 pieds qui est la longueur de la piece. On aura 1875 toises *pouces-pouces* ou de barreaux d'un pouce quarré de base; en divisant 1875 par 72, qui est la surface de la base de la solive, on aura 26 solives *zéro* pieds 3 pouces, qui est le toisé de la piece proposée.

§. 2. *Seconde Méthode plus abrégée que la premiere.*

On regarde le nombre de pouces d'une dimension, celle de la grosseur ou de la largeur, par exemple, comme des pieds; le nombre de pouces d'une autre dimension, celle de l'épaisseur, si l'on veut, comme des demi-pieds; & après avoir réduit ces pieds & ces demi-pieds en toises, on multiplie ces deux nouveaux nombres l'un par l'autre, & le produit par le nombre de toises contenu dans la longueur; ce qui donne des solives & parties de solives.

La raison de cette opération est évidente; car en considérant une des dimensions de la grosseur comme des pieds, on la rend douze fois trop grande; & l'autre comme des demi-pieds, elle devient six fois trop grande; ce qui donne à la surface de la base de la piece, une étendue 72 fois trop grande : multipliant ensuite cette étendue par la vraie longueur de la piece, cela produit un cube 72 fois trop grand ; mais en regardant les termes de ce produit comme des solives & parties de solives, au lieu de toises-cubes qu'il est véritablement, puisqu'il est composé de dimensions exprimées en toises multipliées l'une par l'autre, on le divise par 72 ; parce que la base d'une solive est 72 fois plus petite que celle de la toise-cube ; & par conséquent ce produit considéré comme solive, est sa juste valeur.

Exemple. Quinze pouces de largeur supposés être autant de pieds, feront deux toises trois pieds.

Quinze pouces d'épaisseur supposés être des demi-pieds, feront une toise un pied six pouces : en multipliant l'un par l'autre, on aura trois toises *zéro* pieds, neuf pouces, qu'il faut multiplier par la longueur de la piece, huit toises deux pieds ; considérant les toises-cubes & parties de toises-cubes, comme des solives & des parties de solives, on aura, comme par la premiere méthode, pour le toisé de la piece, 26 solives *zéro* pieds trois pouces : voici encore d'autres exemples.

Exemple. Si une piece de bois a trois toises de longueur & douze pouces d'équarrissage, on multiplie 12 par 12 ; il vient 144 qu'on divise par 72, & l'on a deux solives par toise ; & comme la piece a trois toises, elle contient six solives.

Ou bien, ce qui revient au même, après avoir multiplié 12 par 12 (144), il faut multiplier cette somme par la longueur de la piece, trois toises, il vient 432, qu'il faut diviser par 72, on trouvera six au quotient, qui est le nombre de pieces contenues dans la piece de bois. Il est évident qu'on doit opérer de même pour les pieces méplates qui ont plus de largeur que d'épaisseur.

Exemple. Si une piece a 18 pouces de largeur sur 6 pouces d'épaisseur, il faut multiplier 18 par 6 ; il vient 108 pouces quarrés : en les divisant par 72, on voit que chaque toise de ce bois contient une piece & demie.

Il faut remarquer que ce qui reste d'une division sont des pouces quarrés : pour les exprimer par $\frac{1}{4}$ $\frac{1}{3}$ $\frac{1}{2}$ $\frac{2}{3}$ $\frac{3}{4}$ de pieces, il faut savoir que 18 pouces font $\frac{1}{4}$, que 24 pouces font $\frac{1}{3}$, que 36 pouces font $\frac{1}{2}$, que 48 pouces font $\frac{2}{3}$, & que 54 pouces font $\frac{3}{4}$ de piece : le surplus de ces fractions sont des pouces, dont il faut 72 pouces pour faire une piece.

ARTICLE III. *Pratiques pour abréger les opérations du toisé, sur-tout à l'égard du Bois de sciage.*

1°, QUAND les solives de sciage pour les bâtiments ont 5 sur 7 pouces d'équarrissage, on a coutume de compter la toise courante pour une demi-piece. Quoique le produit de 5 multiplié par 7, ne soit que 35, & que 35 & 35 ne fassent que 70 au lieu de 72; cependant il est d'un usage constant qu'une solive de sciage de 12 pieds de long sur 5 & 7, passe pour une piece, à cause que ce bois a été façonné à dessein selon ces dimensions : il étoit à propos de faire connoître cette exception de la regle générale.

2°, Une piece longue d'une toise, qui a 9 pouces de largeur sur 4 pouces d'épaisseur, est réputée une demi-piece.

3°, Une toise de poteau de 4 & 6 pouces d'équarrissage fait une piece.

4°, Quatre toises de membrure de 3 & 6, font une piece.

5°, Quatre toises & demi de chevron de 4 & 4 pouces, font une piece.

6°, Six toises de chevrons de 3 & 4 pouces d'équarrissage, font une piece.

7°, Huit toises de chevron de 3 & 3 pouces quarrés, font une piece.

8°, Douze toises de barreaux de 2 & 3 pouces quarrés, font une piece.

9°, Dix-huit toises de barreaux de 2 & 2 pouces quarrés, font une piece.

10°, Trente-six toises de barreaux méplats de 1 & 2 pouces quarrés, font une piece.

11°, Soixante-douze barreaux d'un & un pouce quarré, font une piece.

Les Toiseurs qui savent ces regles de pratique, abregent beaucoup leur travail; car s'ils ont à toiser, par exemple, une grille formée de barreaux de bois de 2 & 2 pouces quarrés, & de 6 pieds de longueur, ils voient sur le champ qu'il faut 18 barreaux pour faire une piece : ils ont de semblables pratiques pour réduire promptement en pieces les solives, les poteaux, les membrures, les chevrons, &c, de différentes grosseur & longueur, ce qui abrege beaucoup le travail. Mais comme d'après ce que nous venons de dire, il est aisé de se former soi-même des méthodes lorsqu'on a quantité de pieces de bois d'un même échantillon à réduire en pieces, nous ferons remarquer, en finissant cette matiere, que pour s'épargner beaucoup de travail, lorsqu'on toise les bois dans les forêts, il faut faire des lots particuliers de tous les bois de pareilles dimensions; par ce moyen on aura beaucoup de facilité pour les réduire en pieds-cubes ou en solives.

EXPLICATION des Planches & des Figures relatives au Livre V.

PLANCHE XXXIII.

LA FIGURE 1 qui ſert à indiquer de combien il faut charger la ligne ſur un arbre en grume qu'on doit équarrir, ſe voit ſur la Planche ſuivante (*XXXIV*).

La *Figure* 2 repréſente un arbre qui a été paré ſur deux faces, & qu'il faut parer ſur les deux autres pour l'équarrir; *a b*, arbre ſcié de longueur; *c c*, trait de ligne qui indiquent la quantité de bois qu'il faut retrancher; *d d*, premieres entailles qui pénetrent juſqu'à la ligne *c c*, & qui déterminent l'épaiſſeur de la tranche de bois *f f*, qui eſt à ôter.

Figure 3, piece qui porte deux équarriſſages différents, *b a*, *c a*.

Figure 4, piece équarrie à deſſein, plus groſſe du côté de *b* que du côté de *a*.

Figure 5, une jumelle de preſſoir à étau : *A*, culaſſe; *B*, corps de la jumelle; *C*, tête.

La *Figure 6* qui repréſente une piece équarrie méplat, eſt ſur la Planche ſuivante (*XXXIV*).

Figure 7, piece courbe propre à faire une étrave : les lignes ponctuées qu'on voit ſur le bout *a*, marquent l'épaiſſeur de bois qu'il faut enlever pour parer cette piece ſur le plat.

La *Figure 8* qui repréſente un *plançon* duquel on tire deux bordages, après avoir levé une tranche dans le milieu, eſt ſur la Planche ſuivante (*XXXIV*).

La *Figure 9* repréſente un arbre de belle taille, dont le tronc peut fournir une piece de quille.

Figure 10, bel arbre dont le tronc eſt un peu courbe, mais qui peut fournir un *bau B*, & encore une piece de gabari *C*.

Figure 11, arbre bien droit, qui peut fournir une piece d'*étambot*.

Figure 12, Ringeot droit depuis *d* jusqu'à *b*, & depuis *b* jusqu'à *c*, mais qui fait une inflexion en *b*.

La Figure 13, fait voir la maniere de mesurer la courbure d'une piece : *a b*, ligne tendue pour avoir la mesure de la fleche *c d*; la ligne ponctuée *g e*, marque ce qu'on doit retrancher du bois, sans en ôter en *f*.

Figure 14, arbre dont le tronc est un peu courbe, & qui pour cette raison peut fournir une *Varangue* de fond : *B*, fourchet du même arbre dont on peut faire une *Varangue* aculée, ou une guirlande de fond.

Figure 15, piece dont la courbure est principalement vers la partie *a*, ce qui la rend très-propre à s'empatter avec une piece plus courbe, telle qu'un *Genou de fond*.

PLANCHE XXXIV.

LA FIGURE 1 représente l'aire de la coupe d'un arbre, sur lequel on trace les lignes pour l'équarrir.

Figure 6, aire de la coupe du même arbre qu'on veut équarrir méplat.

Figure 8, aire de la coupe du même arbre dans lequel on fait une levée *A B*, où le bois est usé, & ensuite les deux bordages *C C*, *D D*.

Figure 16, guirlande.

Figure 17, courbe de pont.

Figures 18 & 19, courbes d'arcasse & courbâtons.

Figures 20, 21 & 22, varangues aculées.

Figures 23, 24 & 25, premieres, secondes alonges, & alonges de revers.

PLANCHE XXXV.

FIGURE 1, piece de bois établie sur deux treteaux ou chevalets, & les Scieurs de long en travail : *A*, Scieur qui releve la scie : *B*, Scieur qui l'abaisse ; ordinairement il y a deux Scieurs en bas, sur-tout pour les grosses pieces : *C D*, treteaux ;

teaux ; *E F*, la piece de bois à ſcier établie ſur les treteaux.

Figure 2, piece de bois quarré montée ſur un chevalet, tel qu'on l'établit dans les forêts ; *A*, le Scieur d'en haut ; *B*, un des Scieurs d'enbas ; *C*, le chevalet ; *D*, la piece de bois à ſcier ; *E F*, liens de corde qui l'aſſujettiſſent aux madriers *G H*.

Figure 3, détail du chevalet : *a b d*, les entailles qui doivent recevoir les pieds ; *c e*, un des pieds du chevalet.

Figure 4, piece de bois quarré ſur laquelle on a tracé avec la ligne, les traits que doit ſuivre la ſcie.

Figure 5, piece courbe ſur laquelle les traits ont été pareillement tracés.

Figure 6, piece courbe qui doit être ſciée en roue.

Figure 7, aire de la coupe d'un arbre qui doit être équarri pour en tirer une piece *a b c d*, laquelle ſera refendue en croix, pour être enſuite cartelée.

Figure 8, piece qui doit être refendue par une ligne diagonale, & deſtinée à être débitée en *chanlattes*.

Figure 9, piece débitée pour des affûts de fuſil.

Figure 10, coupe d'un arbre *rouli*, ou *roulé* ; *a*, roulure partielle ; *b*, roulure complette.

Figure 11, arbre qui renferme pluſieurs roulures.

Figure 12, coupe d'un arbre qui a des gélivures telles que *a*, *b*.

Figure 13, coupe d'un arbre qui eſt cadrané dans le cœur.

Figure 14, coupe d'un arbre qui contient un double aubier : *d*, bois du cœur ; *a*, aubier ſurnuméraire ; *b*, aubier naturel ; *c*, couronne de bon bois.

PLANCHE XXXVI.

LA FIGURE 1 repréſente la coupe d'un gros arbre qui a été d'abord ſcié par quartiers : le quartier *A A* eſt refendu ſur la maille : *BB*, *G G*, quartier refendu dans un autre ſens ; les planches juſqu'à *B B*, contiennent de la maille ; celles du côté de *G G* n'en ont preſque point : le quartier *H H* eſt refendu encore dans un autre ſens, & les planches n'ont

Vuuu

presque point de maille : on voit dans le quartier *E F*, les couches annuelles, & les rayons ou insertions.

Figure 2, *A*, taches brillantes que l'on voit dans le bois ouvré, & que l'on nomme *mailles* : *B*, traces qui résultent de la coupe des couches annuelles, lorsqu'un arbre a été scié suivant la direction *C D* (*Fig.* 1).

Fin de la seconde Partie.

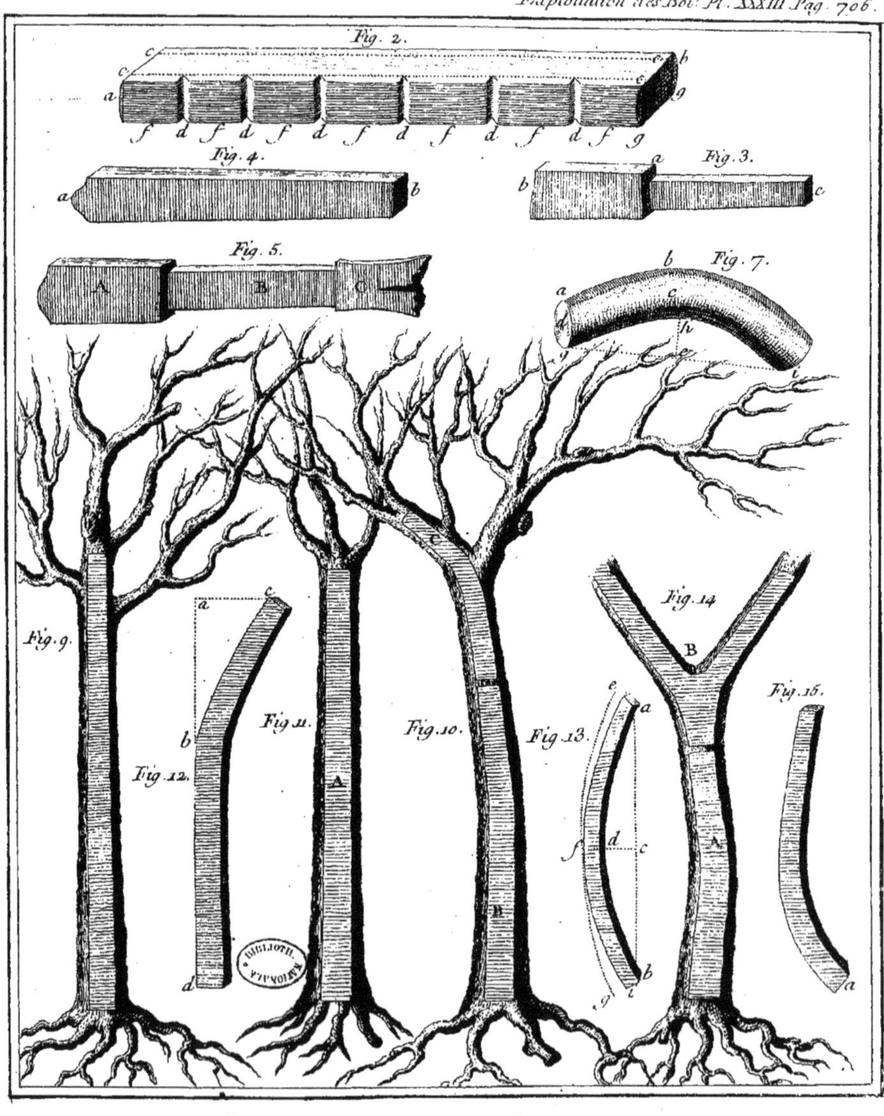

Fig. 2.
Fig. 4.
Fig. 3.
Fig. 5.
Fig. 7.
Fig. 9.
Fig. 11.
Fig. 10.
Fig. 12.
Fig. 13.
Fig. 14
Fig. 15.

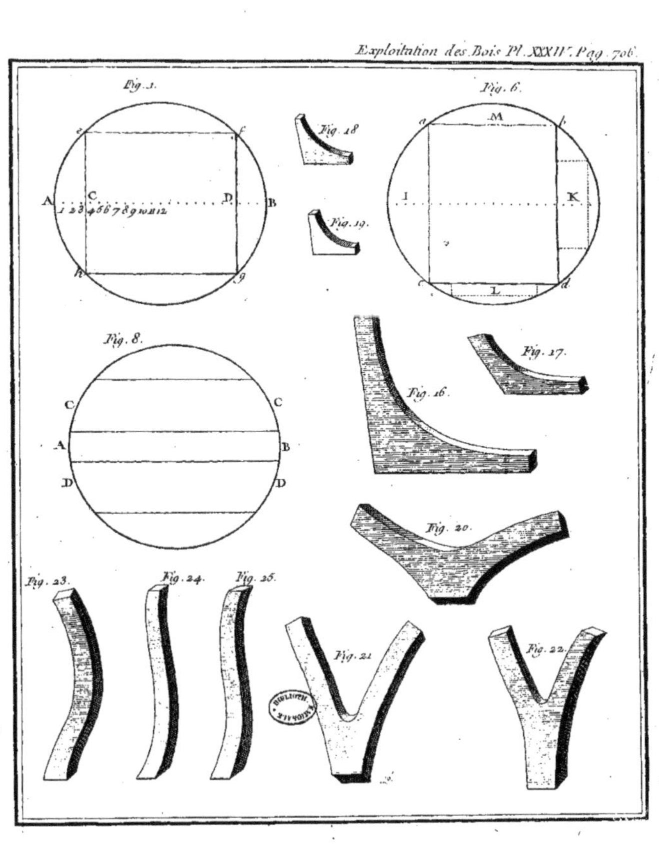
Fig. 1.
e
f
A
C
D
B
1 2 3 4 5 6 7 8 9 10 11 12
h
g
Fig. 18
Fig. 19.
Fig. 6.
a
M
b
I
K
c
L
d
Fig. 8.
C
C
A
B
D
D
Fig. 16.
Fig. 17.
Fig. 20.
Fig. 23.
Fig. 24.
Fig. 25.
Fig. 21
Fig. 22.

Fig. 1.

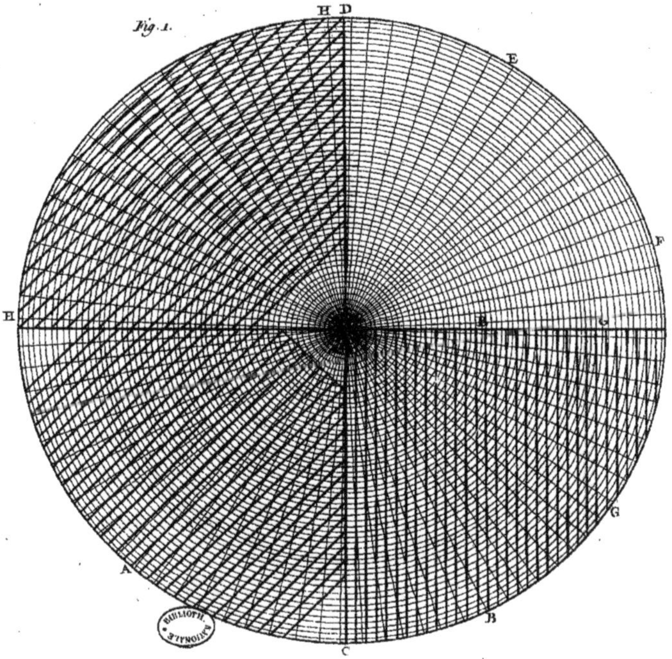

H D E F H B G G A B C

Fig. 2.

A B

Extrait des Regiſtres de l'Académie Royale des Sciences.

Du neuf Mai mil ſept cent ſoixante-quatre.

MEſſieurs DE JUSSIEU, GUETTARD & BEZOUT qui avoient été nommés pour examiner *le Traité de l'Exploitation des Bois*, faiſant partie du Traité complet des Bois & Forêts, par M. DUHAMEL, en ayant fait leur rapport, l'Académie a jugé cet Ouvrage digne de l'impreſſion; en foi de quoi j'ai donné le préſent Certificat. A Paris le 9 Mai 1764.

GRANDJEAN DE FOUCHY, *Secr. perpét. de l'Académie Royale des Sciences.*

PRIVILEGE DU ROI.

LOUIS par la grace de Dieu, Roi de France & de Navarre: A nos amés & féaux Conſeillers, les Gens tenant nos Cours de Parlement, Maîtres des Requêtes ordinaires de notre Hôtel, Grand Conſeil, Prevôt de Paris, Baillifs, Sénéchaux, leurs Lieutenans Civils, & autres nos Juſticiers qu'il appartiendra, SALUT. Nos bien-amés LES MEMBRES DE L'ACADEMIE ROYALE DES SCIENCES de notre bonne Ville de Paris, Nous ont fait expoſer qu'ils auroient beſoin de nos Lettres de Privilege pour l'impreſſion de leurs Ouvrages: A CES CAUSES, voulant favorablement traiter les Expoſans, Nous leur avons permis & permettons par ces Préſentes de faire imprimer, par tel Imprimeur qu'ils voudront choiſir, toutes les Recherches ou Obſervations journalieres, ou Relations annuelles de tout ce qui aura été fait dans les Aſſemblées de ladite Académie Royale des Sciences, les Ouvrages, Mémoires ou Traités de chacun des Particuliers qui la compoſent, & généralement tout ce que ladite Académie voudra faire paroître, après avoir fait examiner leſdits Ouvrages, & qu'ils ſeront jugés dignes de l'impreſſion, en tels volumes, forme, marge, caractères, conjointement, ou ſéparément & autant de fois que bon leur ſemblera, & de les faire vendre & débiter par tout notre Royaume, pendant le tems de vingt années conſécutives, à compter du jour de la date des Préſentes; ſans toutefois qu'à l'occaſion des Ouvrages ci deſſus ſpécifiés, il puiſſe en être imprimé d'autres qui ne ſoient pas de ladite Académie: faiſons défenſes à toutes ſortes de perſonnes, de quelque qualité & condition qu'elles ſoient, d'en introduire d'impreſſion étrangere dans aucun lieu de notre obéiſſance; comme auſſi à tous Libraires & Imprimeurs d'imprimer ou faire imprimer, vendre, faire vendre & débiter leſdits Ouvrages, en tout ou en partie, & d'en faire aucunes traductions ou extraits, ſous quelque prétexte que ce puiſſe être, ſans la permiſſion expreſſe & par écrit deſdits Expoſans, ou de ceux qui auront droit d'eux, à peine de confiſcation des Exemplaires contrefaits, de trois mille livres d'amende contre chacun des contrevenans; dont un tiers à Nous, un tiers à l'Hôtel-Dieu de Paris, & l'autre tiers auxdits Exposans, ou à celui qui aura droit d'eux, & de tous dépens, dommages & intérêts; à la charge que ces Présentes seront enregistrées tout au long sur le Registre de la Communauté des Libraires & Imprimeurs de Paris, dans trois mois de la date d'icelles; que l'impression desdits Ouvrages sera faite dans notre Royaume, & non ailleurs, en bon papier & beaux caractères, conformément aux Réglemens de la Librairie; qu'avant de les exposer en vente, les Manuscrits ou Imprimés qui auront servi de copie à l'impression desdits Ouvrages, seront remis ès mains de notre très-cher & féal Chevalier le Sieur DAGUESSEAU, Chancelier de France, Commandeur de nos Ordres, & qu'il en sera ensuite remis deux Exemplaires dans notre Bibliothèque publique, un en celle de notre Château du Louvre, & un en celle de notredit très-cher & féal Chevalier le Sieur DAGUESSEAU, Chancelier de France, le tout à peine de nullité desdites Présentes: du contenu desquelles vous mandons & enjoignons de faire jouir lesdits Exposans & leurs ayans cause pleinement & paisiblement, sans souffrir qu'il leur soit fait aucun trouble ou empêchement. Voulons que la copie des Présentes qui sera imprimée tout au long, au commencement ou à la fin desdits Ouvrages, soit tenue pour dûement signifiée; & qu'aux copies collationnées par l'un de nos amés & féaux Conseillers & Secretaires, foi soit ajoutée comme à l'original. Commandons au premier notre Huissier ou Sergent sur ce requis, de faire, pour l'exécution d'icelles, tous actes requis & necessaires, sans demander autre permission, & nonobstant Clameur de Haro, Charte Normande & Lettres à ce contraires; CAR tel est notre plaisir. DONNÉ à Paris le dix-neuvieme jour du mois de Mars, l'an de grace mil sept cent cinquante, & de notre Regne le trente-cinquieme. Par le Roi en son Conseil.

Signé, MOL.

Registré sur le Registre XII. de la Chambre Royale & Syndicale des Libraires & Imprimeurs de Paris, numéro 430, folio 309, conformément au Réglement de 1723, qui fait défenses, article 4, à toutes personnes, de quelque qualité qu'elles soient, autres que les Libraires & Imprimeurs, de vendre, débiter & faire afficher aucuns Livres pour les vendre, soit qu'ils s'en disent les Auteurs ou autrement; à la charge de fournir à la susdite Chambre huit exemplaires de chacun, prescrits par l'article 108 du même Réglement. A Paris le 5 Juin 1750.

Signé, LE GRAS, Syndic.

www.ingramcontent.com/pod-product-compliance
Ingram Content Group UK Ltd.
Pitfield, Milton Keynes, MK11 3LW, UK
UKHW020435200726
13857UKWH00002B/434

9 782012 176294